职业教育赛教一体化课程改革系列教材

计算机网络基础项目化教程

尹淑玲　文　松　喻　香◎主　编
胡　岚　黄　栗　李莎莎　冉柏权　潘　阳◎副主编

中国铁道出版社有限公司
CHINA RAILWAY PUBLISHING HOUSE CO., LTD.

内 容 简 介

本书是职业教育赛教一体化课程改革系列教材之一,由高校与企业合作编写,在归纳总结理论知识的同时,将基础知识以项目的形式表现出来,理论联系实际,使读者能够深刻地体会到知识的内涵。全书共 10 个项目,主要包括:认识计算机网络、常用网络设备与基本配置、网络接入层与局域网搭建、IP 地址规划与子网划分、网络层协议与网络互联、传输层协议与应用、应用层协议与服务器搭建、网络安全初探、无线局域网搭建和 IPv6 协议初探。

本书内容全面,实用性强,不但重视理论讲解,还精心设计了相关实训项目,旨在帮助读者理解网络技术的基本知识和提高动手操作能力,为后续学习打下坚实的基础。

本书适合作为高等职业院校计算机网络技术专业教材,也可以作为中等职业学校计算机网络技术专业教材,还可作为网络技术爱好者的参考书。

图书在版编目(CIP)数据

计算机网络基础项目化教程 / 尹淑玲,文松,喻香主编 . —北京:中国铁道出版社有限公司,2023.9
职业教育赛教一体化课程改革系列教材
ISBN 978-7-113-30464-5

Ⅰ. ①计… Ⅱ. ①尹… ②文… ③喻… Ⅲ. ①计算机网络—职业教育—教材 Ⅳ. ① TP393

中国国家版本馆 CIP 数据核字(2023)第 145495 号

书　　名:计算机网络基础项目化教程
作　　者:尹淑玲　文　松　喻　香

策　　划:王春霞　徐海英　　　　　　　编辑部电话:(010)63551006
责任编辑:王春霞　王占清
封面制作:刘　颖
责任校对:刘　畅
责任印制:樊启鹏

出版发行:中国铁道出版社有限公司(100054,北京市西城区右安门西街 8 号)
网　　址:http://www.tdpress.com/51eds/
印　　刷:三河市兴达印务有限公司
版　　次:2023 年 9 月第 1 版　2023 年 9 月第 1 次印刷
开　　本:850 mm×1 168 mm　1/16　印张:21.25　字数:548 千
书　　号:ISBN 978-7-113-30464-5
定　　价:65.00 元

版权所有　侵权必究

凡购买铁道版图书,如有印制质量问题,请与本社教材图书营销部联系调换。电话:(010)63550836
打击盗版举报电话:(010)63549461

前　言

计算机网络技术已发展为当代科技领域的引领技术之一，推动着人类文明的发展和进步。在过去的几十年里，网络技术深入各个领域，给人类社会带来了前所未有的影响。党的二十大报告指出，"坚持把发展经济的着力点放在实体经济上，推进新型工业化，加快建设制造强国、质量强国、航天强国、交通强国、网络强国、数字中国。"建设网络强国已成为我国的重大战略决策之一。而要建设网络强国则必须培养大批的网络技术人才，需要大力普及网络知识和技能。

"计算机网络基础"是职业院校计算机及相关专业的一门专业基础课，该课程的理论性和实践性都较强，涉及的知识面也较广，对职业院校学生来说应注重其应用和实践技能的培养。因此，本书按照职业教育改革思想，根据计算机专业岗位能力标准，分析和归纳课程核心能力所对应的知识与技能要求，然后对知识技能进行归属性分析，按项目进行教学单元构建，以实际工作任务为驱动，将知识融合到项目、任务中，通过项目、任务的训练加深学生对知识的理解、记忆和掌握运用，从而在项目、任务的实践训练中提高学生的职业技能。通过本课程的学习，学生将拥有简单的计算机网络的安装、调试、使用、管理和维护的能力。本书具有以下几个特点：

（1）理论与实践相结合。本书对计算机网络的基本原理进行描述，并用从网络体系结构中提取出的例子来说明这些原理，把原本那些枯燥的、用来确定消息格式和协议行为的标准变得生动具体，然后通过项目、任务来加深学生对知识的理解并提升其技能。

（2）采用项目化编写体例。本书按照"项目背景"→"学习目标"→"相关知识"→"任务"→"项目小结"→"习题"思路组织教学内容，紧扣学习目标。编写时注意将能力和技能的培养贯穿始终，力求使学生学完本课程后可组建和维护网络系统，遇到故障时能查找解决方法。

（3）配套资源丰富。本书配备有知识点微课视频、任务实施操作视频、电子课件、授课计划、课程标准、电子教案、试题等资源。有效和实用的资源可以为学生预习、复习、实训，教师备课、授课、实训指导等提供最大的便利。

（4）落实立德树人根本任务。采用拓展阅读、电子课件等方式将家国情怀、工匠精神融入到教材、数字化教学资源和在线平台中，推进习近平新时代中国特色社会主义思想进教材、进课堂、进头脑，将党的二十大精神落实到位，充分发挥育人实效。

本书分为10个项目，由湖北科技职业学院尹淑玲、文松和喻香担任主编。其中项目1由喻香编写，项目2至项目6由尹淑玲编写，项目7由尹淑玲和武昌理工学院胡岚共同编写，项目

8和项目9由文松编写，项目10由武汉信息传播职业技术学院黄栗编写；武汉唯众智创科技有限公司总经理冉柏权、讯方技术华中区交付与服务部总监潘阳为本书实用性内容的开发提供了重要支持，并分别承担了配套立体化教学资源的建设任务。湖北科技职业学院李莎莎和伍辉参与了本书详细的讨论并校正全书。

为了进一步加强对课程教学的支持，便于教学互动、问题讨论，读者还可以通过智慧职教在线学习平台或中国铁道出版社有限公司教育资源数字化平台（http://www.tdpress.com/51eds）访问和下载本书的相关教学资源，学习网络基础知识，交流网络技术问题。

由于编者水平有限，加之时间仓促，书中的不妥之处在所难免，诚请各位专家、读者不吝赐教！

编　者
2023 年 4 月

目 录

项目1　认识计算机网络 ………………1

1.1　项目背景 ……………………………1
1.2　学习目标 ……………………………1
1.3　相关知识 ……………………………2
　　1.3.1　计算机网络概述 ………………2
　　1.3.2　网络体系结构 …………………5
　　1.3.3　TCP/IP模型（因特网）如何
　　　　　 工作 …………………………10
　　1.3.4　计算机网络分类 ………………18
　　1.3.5　网络性能指标 …………………21
　　1.3.6　企业局域网 ……………………24
1.4　【任务1】监控网络状态 ……………25
　　1.4.1　任务描述 ………………………25
　　1.4.2　任务分析 ………………………26
　　1.4.3　任务实施 ………………………26
1.5　【任务2】使用Wireshark捕获
　　　数据包 …………………………27
　　1.5.1　任务描述 ………………………27
　　1.5.2　任务分析 ………………………27
　　1.5.3　任务实施 ………………………27
项目小结 …………………………………31
习题 ………………………………………31

项目2　常用网络设备与基本配置 ……33

2.1　项目背景 ……………………………33
2.2　学习目标 ……………………………33
2.3　相关知识 ……………………………34
　　2.3.1　交换机和路由器的作用与特点 …34

　　2.3.2　VRP命令行基本操作 …………36
　　2.3.3　网络设备的基本配置 …………38
　　2.3.4　VRP文件系统 …………………42
2.4　【任务1】登录VRP系统 ……………44
　　2.4.1　任务描述 ………………………44
　　2.4.2　任务分析 ………………………44
　　2.4.3　任务实施 ………………………45
2.5　【任务2】安装eNSP …………………46
　　2.5.1　任务描述 ………………………46
　　2.5.2　任务分析 ………………………47
　　2.5.3　任务实施 ………………………47
2.6　【任务3】配置Console口认证 ……53
　　2.6.1　任务描述 ………………………53
　　2.6.2　任务分析 ………………………53
　　2.6.3　任务实施 ………………………53
项目小结 …………………………………54
习题 ………………………………………54

项目3　网络接入层与局域网搭建 ……56

3.1　项目背景 ……………………………56
3.2　学习目标 ……………………………56
3.3　相关知识 ……………………………57
　　3.3.1　数据通信的基础知识 …………57
　　3.3.2　物理层下面的传输介质 ………59
　　3.3.3　数据链路层的基本概念 ………63
　　3.3.4　PPP原理 ………………………67
　　3.3.5　以太网 …………………………71
　　3.3.6　以太网交换机的工作原理 ……78

3.4 【任务1】制作网线 ………… 84
3.4.1 任务描述 ………… 84
3.4.2 任务分析 ………… 84
3.4.3 任务实施 ………… 84

3.5 【任务2】搭建局域网并维护交换机的MAC地址表 ………… 85
3.5.1 任务描述 ………… 85
3.5.2 任务分析 ………… 85
3.5.3 任务实施 ………… 86

3.6 【任务3】配置PPP及其认证 ………… 89
3.6.1 任务描述 ………… 89
3.6.2 任务分析 ………… 89
3.6.3 任务实施 ………… 89

3.7 【任务4】查看和更改MAC地址 ………… 91
3.7.1 任务描述 ………… 91
3.7.2 任务分析 ………… 91
3.7.3 任务实施 ………… 91

项目小结 ………… 92
习题 ………… 93

项目4 IP地址规划与子网划分 ………… 95

4.1 项目背景 ………… 95
4.2 学习目标 ………… 95
4.3 相关知识 ………… 96
4.3.1 IP地址预备知识 ………… 96
4.3.2 IP地址 ………… 97
4.3.3 IP地址详解 ………… 99
4.3.4 子网划分 ………… 102
4.3.5 构造超网的方法 ………… 105

4.4 【任务1】二进制数和十进制数的相互转换 ………… 109
4.4.1 任务描述 ………… 109
4.4.2 任务分析 ………… 110
4.4.3 任务实施 ………… 110

4.5 【任务2】企业网子网划分 ………… 110
4.5.1 任务描述 ………… 110
4.5.2 任务分析 ………… 110
4.5.3 任务实施 ………… 110

项目小结 ………… 111
习题 ………… 112

项目5 网络层协议与网络互联 ………… 115

5.1 项目背景 ………… 115
5.2 学习目标 ………… 115
5.3 相关知识 ………… 116
5.3.1 互联网协议（IP）的原理及应用 ………… 116
5.3.2 地址解析协议（ARP）的原理及应用 ………… 120
5.3.3 ICMP的原理及应用 ………… 123
5.3.4 IP路由基础 ………… 126

5.4 【任务1】分析IP及IP分片 ………… 135
5.4.1 任务描述 ………… 135
5.4.2 任务分析 ………… 135
5.4.3 任务实施 ………… 135

5.5 【任务2】分析ARP ………… 138
5.5.1 任务描述 ………… 138
5.5.2 任务分析 ………… 138
5.5.3 任务实施 ………… 138

5.6 【任务3】配置静态路由 ………… 141
5.6.1 任务描述 ………… 141
5.6.2 任务分析 ………… 141
5.6.3 任务实施 ………… 141

项目小结 ………… 147
习题 ………… 148

项目6 传输层协议与应用……150

- 6.1 项目背景……150
- 6.2 学习目标……150
- 6.3 相关知识……151
  - 6.3.1 传输层功能及协议……151
  - 6.3.2 传输控制协议（TCP）的基本原理……155
  - 6.3.3 TCP可靠性原理……165
  - 6.3.4 用户数据报协议（UDP）原理及应用……169
- 6.4 【任务1】查看计算机上开放的端口……173
  - 6.4.1 任务描述……173
  - 6.4.2 任务分析……173
  - 6.4.3 任务实施……173
- 6.5 【任务2】抓包分析TCP连接管理……175
  - 6.5.1 任务描述……175
  - 6.5.2 任务分析……175
  - 6.5.3 任务实施……175
- 项目小结……181
- 习题……183

项目7 应用层协议与服务器搭建……185

- 7.1 项目背景……185
- 7.2 学习目标……185
- 7.3 相关知识……186
  - 7.3.1 应用层协议的定义和功能……186
  - 7.3.2 Telnet和SSH……187
  - 7.3.3 域名系统（DNS）……190
  - 7.3.4 动态主机配置协议（DHCP）……195
  - 7.3.5 文件传输协议（FTP）……198
  - 7.3.6 万维网（WWW）和超文本传输协议（HTTP）……200
  - 7.3.7 电子邮件……208
- 7.4 【任务1】使用SSH远程管理路由器……210
  - 7.4.1 任务描述……210
  - 7.4.2 任务分析……210
  - 7.4.3 任务实施……210
- 7.5 【任务2】搭建DNS服务器……213
  - 7.5.1 任务描述……213
  - 7.5.2 任务分析……213
  - 7.5.3 任务实施……214
- 7.6 【任务3】搭建DHCP服务器……230
  - 7.6.1 任务描述……230
  - 7.6.2 任务分析……230
  - 7.6.3 任务实施……230
- 7.7 【任务4】搭建FTP服务器……240
  - 7.7.1 任务描述……240
  - 7.7.2 任务分析……240
  - 7.7.3 任务实施……240
- 7.8 【任务5】搭建Web服务器……245
  - 7.8.1 任务描述……245
  - 7.8.2 任务分析……245
  - 7.8.3 任务实施……245
- 项目小结……251
- 习题……251

项目8 网络安全初探……253

- 8.1 项目背景……253
- 8.2 学习目标……253
- 8.3 相关知识……254
  - 8.3.1 网络安全相关概念……254
  - 8.3.2 防火墙技术……255

8.3.3　密码技术……………………258
　　8.3.4　数字签名、身份认证及消息
　　　　　鉴别…………………………262
　　8.3.5　入侵检测与防御技术…………265
　　8.3.6　计算机病毒与防御……………267
8.4　【任务1】使用Windows防火墙……270
　　8.4.1　任务描述………………………270
　　8.4.2　任务分析………………………270
　　8.4.3　任务实施………………………270
8.5　【任务2】加密与解密………………274
　　8.5.1　任务描述………………………274
　　8.5.2　任务分析………………………274
　　8.5.3　任务实施………………………274
8.6　【任务3】校验文件的完整性………276
　　8.6.1　任务描述………………………276
　　8.6.2　任务分析………………………276
　　8.6.3　任务实施………………………276
项目小结……………………………………277
习题…………………………………………278

项目9　无线局域网搭建 …………279

9.1　项目背景………………………………279
9.2　学习目标………………………………279
9.3　相关知识………………………………280
　　9.3.1　WLAN基础知识和发展历程…280
　　9.3.2　WLAN频段和信道……………284
　　9.3.3　WLAN的构成…………………286
　　9.3.4　WLAN报文发送机制…………292
9.4　【任务】搭建WLAN………………293
　　9.4.1　任务描述………………………293
　　9.4.2　任务分析………………………293
　　9.4.3　任务实施………………………293
项目小结……………………………………296
习题…………………………………………296

项目10　IPv6协议初探 ……………298

10.1　项目背景……………………………298
10.2　学习目标……………………………298
10.3　相关知识……………………………299
　　10.3.1　IPv6协议………………………299
　　10.3.2　IPv6分组结构…………………300
　　10.3.3　IPv6地址………………………303
　　10.3.4　ICMPv6协议功能……………310
10.4　【任务1】配置IPv6地址…………313
　　10.4.1　任务描述………………………313
　　10.4.2　任务分析………………………314
　　10.4.3　任务实施………………………314
10.5　【任务2】配置IPv6静态路由……317
　　10.5.1　任务描述………………………317
　　10.5.2　任务分析………………………317
　　10.5.3　任务实施………………………318
项目小结……………………………………319
习题…………………………………………320

附录A　本书使用的图标……………322

附录B　习题参考答案………………324

参考文献　………………………………332

项目 1

认识计算机网络

1.1 项目背景

计算机网络从 20 世纪 60 年代末开始出现,一经诞生就引起了人们极大的兴趣。随着计算机技术和通信技术的高速发展及相互渗透结合,计算机网络及应用迅速扩散到日常民生的各个方面,政府、军队、企业和个人都越来越多地将自己的重要业务依托于网络运行,越来越多的信息被放置在网络之中,因此计算机网络对整个信息社会都有着极其深刻的影响。

党的二十大报告提出加快建设网络强国。自 1994 年我国全功能接入国际互联网以来,我国网络信息产业的快速发展为加快建设网络强国奠定了重要基础。

1.2 学习目标

知识目标
- 了解计算机网络的定义和发展过程
- 理解 OSI 参考模型和 TCP/IP 模型
- 了解计算机网络的分类
- 理解网络性能指标
- 了解企业局域网设计模型

能力目标
- 能够使用 netstat 命令监控网络状态
- 能够使用 Wireshark 软件捕获数据包

素质目标
- 通过计算机网络在信息时代的作用了解"网络强国"战略思想

◎培养科学精神，树立远大抱负

1.3 相关知识

1.3.1 计算机网络概述

通常将分散在不同地点的多台计算机、终端和外部设备用通信线路互联起来，彼此间能够互相通信，并且实现资源共享（包括软件、硬件、数据等）的整个系统叫作计算机网络。

接入网络的每台计算机都是一台完整独立的设备，它可以独立工作。将这些计算机用双绞线、同轴电缆和光纤等有线通信介质，或者使用微波、卫星等无线媒体连接起来，再安装上相应的软件（这些软件是实现网络协议的一些程序），就可以形成一个网络系统。在计算机网络中，通信的双方需要遵守共同的规则和约定才能进行通信，这些规则和约定就叫计算机网络协议，计算机之间的通信和相互间的操作由网络协议来解析、协调和管理。

在当今社会，计算机网络常常通过局域网、互联网、因特网等形式为个人、组织或者国家提供网络服务。

1. 局域网

进入20世纪70年代，局域网技术得到迅速发展。特别是20世纪80年代，随着硬件价格的下降和计算机的广泛应用，各单位或部门拥有的计算机数量越来越多，因此需要将它们连接起来，以达到资源共享和信息传递的目的，这就形成了局域网（local area network，LAN）。一个局域网通常为一个组织所有，通信覆盖范围在几千米以内。局域网联网费用低，传输速度快。其典型代表是以太网（ethernet）和令牌环网（token ring）。

图1-1所示是一个局域网的简单示意图。某机房多台计算机使用交换机连接起来，通过一定的配置，计算机之间互相可以进行数据通信。局域网通常是由组织或者单位自己购买网络设备组建并自己维护的，覆盖范围较小。

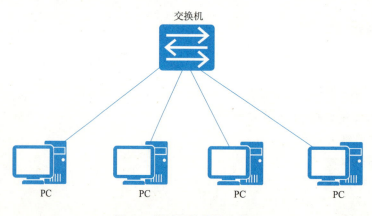

图1-1 局域网的简单示意图

2. 互联网

由于单一的局域网无法满足对网络的多样性要求，20世纪70年代后期，广域网（wide

area network,WAN）技术逐渐发展起来，以便将分布在不同地域的局域网互相连接起来。1983年，美国国防部高级研究计划署开发的 ARPANET 采纳传输控制协议（transmission control protocol,TCP）和互联网协议（internet protocol,IP）协议作为其主要的协议族，使大范围的网络互联成为可能。彼此分离的局域网通过路由器连接起来，形成了互联网，如图1-2所示，其中 WAN 表示广域网，LAN 表示局域网。

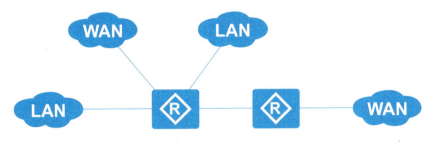

图1-2 互联网

大多数企业组建了企业互联网，如图1-3所示，公司在深圳和武汉都有分公司，分公司内部组建了自己的局域网。分公司按部门规划网络，一个部门一个网段（网络），使用三层交换机（相当于路由器）连接各部门的网段，从而让各个部门的网络互通。

当深圳分公司需要访问武汉分公司的网络时，这就需要将两个分公司的网络连接起来。公司可租用移动、联通或电信运营商的线路将两个远距离的局域网互联起来，构建起广域网，只需要向运营商缴费即可。深圳分公司通过电信运营商的光纤连接 Internet，这也是广域网。

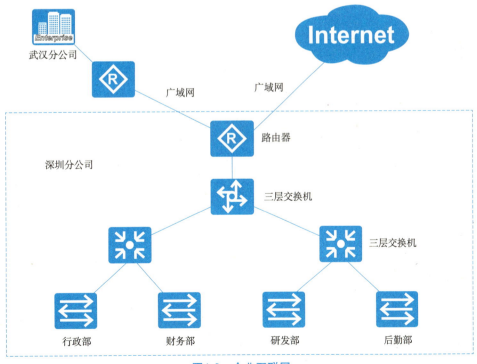

图1-3 企业互联网

3. 因特网

因特网（Internet）是全球最大的互联网。20世纪80—90年代是网络互联发展时期。在这一时期，ARPANET的规模不断扩大，包含了全球无数的公司、校园、ISP（Internet service provider）和家庭用户，最终演变成今天延伸到全球每一个角落的因特网，如图1-4所示。因特网让不同国家的网络互通。1990年，ARPANET正式被Internet取代，退出了历史舞台。

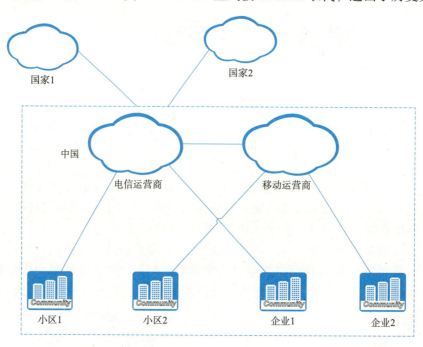

图1-4　因特网

4. 网络在我国

计算机网络于20世纪80年代进入我国，1989年11月我国第一个公用分组交换数据网CNPAC建成运行，它由三个分组节点交换机、八个集中器和一个双机网络管理中心组成。

1993年建成了新的我国公用分组交换数据网CHINAPAC，它是我国的X.25（一种分组交换服务）。网络管理中心设在北京，主干网的覆盖范围从原来的10个城市扩大到了2 300个市、县及乡镇，端口容量达13万个，在北京和上海设有国际出入口。

我国根据自己的国情，于1993年下半年开始规划实施"金桥""金卡""金关"三金工程。20世纪90年代是我国计算机网络大发展的年代，陆续建造了基于Internet技术并接入Internet的四大全国范围内的公用计算机网络。中国的四大互联网骨干网，包括中国科技网（CSTNET）、中国公用计算机互联网（CHINANET）、中国教育和科研计算机网（CERNET）、中国金桥信息网（CHINAGBN）。

除了这四大网络外，还有中国科学院高能物理研究所计算中心网、中国科学院计算机网络信息中心网等网络。后来又陆续开通了几个网络，分别是中国电信互联网、中国联通互联网、中国移动互联网、中国国际经济贸易互联网、中国长城互联网、中国卫星集团互联网等，它们被称为互联网服务提供商（ISP）。

近年来，我国系统推进5G、千兆光网、数据中心建设发展和传统基础设施改造升级，全面布局算力基础设施，全国一体化大数据中心体系完成总体布局设计，云计算、物联网、工业互联网、车联网等领域加速发展。这些网络的建设，为我国的网络强国建设奠定了重要的基础。

1.3.2 网络体系结构

构建任何计算机网络并不是单纯安装网络设备和通信电缆，而是考虑构建现代网络的蓝图，即网络体系结构。因此，计算机网络体系结构参考模型是研究、设计和组建计算机网络时遵循的框架。在计算机网络的发展过程中，有两种著名的网络体系结构：一种是开放式系统互联通信参考模型（open system interconnection/reference model, OSI/RM），它为各个厂商提供了一套标准，确保全世界各公司提出的不同类型网络之间具有良好的兼容性和互操作性；另一种是互联网通信的工业标准TCP/IP模型。

OSI参考模型和TCP/IP模型均采用分层结构解决计算机系统的通信问题。

视 频

OSI参考模型和TCP/IP模型

1. 网络体系层次结构

下面以当前广泛应用的快递收发为例，如图1-5所示，说明分层解决计算机系统的通信问题。

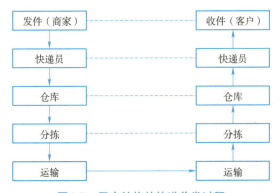

图1-5 层次结构的快递收发过程

在图1-5中，商家并不直接将快递交给客户，而是通过快递员收取，并经过一系列流程才将货物转交给客户。其中每一层次都与其相邻的上下两层交接货物，可以理解为每一层都使用其下层的服务，并对其上层提供服务，这就是一个将复杂问题分解为多层并分别解决的典型应用。

层次结构的好处在于使每一层实现一种相对独立的功能。分层结构还有利于交流、理解和标准化。

在计算机网络发展的初期，许多研究机构、计算机厂商和公司都推出了自己的网络系统，例如IBM公司的SNA、Novell的IPX/SPX协议、Apple公司的Apple Talk协议、DEC公司的DECNET，以及广泛流行的TCP/IP等。同时，各大厂商针对自己的协议生产出了不同的硬件和软件。然而这些标准和设备之间互不兼容。没有一种统一标准存在，就意味着这些不同厂家的网络系统之间无法相互连接。

2. OSI参考模型

为了解决网络之间的兼容性问题，ISO于1984年提出了OSI参考模型，它很快成了计算机网络通信的基础模型。OSI参考模型仅仅是一种理论模型，并没有定义如何通过硬件和软件实现每一层功能，与实际使用的协议（如TCP/IP）是有一定区别的。

OSI 参考模型很重要的一个特性是其分层体系结构。分层体系结构将复杂的网络通信过程分解到各个功能层次，各个层次的设计和测试相对独立，并不依赖于操作系统或其他因素，层次间也无须了解其他层次是如何实现的，从而简化了设备间的互通性和互操作性。采用统一的、标准的层次化模型后，各个设备生产厂商遵循此标准进行产品的设计开发，有效地保证了产品间的兼容性。

OSI 参考模型自下而上分为七层，分别是：物理层、数据链路层、网络层、传输层、会话层、表示层和应用层，如图 1-6 所示。

图1-6 OSI参考模型

OSI 参考模型的每一层都负责完成某些特定的通信任务，并只与紧邻的上层和下层进行数据交换。

（1）物理层

物理层是 OSI 参考模型的最底层或称为第一层，其功能是在终端设备间传输比特流。

物理层并不是指物理设备或物理媒介，而是有关物理设备通过物理媒体进行互联的描述和规定。物理层协议定义了通信传输介质的如下物理特性。

- 机械特性：说明接口所用接线器的形状和尺寸、引线数目和排列等，例如人们见到的各种规格的电源插头的尺寸都有严格的规定。
- 电气特性：说明在接口电缆的每根线上出现的电压、电流范围。
- 功能特性：说明某根线上出现的某一电平的电压表示何种意义。
- 规程特性：说明对不同功能的各种可能事件的出现顺序。

物理层以比特流的方式传送来自数据链路层的数据，而不理会数据的含义或格式。同样，它接收数据后直接传给数据链路层。也就是说，物理层不能理解所处理的比特流的具体意义。

常见的物理层传输介质主要有同轴电缆、双绞线、光纤、串行电缆和电磁波等。

（2）数据链路层

数据链路层的目的是负责在某一特定的介质或链路上传递数据。因此数据链路层协议与链路介质有较强的相关性，不同的传输介质需要不同的数据链路层协议给予支持。

数据链路层的主要功能包括以下内容。

- 帧同步：即编帧和识别帧。物理层只发送和接收比特流，并不关心这些比特流的次序、结构和含义；而在数据链路层，数据以帧为单位传送。因此发送方需要数据链路层将上层交下来的数据编成帧，接收方需要数据链路层能从接收到的比特流中明确地区分出数据帧起始与终止的地方。帧同步的方法包括字节计数法、使用字符或比特填充的首尾定界符法，以及违法编码法等。
- 数据链路的建立、维持和释放：当网络中的设备需要进行通信时，通信双方必须先建立一条数据链路，在建立链路时需要保证安全性，在传输过程中要维持数据链路，而在通信结束后要释放数据链路。
- 传输资源控制：在一些共享介质上，多个终端设备可能同时需要发送数据，此时必须由数据链路层协议对资源的分配加以控制。
- 流量控制：为了确保正常地收发数据，防止发送数据过快，导致接收方的缓存空间溢出以及网络出现拥塞，就必须及时控制发送方发送数据的速率。数据链路层控制的是相邻两节点之间数据链路上的流量。
- 差错控制：由于比特流传输时可能产生差错，而物理层无法辨别错误，所以数据链路层协议需要以帧为单位实施差错检测。最常用的差错检测方法是帧校验序列（frame check sequence，FCS）。发送方在发送一个帧时，根据其内容，通过诸如循环冗余校验（cyclic redundancy check，CRC）这样的算法计算出校验和（checksum），并将其加入此帧的 FCS 字段中发送给接收方。接收方通过对校验和进行检查，检测收到的帧在传输过程中是否发生差错。一旦发现差错，就丢弃此帧。
- 寻址：数据链路层协议应该能够标识介质上的所有节点，并且能寻找到目的节点，以便将数据发送到正确的目的地。
- 标识上层数据：数据链路层采用透明传输的方法传送网络层数据包，它对网络层呈现为一条无错的线路。为了在同一链路上支持多种网络层协议，发送方必须在帧的控制信息中标识载荷所属的网络层协议，这样接收方才能将载荷提交给正确的上层协议来处理。

（3）网络层

在网络层，数据的传输单元是包。网络层的任务就是要选择合适的路径并转发数据包，使数据包能够正确无误地从发送方传递到接收方。

网络层的主要功能包括以下内容。
- 编址：网络层为每个节点分配标识，这就是网络层的地址。地址的分配也为从源地址到目的地址的路径选择提供了基础。
- 路由选择：网络层的一个关键作用是要确定从源地址到目的地址的数据传递应该如何选择路由，网络层设备在计算路由之后，按照路由信息对数据包进行转发。
- 拥塞控制：如果同时传送过多的数据包，可能会产生网络拥塞，导致数据丢失或延时，网络层也负责对网络拥塞进行控制。
- 异种网络互联：通信链路和介质类型是多种多样的，每一种链路都有其特殊的通信规定，网络层必须能够工作在多种多样的链路和介质类型上，以便能够跨越多个网络提供通信服务。

网络层处于传输层和数据链路层之间，它负责向传输层提供服务，同时负责将网络地址翻译成对应的物理地址。网络层协议还能协调发送、传输及接收设备的处理能力的不平衡性，如网络层可以对数据进行分段和重组，以使得数据包的长度能够满足该链路的数据链路层协议所支持的最大数据帧长度。

网络层的典型设备是路由器，其工作模式与二层交换机相似，但路由器工作在第3层，这个区别决定了路由器和交换机在传递数据时使用不同的控制信息，因为控制信息不同，所以实现功能的方式也就不同。

路由器的内部有一个路由表，这个"表"所描述的是如果要去某一网络，下一步应该如何转发，如果能从路由表中找到数据包的转发路径，则把转发端口的数据链路层信息加在数据包上转发出去，否则，将此数据包丢弃，然后返回一个出错信息给源地址。

（4）传输层

传输层的功能是为会话层提供无差错的传送链路，保证两台设备间传递信息的正确无误。传输层传送的数据单位是数据段。

传输层负责创建端到端的通信连接。通过传输层，通信双方主机上的应用程序之间通过对方的地址信息直接进行对话，而不用考虑其间的网络上有多少个中间节点。

传输层既可以为每个会话层请求建立一个单独的连接，也可以根据连接的使用情况为多个会话层请求建立一个单独的连接，这称为多路复用。

传输层的一个重要工作是差错校验和重传。数据包在网络传输中可能出现错误，也可能出现乱序、丢失等情况，传输层必须能够检测并更正这些错误。如果出现错误和丢失，接收方则请求对方重新传送丢失的包。

为了避免发送速度超出网络或接收方的处理能力，传输层还负责执行流量控制和拥塞控制，在资源不足时降低流量，而在资源充足时提高流量。

（5）会话层、表示层和应用层

会话层是利用传输层提供的端到端服务，向表示层或会话用户提供会话服务。就像它的名字一样，会话层建立会话关系，并保持会话过程的畅通，决定通信是否被中断以及下次通信从何处重新开始发送。例如，某个用户登录到一个远程系统，并与之交换信息，会话层则管理这一进程，控制哪一方有权发送信息，哪一方必须接收信息，这其实是一种同步机制。会话层还负责处理差错恢复。

表示层负责将应用层的信息"表示"成一种格式，让对端设备能够正确识别，它主要关注传输信息的语义和语法。在表示层，数据将按照某种一致同意的方法对数据进行编码，以便使用相同表示层协议的计算机能互相识别数据。例如，一幅图像可以表示为JPEG格式，也可以表示为BMP格式，如果对方程序不识别本方的表示方法，就无法正确显示这幅图片。表示层还负责数据的加密和压缩。

应用层是OSI的最高层，它直接与用户和应用程序打交道，负责对软件提供接口以使程序能使用网络服务。这里的网络服务包括文件传输、文件管理、电子邮件的消息处理等。应用层并不等同于一个应用程序。

3.TCP/IP 模型

OSI参考模型的诞生为清晰地理解互联网络、开发网络产品和网络设计等带来了极大的方便。但是OSI参考模型过于复杂，难以完全实现；OSI参考模型各层功能具有一定的重复性，效率较低；再加上OSI参考模型提出时，TCP/IP模型已经逐渐占据主导地位，因此OSI参考模型并没有流行开来，也从来没有存在一种完全遵循OSI参考模型的协议族。可以这么认为，OSI

参考模型是理论上的网络标准，而 TCP/IP 体系是实际使用的网络标准。TCP/IP 体系采用四层模型，因此也称为 TCP/IP 模型。

TCP/IP 体系是 20 世纪 70 年代中期美国国防部为其高级研究项目专用网络 ARPANET 开发的网络体系结构和协议标准，以它为基础组建的 Internet 是目前世界上规模最大的计算机互联网络，正因为 Internet 的广泛使用，使得 TCP/IP 体系成为事实上的网络标准。

与 OSI 参考模型一样，TCP/IP 模型也采用层次化结构，每一层负责不同的通信功能。但是 TCP/IP 简化了层次设计，只分为四层，由下向上依次是：网络接口层、网络层、传输层和应用层，如图 1-7 所示。

图1-7　TCP/IP模型与OSI参考模型

从实质上讲，TCP/IP 体系只有三层，即应用层、传输层和网络层，因为最下面的网络接口层并没有具体内容和定义，这也意味着各种类型的物理网络都可以纳入 TCP/IP 体系中，这也是 TCP/IP 体系流行的一个原因。下面分别介绍各层的主要功能。

- 网络接口层：TCP/IP 的网络接口层大体对应于 OSI 参考模型的数据链路层和物理层，通常包括计算机和网络设备的接口驱动程序与网络接口卡等。
- 网络层：网络层是 TCP/IP 体系的关键部分。它的主要功能是使主机能够将信息发往任何网络并传送到正确的目的主机。
- 传输层：TCP/IP 的传输层主要负责为两台主机上的应用程序提供端到端的连接，使源主机和目的端主机上的对等实体可以进行会话。
- 应用层：TCP/IP 模型没有单独的会话层和表示层，其功能融合在 TCP/IP 应用层中。应用层直接与用户和应用程序打交道，负责对软件提供接口以使程序能够使用网络服务。

TCP/IP 体系包括用于计算机通信的一组协议（协议栈），如图 1-8 所示。

其中应用层的协议分为三类：一类协议基于传输层的 TCP，典型的如 FTP、TELNET、HTTP 等；一类协议基于传输层的 UDP，典型的如 SNMP、TFTP 等；还有一类协议既基于 TCP 又基于 UDP，典型的如 DNS。

传输层主要使用两个协议，即面向连接的可靠的 TCP 和面向无连接的不可靠的 UDP。

网络层最主要的协议是 IP，另外还有 ICMP、IGMP、ARP、RARP 等协议。

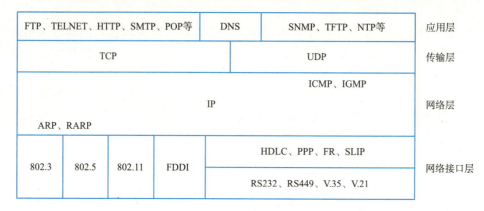

图1-8　TCP/IP协议栈

网络接口层根据不同的网络环境，如局域网、广域网等情况，有不同的帧封装协议和物理层接口标准。

TCP/IP 体系的特点是上下两头大而中间小，应用层和网络接口层都有很多协议，而中间的网络层很小，上层的各种协议都向下汇聚到一个 IP 中，而 IP 又可以应用到各种数据链路层协议中，同时也可以连接到各种各样的网络类型，TCP/IP 体系的漏斗结构如图 1-9 所示，这种漏斗结构是 TCP/IP 体系得到广泛使用的主要原因。

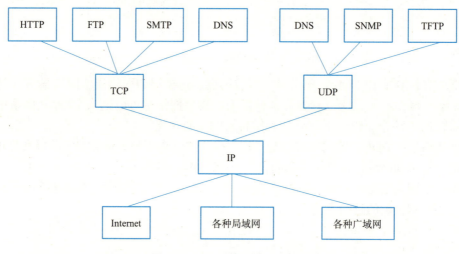

图1-9　TCP/IP体系的漏斗结构

1.3.3　TCP/IP 模型（因特网）如何工作

视频
数据的封装
和解封装

　　TCP/IP 模型已经成为事实上的互联网标准，但是，当一个终端已经准备好了数据，准备发往接收方的时候，各层次将如何操作并衔接呢？当一段数据从网卡发出之后，会经过哪些网络设备，这些设备又将如何处理这段数据呢？不同的终端设备、网络设备以及不同的传输媒介是否会对传输的数据产生影响呢？当数据进入接收方的网卡，接收方又需要怎样操作才能确保与发出的数据一样呢？本节将从数据流动的过程，从不同的角度来解读对数据的各种操作，这些操作即是当前互联网上无数正在传播的数据所经历的过程。

1. 封装与解封装

很多人在邮寄信件或文件时会选择使用快递发送，一般会使用信封把文件先封装起来，然后再使用快递公司提供的大文件信封再次封装，并在大文件信封外贴上快递单，上面注明寄件人、收件人的地址和联系电话。这样，快递公司只需要根据快递单上的信息就可以确定该怎样运输这封邮件了。与之相类似，在网络通信中要想传输数据，也要在传输的数据之外添加相应的信息。至于所添加信息的格式、长度和内容等具体的标准，则根据网络协议来进行定义，而这正是协议在实际的网络服务中所实现的方式。传输设备根据协议向数据负载中添加功能性信息的操作称为封装（encapsulation）。

快递公司发送邮件时往往只需要加一个信封就够了，这是因为处理邮件的过程相对简单且常常有人的干预。但是从前面的计算机网络分层模型中可以看出，网络体系结构被分为多层，因而在一次通信过程中，设备不会只对数据执行一次封装，会根据处理该数据的各层协议标准，自上而下层层封装数据。

发送方封装数据如图 1-10 所示，在实际传递过程中，数据垂直向下流动时，发送方在各层对数据进行封装的过程就是封装。数据每经过一层，设备就会按照该层的协议给数据封装一个相应的头部（header），可以理解为每个下层协议会为上层递交来的数据再加装一个信封。实际上，当设备开始按照下一层的协议来处理数据时，上一层协议所封装的头部信息也会被当作数据内容的一部分。

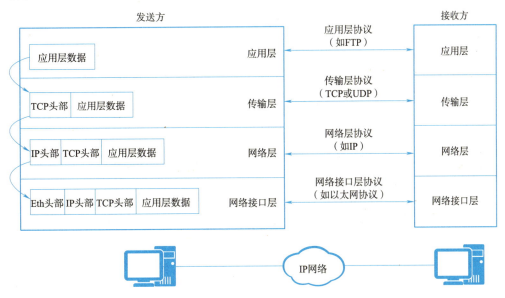

图1-10 发送方封装数据

当接收方通过接口接收到发送方经过层层封装的数据之后，它需要再从下到上根据各层的协议，去掉发送方添加的头部信息（信封），将数据层层还原为发送方最初要传输的数据，这个过程叫作解封装（decapsulation）。

设备根据协议层层解封装的过程即是数据自下而上的流动过程。

接收方解封装数据如图 1-11 所示，解封装就是封装过程的逆操作。由于发送方在封装数据时会首先封装上层协议的头部，因此上层协议的头部会被封装到下层协议的头部内，所以接收方设备在解封装时，自然按照由外而内的顺序依次取下发送方封装的头部信息。

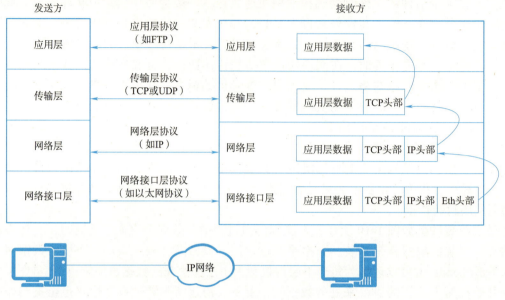

图1-11　接收方解封装数据

下面，我们将站在不同视角观察网络中的各类设备是如何完成封装和解封装，并相互实现通信的。

2. 从终端设备视角看数据传输

终端设备指的是最初产生数据和最后接收数据的设备，它们是数据的源或目的，而非数据的中间设备，不为网络中的其他设备提供数据转发，它们需要和计算机终端用户之间进行交互。个人计算机、笔记本、手机、应用服务器等就是典型的终端设备。由此可知，终端设备拥有自应用层以下的各层功能，它们的数据操作常常始于应用层（发送方），也终于应用层（接收方）。因此，两台终端跨越数据网络的通信处理过程基本相当于前面介绍的封装和解封装流程之和，如图1-12所示。

设想如下场景：创业者小张在咖啡厅使用笔记本计算机工作，经常需要将文件上传到公司的FTP服务器中，或从FTP服务器下载文件。这里的笔记本计算机和服务器分别是数据的初始产生者和最终接收者，因而将笔记本计算机称为终端1，将FTP服务器称为终端2。

某一时刻，在如图1-12所示环境中，位于咖啡厅的终端1通过无线接入点（AP）正在通过FTP向位于公司的终端2发送数据。由于工作在应用层的FTP要求传输层的TCP与对方建立可靠的连接，因此终端1会在传输层给数据封装TCP头部。接下来，终端1会在网络层给数据封装IP头部。在IP头部中，终端1会以自己的IP地址作为源地址，以终端2的IP地址作为目的地址。因为终端1是通过无线接入点连入网络的，因此在将一个数据发送出去之前，终端1会根据无线网协议再给数据封装上WLAN（无线局域网协议）头部（和尾部）。

终端2连接在一个以太网环境中，当它通过有线网络接收到数据后，它的解封装流程是：首先按照网络接入层协议摘掉数据的以太网头部（和尾部），然后再依次去掉数据的IP头部和

TCP 头部。这样一来，终端 2 在将数据交由应用层进行处理之前，即还原了终端 1 应用层中最初生成的信息。

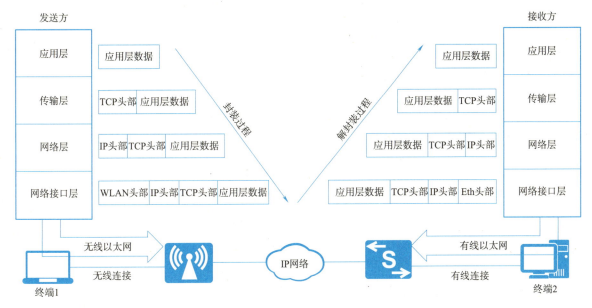

图1-12　两台终端跨越数据网络的通信处理过程

当终端 2 通过 FTP 向终端 1 发送数据时，两台终端设备执行封装和解封装的过程与上文介绍的过程正好相反。

图 1-12 演示了两台相互通信的终端设备作为数据的发送方和接收方，在一次通信过程中如何完成封装传输和解封装还原。此外，需要读者格外留意的是：图 1-12 建立通信的两台设备并非直接相连，而是跨越 IP 网络建立通信，也就是说，两台设备之间可能经过其他设备进行数据转发。因此，实际通信中并非每一层都需要使用相同的协议，靠近底层的协议很可能仅仅规范一定范围内的通信参与方，比如本例中终端 1 是通过无线的方式接入到网络中，而终端 2 是通过有线的方式接入到网络中。在远程设备跨越数据网络相互通信时，通信双方只需参照相同的高层协议便可以实现通信，比如本例中终端 1 和服务器使用的应用层协议都是 FTP，下层协议的差异将由中间的设备进行转换。

3. 从网络设备视角看数据传输

显然，采用相同的上层协议来掩盖下层通信环境的不同，需要依靠数据通信设备在中间完成封装的转换工作，它们的封装和解封装操作让数据拥有了在不同环境中转发的条件。数据转发设备是如何在转发数据的过程中执行封装和解封装的，正是本节的重点。

终端设备工作在应用层，但其他互联网中的设备并不都工作在应用层。这些负责给数据提供转发服务的中间设备没有必要了解应用层那些终端与用户之间交互的数据，就像邮递员和快递员没有必要了解邮件和包裹的内容一样。传统上，交换机工作在 TCP/IP 模型的网络接口层，也就是 OSI 模型的数据链路层，由于数据链路层位于 OSI 模型的第二层，因此交换机常常被称为二层设备；路由器则工作在 TCP/IP 模型的网络层，也就是 OSI 模型的网络层，由于网络层位于 OSI 模型的第三层，因此路由器常常被称为三层设备。

如图 1-13 所示为路由器和交换机对于数据的处理流程，图中用一台路由器替代了图 1-12 中比较笼统的 IP 网络。这张图的重点在于显示了终端 1 和终端 2 相互发送信息的过程中，转发设备对于数据的处理过程，图中还展示了各个转发设备工作的协议栈分层。

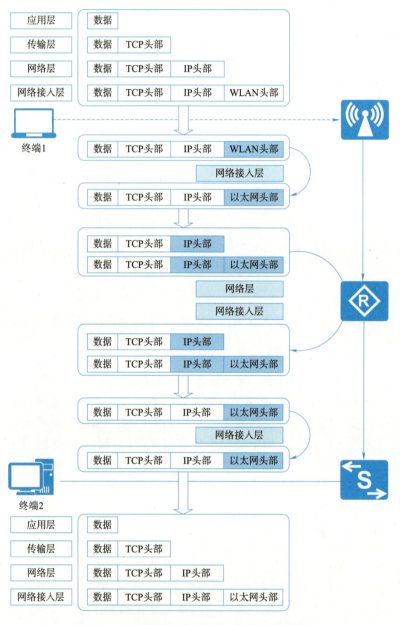

图1-13　路由器和交换机对于数据的处理流程

在图 1-13 中，当终端 1 发送的数据到无线 AP 时，AP 会对数据最外层封装的 WLAN 头部解封装，对其中信息进行查看，了解数据的目的硬件地址，在看到数据的目的硬件地址之后，AP 会把这个数据帧再次用以太网头部封装，然后发送给路由器。

路由器在接收数据后，也会首先查看最外层封装的以太网头部信息。当发现这里的目的硬件地址是自己时，路由器就会将以太网头部解封装，查看数据的逻辑地址也就是 IP 地址。在根据数据的逻辑地址做出转发决策后，路由器会使用下一跳设备的硬件地址作为以太网头部的目的硬件地址，重新封装以太网头部并将数据转发给交换机。同样，由于路由器工作在网络层，因此它不会对数据进行进一步解封装，互联网头部提供的逻辑地址足够路由器完成数据转发工作。

数据接下来到达交换机，交换机会查看以太网头部。在这之后，交换机会根据以太网头部包含的目的硬件地址，选择合适的接口将数据转发给终端 2。

4. 从网络拓扑视角看数据传输

如图 1-14 所示为一个简单的数据处理流程示例的拓扑环境。两台路由器使用串行接口通过点对点协议（point to point protocol,PPP）相连，两台路由器各自下连一台交换机，每台交换机分别连接两台终端设备，而终端 2 正在通过 FTP 向终端 3 发送数据。为简化描述过程，这里不介绍无线通信方式，实际上，从网络拓扑的角度看，无线通信和有线通信并没有本质区别。

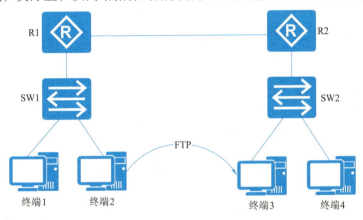

图1-14　数据处理流程示例的拓扑环境

如前文所述，图中的终端为应用层设备，而交换机和路由器则分别工作在数据链路层和网络层。因此，当终端 2 准备发送数据时，它会首先在设备内部执行纵向处理，即按照自上而下的顺序，逐层对数据进行封装；然后再执行横向转发，即通过以太网线路将数据发送出去，终端 2 的处理转发操作如图 1-15 所示。

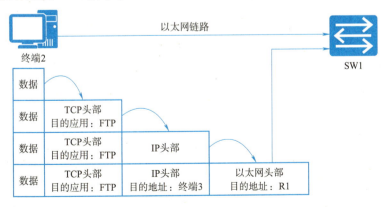

图1-15　终端2的处理转发操作

当交换机 SW1 接收到终端 2 发来的数据之后，SW1 会查看以太网头部中包含的目的硬件地址，发现该数据在这个以太网中的目的地址是路由器 R1，而后 SW1 会执行横向处理，将数据转发给 R1，交换机 SW1 的数据查看与转发操作如图 1-16 所示。

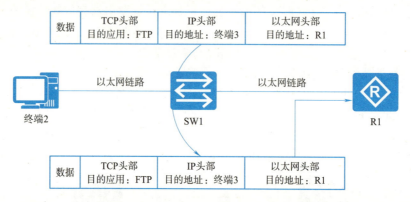

图1-16　交换机SW1的数据查看与转发操作

当 R1 接收到数据时，它依旧会按照先纵向后横向的方式进行处理。首先，R1 会对数据最外层的以太网头部进行解封装。当 R1 看到 IP 头部载明的目的地址之后，通过查询路由表发现：要想将数据转发给终端3，需要将它转发给路由器R2。于是，R1 会按照转发环境重新封装数据包。在完成封装之后，R1 会将它通过 PPP 链路转发出去，路由器 R1 的数据处理与转发操作如图 1-17 所示。

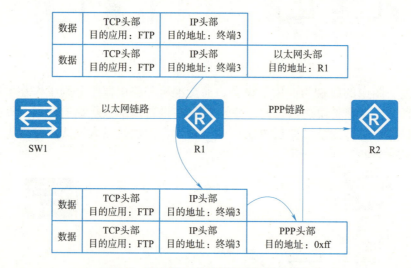

图1-17　路由器R1的数据处理与转发操作

R2 所做的处理与 R1 基本相同。它首先对数据最外层的 PPP 头部进行解封装。当 R2 看到 IP 头部载明的目的地址之后，通过查询路由表发现：要想将数据转发给终端 3，需要从与交换机 SW2 相连的以太网接口发送出去。于是，R2 按照转发环境重新封装数据包，即使用终端 3 的硬件地址来为数据包封装以太网头部，并将它转发给 SW2，路由器 R2 的数据处理与转发操作如图 1-18 所示。

项目 1　认识计算机网络

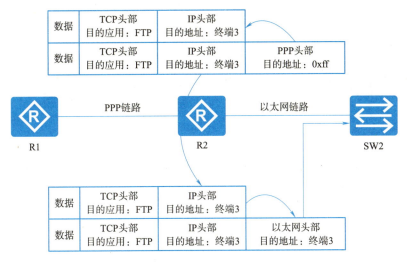

图1-18　路由器R2的数据处理与转发操作

　　SW2 的处理方式也可以类推出来。由于不具备网络层的功能，因此 SW2 和 SW1 一样只会查看最外面的以太网头部。当 SW2 发现该数据在这个以太网中的目的地址是终端 3 之后，就会将数据从与终端 3 相连的接口发送出去，交换机 SW2 的处理与转发操作如图 1-19 所示。

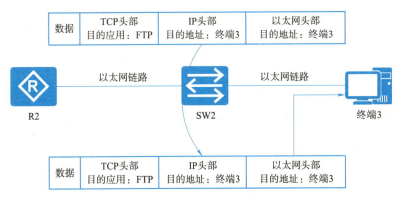

图1-19　交换机SW2的处理与转发操作

　　当终端 3 最终接收到数据时，会按照自下而上的顺序，逐层对数据进行解封装，直至恢复最初的数据为止，终端 3 的最终解封装操作如图 1-20 所示。

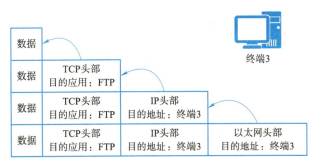

图1-20　终端3的最终解封装操作

17

如果将上述步骤进行总结，那么数据在经过如图 1-14 所示的拓扑中的通信设备时，接收处理的过程可以参照 TCP/IP 模型的层级，概括为如图 1-21 所示的数据在拓扑中的处理流程。同时，这幅图也显示了所有通信设备在 TCP/IP 模型中实际工作的层级。

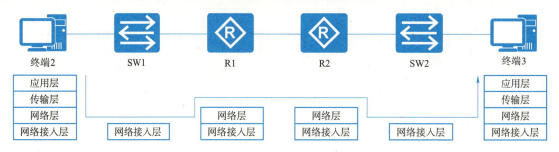

图1-21　数据在拓扑中的处理流程

图 1-21 展现了数据在终端 2 上开始接受封装直至在终端 3 上完成解封装之间所经历的完整流程，熟悉上述流程以及设备工作的层级，是网络工程师进行项目实施、理论论证和问题排查的基础。

1.3.4　计算机网络分类

对计算机网络进行分类的角度很多，下面分别进行介绍。

1. 按作用范围分类

- 广域网（wide area network, WAN）：广域网的分布距离远，它通过各种类型的串行连接以便在更大的地理区域内实现接入。广域网是因特网的核心部分，其任务是长距离运送主机所发送的数据。
- 城域网（metropolitan area network, MAN）：城域网的覆盖范围为中等规模，介于局域网和广域网之间，通常是一个城市内的网络连接（距离为 5~50 km）。城域网可以为一个或几个单位所拥有，但也可以是一种公用设施，用来将多个局域网进行互联。
- 局域网（local area network, LAN）：局域网通常指几千米范围以内的、可以通过某种介质互联的计算机、打印机或其他设备的集合。一个局域网通常为一个组织所有，常用于连接公司办公室或企业内的个人计算机和工作站，以便共享资源和交换信息。

2. 按拓扑结构分类

（1）总线拓扑结构

早期的以太网采用的是总线拓扑结构，所有计算机共用一条物理传输线路，所有的数据发往同一条线路，并能被连接在线路上的所有设备感知。总线拓扑结构如图 1-22 所示。

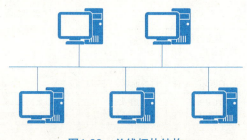

图1-22　总线拓扑结构

在总线拓扑结构中，多台主机共用一条传输信道，因此信道的利用率较高。但是，在这种结构的网络中，同一时刻只能有两台主机进行通信，并且网络的延伸距离和接入的主机数量都有限。

（2）星状拓扑结构

星状拓扑结构的网络以一台中央处理设备（通信设备）为核心，其他入网的主机仅与该中央处理设备之间有直接的物理链路，所有的数据都必须经过中央处理设备进行传输，如图1-23所示。目前使用的电话网络就属于这种结构，现在的以太网也采取星状拓扑结构或者分层的星状拓扑结构。

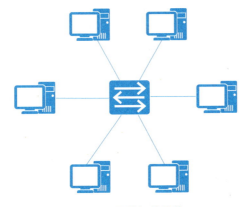

图1-23　星状拓扑结构

星状拓扑的特点是结构简单，便于管理（集中式），不过每台入网的主机均需与中央处理设备互联，线路的利用率低；中央处理设备需处理所有的服务，负载较重，往往会形成单点故障，从而导致网络瘫痪。

（3）树状拓扑结构

树状拓扑结构是层次化结构，形状像棵倒置的树，具有一个根节点和多个分支节点。星状拓扑结构可看作一级分支的树状拓扑结构，树状拓扑结构是星状拓扑结构的扩展。树状拓扑结构如图1-24所示。

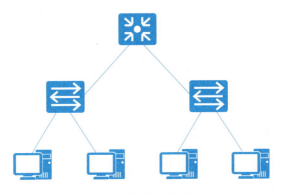

图1-24　树状拓扑结构

树状拓扑结构的通信线路总长度较短，联网成本低，易于维护和扩展。树状拓扑结构除叶节点外，根节点和所有分支节点都是转发节点，属于集中控制式网络，适用于分组管理的场合和控制型网络。树状拓扑结构较星状拓扑结构复杂，当与根节点相连的链路有故障时，对整个网络的影响较大。

树状拓扑结构的优点是结构比较简单，成本低，网络中任意两个节点之间不产生回路，每个链路都支持双向传输，扩充节点方便灵活；缺点是除叶节点及其相连的链路外，任何一个节点或链路产生故障都会影响网络系统的正常运行，对根节点的依赖性太大，如果根节点发生故障，则全网都不能正常工作。因此这种结构的可靠性与星状拓扑结构相似。目前的内部网大都采用这种结构。

（4）环状拓扑结构

环状拓扑结构也是一种在 LAN 中使用较多的网络拓扑结构。这种结构中的传输媒体从一个端用户连接到另一个端用户，直到将所有的端用户连成环状，环状拓扑结构如图 1-25 所示。显然，这种结构消除了端用户通信时对中心系统的依赖。

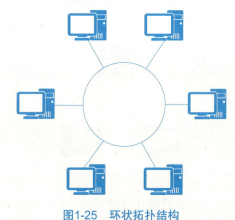

图1-25　环状拓扑结构

环状拓扑结构的特点是每个端用户都与两个相邻的端用户相连，并且环状网的数据传输具有单向性，一个端用户发出的数据只能被另一个端用户接收并转发。环状拓扑的传输控制机制比较简单，但是单个环网的节点数有限，一旦某个节点发生故障，将导致整个网络瘫痪。

（5）网状拓扑结构

网络通常利用冗余的设备和线路来提高网络的可靠性，节点设备可以根据当前的网络信息流量有选择地将数据发往不同的线路，网状拓扑结构如图 1-26 所示。

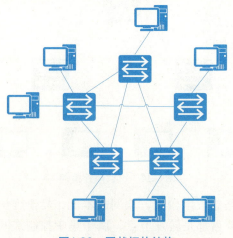

图1-26　网状拓扑结构

网络中任意两台设备之间都直接相连的网络称为全互联网络,这种形式的网络可靠性是最高的,但是成本也是最高的。因此,实际应用中往往只是将网络中任意一个节点至少和其他两个节点互联在一起,这样就可以提供令人满意的可靠性保证。

现在,一些网络常把骨干网络做成网状拓扑结构,而非骨干网络则采用星状拓扑结构。

(6)无线拓扑结构

无线拓扑结构通过空气作为介质传输数据,主要有微波、红外线、卫星通信等形式。卫星通信网络中,通信卫星就是一个中心交换站,它通过分布在地球上不同地理位置的地面站将各个地区的网络相互连接。

(7)混合型拓扑结构

在实际组建网络而选择网络的拓扑结构时,需要考虑所建网络系统的可靠性、可扩充性及网络特性等多种因素,如网络的工作环境、覆盖范围和网络的安全性。随着用户地点的变动,网络范围的扩大,灵活地撤销或增加节点,实现对网络的故障检测与故障隔离等。因此网络的拓扑结构不一定局限于某一种,通常是多种拓扑结构的组合。例如,一个网络的主干线采用环状拓扑结构,而连接到这个环上的各个组织的局域网可以采用星状拓扑结构、总线拓扑结构等。在选择网络拓扑结构时,应考虑可靠性、费用、灵活性、响应时间和吞吐量等因素。

3. 按使用者分类

(1)公用网(public network)

公用网是指电信公司(国有或私有)出资建造的大型网络。"公用"的意思就是所有愿意按电信公司的规定缴纳费用的人都可以使用这种网络。因此公用网也可称为公众网。因特网就是全球最大的公用网络。

(2)专用网(private network)

专用网是指某个部门为本单位的特殊工作需要而建造的网络。这种网络不向本单位以外的人提供服务。例如,军队、铁路、电力等系统均有本系统的专用网。

公用网和专用网都可以传送多种业务。

4. 按传输介质分类

(1)有线网络

有线网络使用同轴电缆、双绞线、光纤等通信介质。

(2)无线网络

无线网络使用卫星、微波、红外线、激光等通信介质。

1.3.5 网络性能指标

影响网络性能的因素有很多,传输的距离、使用的线路、传输技术、速率带宽(bandwidth)、吞吐量、延迟、往返时间、网络设备性能等都会对网络的性能产生影响。下面介绍常用的几个性能指标。

1. 速率

计算机通过二进制数字来传输信息。一位二进制数称为一个比特(bit)。网络通信的速率是每秒传输的比特数量,称为比特率,单位为 bit/s,即 bit per second。1 kbit/s=10^3 bit/s,1 Mbit/s=10^6 bit/s,1 Gbit/s=10^9 bit/s,1 Tbit/s=10^{12} bit/s。注意,速率的单位 bit/s 和 B/s 的含义不同。大写的 B 代表字节,是 Byte 的缩写,1 B=8 bit,即 1 B/s=8 bit/s。例如,10 Mbit/s=1.25 MB/s。

2. 带宽

在计算机网络中，带宽用来表示网络通信线路传输数据的最高速率。带宽的单位是 bit/s，代表某条链路每秒能发送的最大数据位数。

目前常见的网络带宽有以下几种。

① 以太网技术的带宽可以为 10 Mbit/s、100 Mbit/s、1 000 Mbit/s、10 Gbit/s 等。

② MODEM 拨号上网带宽为 56 kbit/s，综合业务数字网（integrated services digital Network，ISDN）的基本速率接口（basic rate interface, BRI）带宽最高为 128 kbit/s。

③ ADSL 在不影响正常电话通信的情况下可以提供最高 3.5 Mbit/s 的上行速度和最高 24 Mbit/s 的下行速度。

④ E1/PRI 带宽为 2 Mbit/s，E3 带宽为 34 Mbit/s。

⑤ 光载波（optical carrier, OC），OC-3 带宽为 155 Mbit/s，OC-12 带宽为 622 Mbit/s，OC-48 带宽为 2.5 Gbit/s，OC-192 带宽为 10 Gbit/s。

3. 吞吐量

吞吐量表示在单位时间内通过某个网络或者接口的数据量，包括全部上传和下载的流量。如图 1-27 所示，主机 PC1 一边浏览网页，一边从 FTP 服务器下载文件，同时向网盘服务器上传文件。访问网页的下载速率是 50 kbit/s，FTP 下载文件的速率是 500 kbit/s，向网盘上传文件的速率是 1 Mbit/s，则主机 PC1 的吞吐量是单位时间内全部上传和下载的速率之和，即 50+500+1 000=1 550 kbit/s。

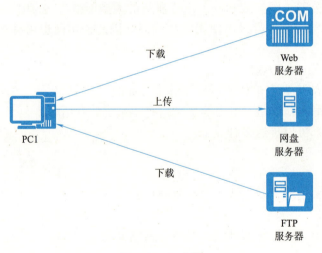

图1-27 吞吐量

吞吐量受网络带宽（通信线路的最大传输速率）的限制。如果计算机的网卡连接交换机，由于交换机可工作在全双工模式，因此计算机网卡也可以工作在全双工模式。例如，网卡工作在 100 Mbit/s 全双工模式，那么网卡的最大吞吐量为 200 Mbit/s。

4. 延迟

网络延迟又称时延，它定义了网络把数据从一个网络节点传送到另一个网络节点所需要的时间。例如，一个横贯大陆的网络可能有 24 ms 的延迟，即将一个比特从一端传到另一端将花费 24 ms 的时间。

网络延迟主要由发送延迟（transmission delay）、传播延迟（propagation delay）、处理延迟

和排队延迟（queuing delay）组成。网络中产生延迟的因素很多，既受网络设备的影响，也受传输介质、网络协议标准的影响；既受硬件制约，也受软件制约。由于物理规律的限制，延迟是不可能完全消除的。

① 发送延迟。发送延迟是主机或路由器发送数据帧所需的时间，也就是从发送数据帧的第 1 比特开始，到该帧最后 1 比特发送完毕所需要的时间。

$$发送延迟 = \frac{数据帧长度（b）}{发送速率（m/s）}$$

② 传播延迟。传播延迟是电磁波在信道中传播一定的距离需要花费的时间。

$$传播延迟 = \frac{信道长度（m）}{电磁波在信道中的传播速率（m/s）}$$

③ 排队延迟。分组数据在经过网络传输时，要经过许多路由器，进入路由器后要先在输入队列中排队等待处理。在路由器确定了转发接口后，还要在输出队列中排队等待转发，这就产生了排队延迟。排队延迟的长短往往取决于网络当时的通信量。当网络的通信量很大时会发生队列溢出，使数据分组丢失，这就相当于排队延迟为无穷大。

④ 处理延迟。路由器或主机在收到数据包时，要花费一定的时间进行处理，例如分析数据包的头部，进行头部差错检验，查找路由表为数据包选定转发出口，这就产生了处理延迟。

数据在网络中经历的总延迟就是以上四种延迟的总和。

$$总延迟 = 发送延迟 + 传播延迟 + 排队延迟 + 处理延迟$$

5. 往返时间

在计算机网络中，往返时间（round-trip time, RTT）也是一个重要的性能指标。它表示从发送端发送数据开始，到发送端接收到来自接收端的确认，总共经历的时间。

在 Windows 中使用 ping 命令查看往返时间，分为 ping 网关、国内网站，如图 1-28 所示，可以看到每个数据包的往返时间和统计的平均往返时间。一般地，途经的路由器越多，通信距离越远，往返时间也越长。

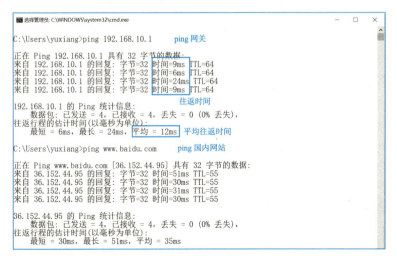

图1-28　往返时间

1.3.6 企业局域网

根据网络规模和计算机分布的物理位置，企业局域网可以设计成二层结构或者三层结构。通过本节的学习，将掌握如何设计企业局域网。

1. 二层结构局域网

企业或者学校等单位的计算机数量较少时，可以使用二层结构局域网。如图 1-29 所示的网络是某个学校的一个部门的二层结构局域网。其中包括了两间实训室和一个机房。每间实训室部署了一台交换机，称作接入层交换机，接入层交换机通常接口较多，带宽通常为 100 Mbit/s。各实训室的接入层交换机连接本实训室的计算机。在学校机房部署一台交换机，各个实训室的交换机和学校服务器连接到机房交换机。机房交换机汇聚了接入层交换机的流量，被称为汇聚层交换机。汇聚层交换机的接口不一定多，但接口带宽要比接入层交换机高，通常为 1 000 Mbit/s，价格也比接入层交换机贵。通常，汇聚层交换机还要通过路由器接入 Internet。

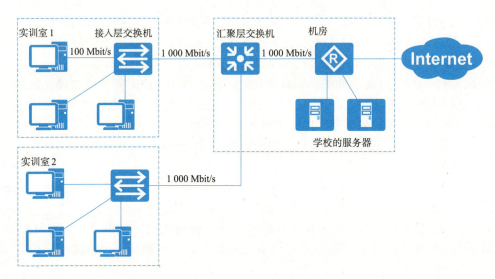

图1-29 二层结构局域网

二层结构的局域网使用了接入层交换机、汇聚层交换机和路由器组建网络，通常适合于网络规模较小的中小企业或者学校等单位。

2. 三层结构局域网

企业或者学校等单位的网络规模较大时，可以使用三层结构局域网。如图 1-30 所示，某高校有两个部门，每个部门有自己的实训室和网络。学校为各部门提供 Internet 接入。各部门的汇聚层交换机连接到网络中心的交换机，网络中心的交换机称为核心层交换机。通常，核心层交换机的接口带宽要比汇聚层交换机的高，价格也比汇聚层交换机贵。学校的服务器接入到核心层交换机，为整个学校提供服务。

三层结构局域网使用了接入层交换机、汇聚层交换机、核心层交换机和路由器组建网络，通常适用于网络规模较大的企业或者学校等单位。

项目 1　认识计算机网络

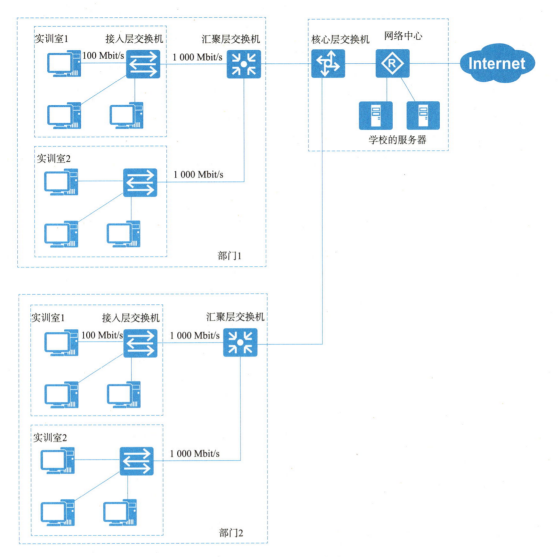

图 1-30　三层结构局域网

1.4 【任务 1】监控网络状态

1.4.1　任务描述

如何排查可疑程序是网络管理员需要解决的问题。黑客通过网络对计算机进行攻击或者用户无意中给计算机安装了木马程序，木马程序通常需要和远程计算机通信，网络连接会用到传输层的协议，并且被计算机系统 netstat 命令监控。因此，网络管理员可使用 netstat 命令查看计算机的网络连接信息，排查可疑程序。

1.4.2 任务分析

网络管理员要排查可疑的连接，提高系统的安全性，可以通过 netstat 命令显示网络连接信息，并从中找到可疑程序在计算机上所在的目录，如果确认是木马程序，那么删除它。具体步骤如以下任务实施。

1.4.3 任务实施

① 在 Windows 系统计算机上，按快捷键【Win+R】调出"运行"对话框，输入命令提示符命令 cmd，如图 1-31 所示，然后按【Enter】键。

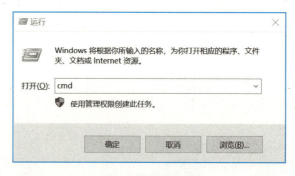

图1-31　命令提示符

② 在命令提示符下输入"netstat -nob"查看网络连接，该操作需要用户以系统管理员权限执行，查看结果如图 1-32 所示。

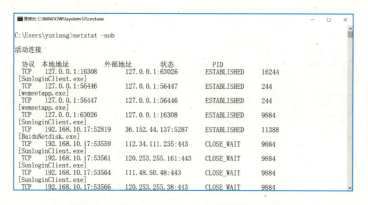

图1-32　通过netstat -nob查看网络连接结果

> **说明：**
> 如果需要了解 netstat 命令参数含义，输入 netstat /?，会列出全部参数和帮助信息。

图 1-32 中列出了计算机已建立的活动连接，显示了协议、本地地址、外部地址、状态、进程标识（process identification,PID）和应用程序名称。

③ 假设应用程序名称为"wemeetapp.exe"的程序是可疑程序，那么按【Ctrl+Shift+Esc】组合键，打开"任务管理器"窗口。在"详细信息"标签下，右击 wemeetapp.exe，在弹出的快捷菜单中单击"打开文件所在的位置"选项，如图 1-33 所示，找到该程序所在的目录。如果确认是木马程序，则删除该程序。

项目 1　认识计算机网络

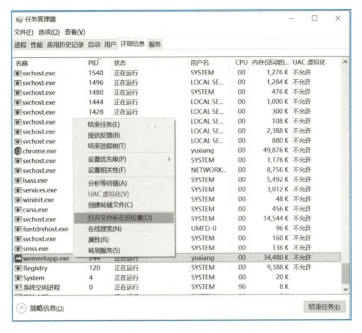

图1-33　打开文件所在的位置

1.5 【任务 2】使用 Wireshark 捕获数据包

1.5.1 任务描述

网络的普及给人们的生活带来了便利，但网络的安全问题也日益突出。网络数据包抓取和分析是网络管理和监控的有效措施，越来越受网络管理人员和网络安全人员的重视。Wireshark 是一个开源的网络数据包分析软件，提供了网络数据包抓取功能，并尽可能显示出详细的数据包信息。

1.5.2 任务分析

为了对网络进行有效地管理和监控，网络管理员需要安装 Wireshark 软件，启动数据捕获，在捕获的数据中查找一个数据包中数据链路层的帧、IP 数据包头部、TCP 数据包头部、HTTP 数据包头部及 HTTP 数据内容。具体步骤如以下任务实施。

1.5.3 任务实施

1. 下载并安装 Wireshark

Wireshark 可以从 www.wireshark.org 免费下载，在 Windows 下的安装很简单，只需执行安装包程序并按照提示一步步进行即可。需要注意的是安装过程中需要同时勾选安装 npcap，以进行数据包的抓取。

2. 运行 Wireshark，启动数据捕获

下面以访问 Web 服务器打开一个网页为例介绍 Wireshark 的使用方法。

运行 Wireshark，出现图 1-34 所示的 Wireshark 网络分析器窗口界面，在该界面选择"以太网"网卡接口，再单击捕获按钮 开始捕获分组。

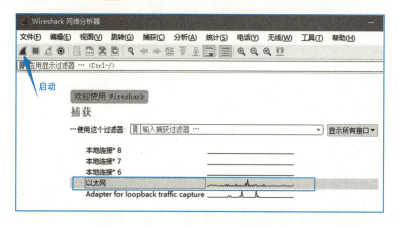

图1-34　Wireshark网络分析器窗口界面

启动捕获后，可以看到数据包窗口已经不停地获取数据，为了减少数据滚动，可以在过滤器中输入要分析的协议，比如 http，这时数据包窗口中只显示过滤器指定的数据。Wireshark 的功能区有过滤器、数据包、协议窗口和数据窗口，如图 1-35 所示。在"数据窗口"中单击一个数据包，在"协议窗口"中就可以看到该数据包的各层协议数据。

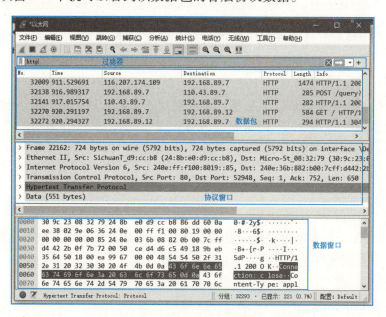

图1-35　Wireshark的功能区

3. 使用浏览器随意浏览网站

假设本地 IP 地址为 192.168.89.7，Web 服务器地址为 192.168.89.12。

4. 使用 Wireshark 分析捕获的数据包

在 Wireshark 中找到对网站浏览捕获的数据包，在其中识别出数据链路层帧、网络层 IP 包、传输层 TCP 包、应用层 HTTP 包的头部，并指出各头部的长度。

在 Wireshark 的"协议窗口"中单击"Ethernet II"数据链路层的以太网帧，如图 1-36 所示，Wireshark 的"数据窗口"就会显示该以太网帧的数据。如图 1-37~图 1-39 显示了网络层的 IP、传输层的 TCP、应用层的 HTTP 和其中的应用数据（不是所有数据包都包含以上部分）。单击想要分析的协议，可以在数据窗口中查看其数据。

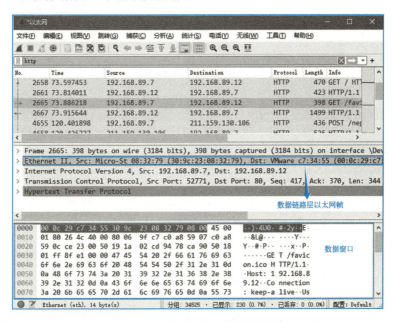

图1-36　数据链路层的以太网帧

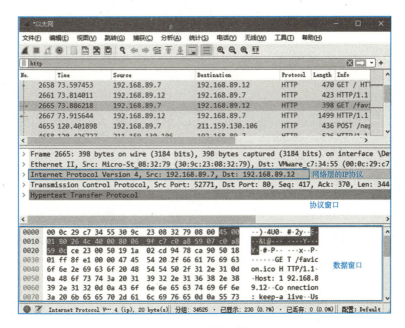

图1-37　网络层的IP

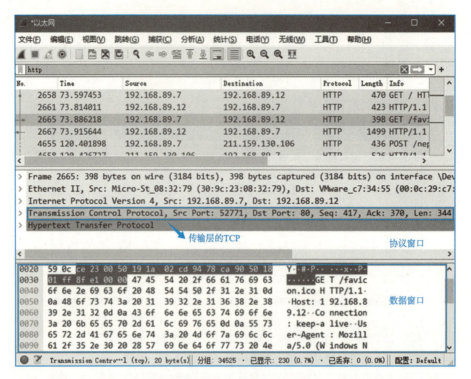

图1-38 传输层的TCP

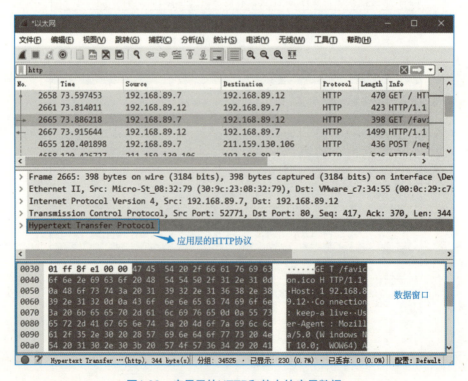

图1-39 应用层的HTTP和其中的应用数据

项目 1　认识计算机网络

项目小结

通常将分散在不同地点的多台计算机、终端和外部设备用通信线路互联起来，彼此间能够互相通信，并且实现资源共享（包括软件、硬件、数据等）的整个系统叫作计算机网络。计算机网络对整个信息社会都有着极其深刻的影响。本项目的重点内容包括以下几个方面。

- 局域网通常为一个组织或者单位所有，通信覆盖范围在几千米范围以内。彼此分离的局域网通过路由器连接起来，形成了互联网。因特网是全球最大的互联网，让不同国家的网络互联。
- 网络体系结构是将复杂的计算机网络通信问题分解为多个子问题，各子问题之间相对独立，解决好每个子问题之后，再将各问题之间有机联系起来，就形成了最终的解决方案。OSI 参考模型就是在这种思路下设计而来的。在现实背景下，OSI 参考模型并没有获得市场化的成功。当前互联网使用的网络体系结构被称为 TCP/IP 模型。该模型比 OSI 参考模型更加简单、灵活，得到了设备厂商和软件厂商的广泛支持，因而成为事实上的标准。
- 为了实现数据在垂直方向和水平方向上的流动，TCP/IP 模型在各层上使用了不同功能的协议，用以完成不同目的的任务。在从发送方到接收方的数据流动过程中，首先在发送方进行数据的封装，然后经过多个路由器、交换机等网络设备的接力传输，最终到达接收方并逐步解封装。
- 计算机网络按作用范围分为局域网、城域网和广域网。按拓扑结构分为总线、星状、环状、树状、网状、混合型等结构。按使用者分为公用网、专用网。按传输介质分为有线网络和无线网络。有线网络常用的传输介质有双绞线、光纤，无线网络的传输介质有微波、激光、红外线等。
- 网络的性能指标有速率、带宽、吞吐量、延迟和往返时间等。影响网络性能的因素有很多，传输的距离、使用的线路、传输技术、带宽、网络设备性能等都会对网络的性能产生影响。
- 根据网络规模和计算机分布的物理位置，企业局域网可以设计成二层结构或者三层结构。二层结构局域网通常适用于网络规模较小的单位，三层结构局域网通常适用于网络规模较大的单位。

拓展阅读

中国第一个国际互联网网站

习　题

1. 单选题

（1）网络按通信范围可分为（　　）。

　　A. 局域网、城域网、广域网　　　　B. 局域网、以太网、广域网
　　C. 电缆网、城域网、广域网　　　　D. 中继网、局域网、广域网

（2）以下拓扑结构提供了最高的可靠性保证的是（　　）。

　　A. 星状拓扑　　　　　　　　　　　B. 环状拓扑
　　C. 总线拓扑　　　　　　　　　　　D. 网状拓扑

31

（3）在常用的传输介质中，带宽最宽，信号传输衰减最小，抗干扰能力最强的是（　　）。
　　　A. 双绞线　　　　　B. 同轴电缆　　　　C. 光纤　　　　　　D. 微波
（4）在计算机网络参考模型中，第 N 层与它之上的第 $N+1$ 层的关系是（　　）。
　　　A. 第 N 层使用第 $N+1$ 层提供的协议
　　　B. 第 N 层为第 $N+1$ 层提供服务
　　　C. 第 $N+1$ 层将从第 N 层接收的报文添加一个报头
　　　D. 第 N 层使用第 $N+1$ 层提供的服务
（5）下列不属于 TCP/IP 体系结构的是（　　）。
　　　A. 应用层　　　　　B. 表示层　　　　　C. 传输层　　　　　D. 网络层

2. 问答题

（1）什么是计算机网络？计算机网络有哪些主要功能？
（2）网络体系结构为什么要采用分层次的结构？试举出一些与分层体系结构的思想相似的日常生活的例子。
（3）简述在 TCP/IP 中，当数据进入接收方计算机时要经历哪几层数据解封装？
（4）简述 OSI 参考模型和 TCP/IP 模型的区别与联系。
（5）简述当数据流入一个路由器时该路由器的处理流程。

项目 2

常用网络设备与基本配置

2.1 项目背景

腾飞网络公司总部为了提高网络的性能,新采购了一批网络设备,包含路由器和交换机等。为了方便后期运行与维护,公司网络管理员小明需要先对这些设备进行本地配置。网络设备安全对公司网络管理来说至关重要,小明通过设置登录用户的权限和密码来保障网络设备安全。

2.2 学习目标

知识目标
- 了解交换机、路由器的主要作用和特点
- 了解华为网络设备操作系统 VRP 的作用和特点
- 了解命令行的概念、作用及其基本结构
- 理解用户视图、系统视图、接口视图之间的差异
- 理解命令级别和用户权限级别的划分
- 理解 VRP 文件系统的作用与操作方法

能力目标
- 能够比较熟练地使用命令行
- 能够进行网络设备的基本配置

素质目标
- 了解中国从网络大国向网络强国迈进的过程,激发爱国情怀,增强民族自豪感
- 理解核心技术必须自力更生、自主创新

2.3 相关知识

构建各种规模企业网络的主要设备是交换机和路由器。传统意义上,交换机是利用第二层MAC地址信息进行数据帧交换的互联设备,路由器是利用第三层IP地址信息进行报文转发的互联设备。

控制交换机和路由器工作的核心软件是网络设备的操作系统。因此,要了解网络设备的基本使用和管理方法,首先要学习网络设备的网络操作系统。华为网络设备使用的操作系统是通用路由平台(versatile routing platform,VRP)。

2.3.1 交换机和路由器的作用与特点

1. 交换机的作用与特点

从功能上看,交换机的主要作用是连接多个以太网物理段,隔离冲突域,利用桥接和交换提高局域网性能,扩展局域网范围。

交换机的作用如图2-1所示,PC1、PC2、PC3、PC4和交换机SW1、SW2处于同一个局域网中,因此,SW1和SW2的核心作用是利用桥接和交换将局域网进行扩展。

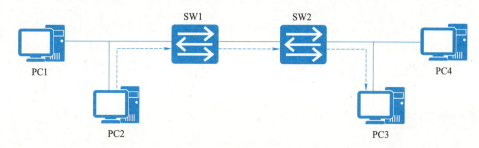

图2-1 交换机的作用

从数据转发机制上看,交换机是利用MAC地址信息进行转发的。

假设PC2要和PC3进行通信,由于两者处于同一个网络,PC2首先要根据PC3的第二层地址(即MAC地址)信息,将信息封装成以太网帧,并通过自身的网络端口发出,于是SW1将收到此帧。与路由器不同,SW1不是依靠第三层的IP目的地址,而是第二层的MAC地址来决定如何转发报文。SW1在MAC地址表中查找与报文目的MAC地址匹配的表项,从而知道应该将报文从与SW2相连的端口转发出去;如果没有匹配的项目,报文将广播到除收到报文的入端口外的所有其他端口。SW2也会执行同样的操作,直到把报文交给PC3。

不难发现,在整个发送过程中,PC2并不需要了解SW1的存在,而SW1同样不需要了解SW2的存在,因此这种交换过程是透明的。

至此,从交换机的作用和转发报文的过程看,可以将传统的以太网交换机的特点归纳如下:

① 它主要工作在OSI模型的物理层、数据链路层,不依靠第三层地址和路由信息。
② 传统交换机提供以太局域网间的桥接和交换,而非连接不同种类的网络。
③ 交换机上的数据交换依靠MAC地址映射表,这个表是交换机自行学习到的,而不需要

相互交换目的地的位置信息。

2. 路由器的作用与特点

作为网络互联的一种关键设备，路由器是伴随着 Internet 和网络行业发展起来的。正如其名字的寓意一样，这种设备最重要的功能是在网络中为 IP 报文寻找一条合适的路径进行"路由"，也就是向合适的方向转发。它的实质是完成了 TCP/IP 协议族中 IP 层提供的无连接、尽力而为的数据报传送服务。

路由器的作用如图 2-2 所示，PC1 和 PC2 分别处于两个网段当中，因此，PC1 和 PC2 的通信必须依靠路由器这类网络中转设备来进行。先来考察 PC1 向 PC2 发送报文时，沿途经过的路由器的作用。

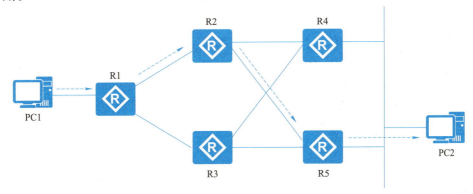

图2-2　路由器的作用

首先，PC1 会对 IP 报文的目的地址进行判断，对需要到达其他网段的报文，一律交给其默认网关进行转发，在本例中 PC1 的默认网关设置为 R1。R1 为了完成转发任务，会检查 IP 报文的目的地址，找到与自身维护的路由转发信息相匹配的项目，从而知道应该将报文从哪个接口转发给哪台下一跳路由器。在这个例子中，假设 R1 通过路由转发将报文发送给了 R2。类似地，R2 经过路由查找将报文发送给 R5。因为 R5 通过 IP 报文的目的地址判断 PC2 处于其直连网络上，所以将报文直接发送给 PC2（以上是对路由器进行 IP 报文转发过程和原理的大致描述，在后续的项目中，还将进一步学习路由信息和其转发过程的细节）。

在图 2-2 中，路由器之间的连接可以是同样的链路类型，也可以是完全不同的链路类型。比如，对于 R4 来讲，它的一侧使用时分复用的串行链路，而另外一侧使用共享介质同时与 R5 和 PC2 连接。因此，路由器的第二个重要作用就是用来连接"异质"的网络。

最后，路由器进行报文转发依赖自身所拥有的路由转发信息，这些信息可以手工配置，但更常见的情况是路由器之间自动地进行路由信息的交换，以适应网络动态变化和扩展的要求，因此，路由器的另一个重要作用是交互路由等控制信息并进行最优路径的计算。了解了路由器的作用，对路由器的特点就比较容易理解了，路由器主要包含以下特点。

① 按照 OSI 参考模型，路由器主要工作在物理层、数据链路层和网络层。当然，为了实现一些管理功能，比如路由器本身也可以作为 FTP 的服务器端，因此路由器也要实现传输层和应用层的某些功能，但从作为网络互联设备的角度讲，提供物理层、数据链路层和网络层的功能是路由器的基本特点。

② 路由器的接口类型比较丰富，因此可以用来连接不同介质的"异质"网络。比照第一个特

点,也可以看出,路由器因此要支持较为丰富的物理层和数据链路层的协议与标准。

③ 从上面的例子中可看出,路由器要依靠路由转发信息对 IP 报文进行转发。这是 IP 层也是路由器的核心功能。

④ 为了形成路由表和转发表,路由器要交换路由等协议控制信息。这种信息交换通过路由协议实现,因此路由器通常支持一种或多种路由协议。

2.3.2　VRP 命令行基本操作

VRP 是华为公司数据通信产品的通用网络操作系统平台,包括路由器、交换机、防火墙、WLAN 等众多系列产品。

● 视频
VRP基础讲解

1. VRP 系统概述

VRP 系统自 1994 年开始研发至今已走过了近 30 年的历程,系统版本也从最初的 1.x 发展到了现在的 8.x,无论是从系统软件体系结构,还是从支持的功能、采用的配置方法等都发生了明显的变化。在 S 系列以太网交换机中目前主要是应用 5.x 版本,VRP8.x 目前主要应用在数据交换机 CE 系列和集群路由器 NE5000E。VRP 系统可以运行在多种硬件平台上并拥有一致的网络界面、用户界面和管理界面,为用户提供了灵活丰富的应用解决方案。

当然 VRP 系统的发展远不仅体现在其版本、功能上的更新,更体现在软件平台结构上的发展、变化,从 VRP1.x 的集中式到 VRP3.x 和如今主流应用的 VRP5.x 的模块化分布式,在平台架构上不断优化的同时也大大提升了平台的性能,降低了产品成本。新一代网络操作系统 VRP8.x 还采用了多进程、多处理、内存保护等新技术。

VRP 以 TCP/IP 协议栈为核心,在操作系统中集成了路由、组播、QoS、VPN、安全和 IP 话音等数据通信要件。VRP 平台是以当前主流的 IP 业务为核心,实现组件化的体系结构。在提供丰富功能特性的同时,还提供基于应用的可裁剪能力和可伸缩能力。

VRP 系统与其他主要品牌网络交换机的操作系统一样,也提供了用于人机交互、功能强大的命令行界面(command line interface,CLI)。要使用命令行来配置与管理华为设备,就必须从认识 VRP 命令行开始,下面具体介绍 VRP 命令行。

2. VRP 命令行

(1)命令行格式约定

用户可通过在 VRP 命令行界面下输入文本类配置或管理命令,按回车键即可把相应的命令提交给网络设备执行,从而实现对网络设备的配置与管理,并可以通过执行相关命令查看输出信息,确认配置结果。与命令行界面(CLI)相对的就是我们通常所说的图形用户界面(graphical user interface,GUI),如我们常用的 Windows 操作系统,是通过鼠标单击相关选项进行设置的。但在 CLI 下可以一次输入含义更为丰富的指令,系统响应更迅速。

在华为 VRP 系统中,一条命令行由关键字和参数组成,关键字是一组与命令行功能相关的单词或词组,通过关键字可以确定唯一一条命令行,本书正文中采用加粗字体方式来标识命令行的关键字。参数是为了完善命令行的格式或指示命令的作用对象而指定的相关单词或数字等,包括整数、字符串、枚举值等数据类型,本书正文中采用斜体字体方式来标识命令行的参数。例如,测试设备间连通性的命令行 ping *ip-address* 中,ping 为命令行的关键字,*ip-address* 为参数(取值为一个 IP 地址)。

新购买的华为网络设备,初始配置为空。若希望它能够具有诸如文件传输、网络互通等功能,

项目 2　常用网络设备与基本配置

则需要首先进入该设备的命令行界面,并使用相应的命令进行配置。

(2)命令行视图

"视图"是 VRP 命令接口界面,不同的 VRP 命令需要在不同的视图下才能执行,在不同的视图下也配置有不同功能的命令。

VRP 系统的命令行界面分为若干个命令视图,所有命令都注册在某个(或某些)命令视图下。当使用某个命令时,需要先进入这个命令所在的视图。各命令行视图是针对不同的配置要求实现的,它们之间既有联系又有区别。常见的命令视图、视图功能、提示符示例,以及进入和退出对应视图的方法见表 2-1(仅列举了部分网络设备配置中最常见的视图,不包括全部)。通过 quit 命令可以返回到上一级命令视图,通过 return 命令或者按下【Ctrl+Z】组合键直接返回到用户视图。

表 2-1　VRP 系统常见命令视图、视图功能、提示符示例,以及进入和退出对应视图的方法

命令视图	视图功能	提示符示例	进入对应视图	退出对应视图
用户视图	查看网络设备的简单运行状态和统计信息	\<Huawei\>	与网络设备连接即可进入	quit
系统视图	配置系统参数	[Huawei]	在用户视图下键入 system-view	quit 或 return,或按【Ctrl+Z】组合键返回用户视图
接口视图	配置接口参数	[Huawei-GigabitEthernet0/0/1]	在系统视图下输入 interface GigabitEthernet 0/0/1	quit 返回系统视图;return 或按【Ctrl+Z】组合键返回用户视图
VLAN 视图	配置 VLAN 参数	[Huawei-vlan10]	在系统视图下输入 vlan 10	
VTY 用户界面视图	配置单个或多个 VTY 用户界面参数	[Huawei-ui-vty1]	在系统视图下输入 user-interface vty 1	

(3)命令级别与用户权限级别

为了增加网络设备的安全性,在 VRP 系统中把所有命令分成了许多不同的级别,使不同权限的用户可以使用不同级别的命令,这样也就确定了对应的不同用户级别。不同级别的用户登录后,只能使用等于或低于自己级别的命令。

VRP 系统的命令级别分为 0~3 共 4 级,但用户级别分成 0~15 共 16 个级别。默认情况下,用户级别和命令级别的对应关系见表 2-2。

表 2-2　VRP 用户级别和命令级别的对应关系

用户级别	命令级别	级别名称	可用命令说明
0	0	访问级	网络诊断工具命令(ping、tracert)、从本设备出发访问其他设备的命令(Telnet)、部分 display 命令等
1	0,1	监控级	用于系统维护,包括 display 等命令。但并不是所有的 display 命令都是监控级,比如 display current-configuration 命令和 display saved-configuration 命令是 3 级管理级
2	0,1,2	配置级	业务配置命令,包括路由、各个网络层次的命令,向用户提供直接网络服务
3~15	0,1,2,3	管理级	用于系统基本运行的命令,对业务提供支撑作用,包括文件系统、FTP、TFTP 下载、用户管理命令、命令级别设置命令、系统内部参数设置命令,以及用于业务故障诊断的 debugging 命令等。可以通过划分不同的用户级别,为不同管理人员授权使用不同的命令

37

2.3.3 网络设备的基本配置

1. 基本配置

（1）配置设备名称

命令行界面中的尖括号"< >"或方括号"[ ]"中包含有设备的名称，也称为设备主机名。默认情况下，设备名称为"Huawei"。为了更好地区分不同的设备，通常需要修改设备名称。在系统视图下，我们可以通过如下命令对设备名称进行修改：

```
sysname host-name
```

其中，sysname 是命令行的关键字，host-name 为参数，表示希望设置的设备名称。例如，通过如下操作，就可以将设备名称设置为 Router1。

```
[Huawei]sysname Router1
[Router1]
```

（2）配置设备系统时钟

华为设备出厂时默认采用了世界协调时（UTC），但没有配置时区，所以在配置设备系统时钟前，需要了解设备所在的时区。

在用户视图下使用如下命令设置时区：

```
clock timezone time-zone-name {add | minus} offset
```

其中 time-zone-name 为用户定义的时区名，用于标识配置的时区；根据偏移方向选择 add 或 minus，正向偏移（UTC 时间加上偏移量为当地时间）选择 add，负向偏移（UTC 时间减去偏移量为当地时间）选择 minus；offset 为偏移时间。

假设设备位于北京时区，则使用如下命令配置相应的时区：

```
<Huawei>clock timezone BJ add 08:00
```

设置好时区后，就可以设置设备当前的日期和时间了，华为设备仅支持 24 小时制。在用户视图下使用如下命令设置设备当前的日期和时间：

```
clock datetime HH:MM:SS YYYY-MM-DD
```

其中 HH:MM:SS 为设置的时间，YYYY-MM-DD 为设置的日期。

假设当前的日期为 2022 年 12 月 29 日，时间是 14:30:00，则相应的配置如下：

```
<Huawei>clock datetime 14:30:00 2022-12-29
```

（3）配置设备 IP 地址

IP 地址是针对设备接口的配置，通常一个接口配置一个 IP 地址。在接口视图下使用如下命令配置接口 IP 地址：

```
ip address ip-address {mask | mask-length}
```

其中 ip address 是命令关键字，ip-address 为希望配置的 IP 地址。mask 表示点分十进制方式的子网掩码；mask-lengh 表示长度方式的子网掩码，即掩码中二进制数 1 的个数。

假设要为设备的 GE 0/0/1 接口分配的 IP 地址为 10.1.1.200、子网掩码为 255.255.255.0，则相应地配置如下：

```
[Huawei]interface GigabitEthernet 0/0/1
```

```
[Huawei-GigabitEthernet0/0/1]ip address 10.1.1.200 24
```

2. 用户界面配置

（1）用户界面的概念

用户界面视图是 VRP 系统提供的一种命令行视图，用来配置和管理所有工作在异步交互方式下的物理接口（包括 Console 口和 MiniUSB 口）和逻辑接口（VTY 虚拟接口），从而达到统一管理各种用户界面的目的。

Console 用户界面是指用户通过 Console 口（包括 MiniUSB 口）登录到设备后的用户界面。用户终端的串行接口可以与设备的 Console 口直接连接，实现对设备的本地访问。

虚拟类型终端（virtual type terminal, VTY）是一种虚拟线路接口。用户通过终端与设备建立 Telnet 或 SSH 连接后，即建立了一条 VTY 连接（或称 VTY 虚拟线路）。

（2）用户界面的编号

如果有多个用户登录设备，因为每个用户都会有自己的用户界面，那么设备如何识别这些不同的用户界面呢？这时就要用到用户界面编号。

当用户登录网络设备时系统会根据此用户的登录方式自动分配一个当前空闲，且编号最小的相应类型的用户界面给这个用户。用户界面的编号包括以下两种方式。

① 相对编号。所谓"相对编号"就是针对具体类型用户界面进行的编号方式，其格式为：用户界面类型+编号，这也是我们配置设备功能时通常采用的编号方式。此种编号方式只能唯一指定某种类型的用户界面中的一个或一组，而不能跨类型操作。相对编号方式遵守的规则如下：

- Console 编号：固定为 CON 0，且只有这一个编号。
- VTY 编号：第一个为 VTY 0，第二个为 VTY 1，最高编号为 VTY 14，共有 15 个。

② 绝对编号。绝对编号仅仅是一个数值，用来标识一个唯一用户界面。可用 display user-interface（不带参数）命令查看设备当前支持的用户界面以及它们的相对编号和绝对编号，操作命令如下：

```
<Huawei>display user-interface
  Idx  Type    Tx/Rx    Modem    Privi    ActualPrivi    Auth    Int
  +0   CON 0   9600     -        3        3              N       -
  34   VTY 0            -        0        -              P       -
  35   VTY 1            -        0        -              P       -
  36   VTY 2            -        0        -              P       -
  37   VTY 3            -        0        -              P       -
  38   VTY 4            -        0        -              P       -
  50   VTY 16           -        0        -              P       -
  51   VTY 17           -        0        -              P       -
  52   VTY 18           -        0        -              P       -
  53   VTY 19           -        0        -              P       -
  54   VTY 20           -        0        -              P       -
……
```

回显信息中，第一列 Idx 表示绝对编号，第二列 Type 为对应的相对编号。可以看到一个用户连接了 CON 0 界面，用户级别为 3（对应可使用的命令级别为 3）。Auth 表示身份验证模式，其中，N 代表 None 验证（不需要用户名和密码，可直接登录设备），P 代表 Password 验证（只需输入密码），A 代表 AAA 验证（需要输入用户名和密码）。

（3）用户界面的用户验证和优先级

因为 VRP 系统是基于用户界面的网络操作系统，所以为了安全起见，需要为不同用户界面配置相应的安全保护措施，那就是配置用户界面下的用户验证。配置用户界面的用户验证方式后，用户登录设备时 VRP 系统会对用户的身份进行验证。

VRP 系统中对用户的验证方式有如下两种：

- Password 验证：只需要进行密码验证，不需要进行用户名验证，所以只需要配置密码，不需要配置本地用户。此为默认认证方式。
- AAA 验证：需要同时进行用户名验证和密码验证，所以需要创建本地用户，并为其配置对应的密码。这种方式更安全，像 Telnet 这样的登录方式一般是需要采用 AAA 验证的。

VRP 系统支持对登录用户进行分级管理，这就是前面介绍的用户级别。与命令级别一样，用户级别也对应分为 0~15 共 16 个级别，标识越高则优先级越高。用户所能访问命令的级别由其所使用的用户界面配置的优先级别（当采用不验证或者密码验证方式时）或者为用户自身配置的用户优先级别（当采用 AAA 验证方式时）决定，但高级别用户可以访问比他低的所有级别命令。也就是在 AAA 验证方式下，用户级别不是由所使用的用户界面级别确定，而是由具体的用户账户优先级别确定，更加灵活，因为这样一来，同一用户界面下的不同用户的用户级别可能不一样。当然，这也决定了在 AAA 验证方式下，必须为具体的用户配置具体的用户优先级。

3. 常用配置技巧

设备为用户提供了各种各样的配置命令，尽管这些配置命令的形式不一样，但它们都遵循配置命令的语法。并且，命令行支持获取帮助信息、命令简写、命令的自动补齐和快捷键功能。

（1）支持快捷键

为了方便用户对网络设备进行配置，命令行提供快捷键功能，常用快捷键及其功能见表 2-3。

表 2-3 常用快捷键及其功能

常用快捷键	功　能
删除键"Backspace"	删除光标所在位置的前一个字符，光标前移
上光标键"↑"	显示上一条输入命令
下光标键"↓"	显示下一条输入命令
左光标键"←"	光标向左移动一个位置
右光标键"→"	光标向右移动一个位置
Ctrl+Z	从其他视图直接退回到用户视图
Tab键	当输入的字符串可以无歧义地表示命令或者关键字时，可以使用Tab键将其补充成完整的命令或关键字

（2）命令简写

在输入一个命令时可以只输入各个命令字符串的前面部分，只要长到系统能够与其他命令关键字区分就可以。例如，如果要在用户视图下输入"system-view"命令进入系统视图，可以只输入"sys"，系统会自动识别。如果输入的简写命令太短，无法与别的命令区分，系统会提示继续输入后面的字符。

（3）获取帮助信息

用户在使用命令行时，可以使用在线帮助以获取实时帮助，从而无须记忆大量复杂的命令。在线帮助通过输入"？"来获取，在命令行输入过程中，用户可以随时输入"？"以获得在线帮助。

命令行在线帮助可分为完全帮助和部分帮助，获取帮助信息的使用方法及功能见表2-4。

表2-4 获取帮助信息的使用方法及功能

帮 助	使用方法及功能

完全帮助	在任一命令视图下，输入"？"获取该命令视图下所有的命令及其简单描述，如下所示：
	<Huawei>？
	User view commands：
	  backup Backup electronic elabel
	  cd Change current directory
	  check Check information
	  clear Clear information
	  clock Specify the system clock
	  compare Compare function
	  …
	输入一条命令的部分关键字，后接以空格分隔的"？"，如果该位置为关键字，则列出全部关键字及其简单描述，如下所示：
	<Huawei> system-view
	[Huawei] user-interface vty 0 4
	[Huawei-ui-vty0-4] authentication-mode ?
	  aaa AAA authentication，and this authentication mode is recommended
	  none Login without checking
	  password Authentication through the password of a user terminal interface

部分帮助	输入一条命令，接一字符串后紧接"？"，则列出命令以该字符串开头的所有关键字，如下所示：
	<Huawei> display b?
	  bpdu bridge
	  buffer

4. undo 命令行

在命令前加 undo 关键字，即为 undo 命令行。undo 命令行一般用来恢复默认情况、禁用某个功能或者删除某项配置，见表2-5。几乎每条配置命令都有对应的 undo 命令行。

表2-5 undo 命令行的功能和使用举例

undo 命令行的功能	使用举例
恢复默认情况	[Huawei] sysname Server [Server] undo sysname
禁用某个功能	[Huawei] ftp server enable [Huawei] undo ftp server
删除某项配置	[Huawei] header login information "Hello，Welcome to Huawei!" [Huawei] undo header login

5. 理解 CLI 的提示信息

表 2-6 列出了用户在使用 CLI 配置管理设备时可能遇到的几个常见错误提示信息,理解这些提示信息的含义,有助于用户找出错误、改正错误,从而实现对设备进行有效的配置管理。

表 2-6 常见的 CLI 错误提示信息

错误提示信息	含 义	如何获取帮助
Ambiguous command found at '^' position.	用户没有输入足够的字符,网络设备无法识别唯一的命令	重新输入命令,紧接着在发生歧义的单词后面输入一个问号,则可能输入的关键字将被显示出来,如[Huawei]in?
Incomplete command found at '^' position.	用户没有输入该命令必需的关键字或者变量参数	重新输入命令,输入空格后再输入问号,则可能输入的关键字或者变量参数将会被显示出来,如[Huawei]vlan?
Unrecognized command found at '^' position.	用户输入的命令错误,符号(^)指明了错误单词的位置	在所在的命令视图下输入问号,则该视图允许的命令的关键字将被显示出来,如[Huawei]?

2.3.4 VRP 文件系统

1. VRP 系统的组成

视频

网络设备文件管理

华为 VRP 系统包括"软件系统"和"配置文件"两大部分,软件系统又包括"BootROM 软件"和"系统软件"两部分。

设备加电后,先运行 BootROM 软件,初始化硬件并显示设备的硬件参数,再运行系统软件。系统软件一方面提供对硬件的驱动和适配功能,另一方面实现了业务功能特性;BootROM 软件与系统软件是设备启动、运行的必备软件,为整个设备提供支撑、管理、业务等功能。

一般所说的系统软件是指产品版本的 VRP 系统软件。VRP 系统软件的文件扩展名为".cc",如 V200R002C00.cc,如果要针对特定子系列,则在前面还会加子系列名,如 S5700HI-V200R002C00.cc。但在华为公司网站下载的文件是 .zip 格式的压缩文件,需要解压后才能上传到设备存储器中使用。

VRP 系统配置文件是 VRP 命令行的集合,用户可将当前配置保存到配置文件中,以便在设备重启后这些配置能够继续生效。另外,通过配置文件用户可以非常方便地查阅配置信息,也可以将配置文件上传到其他的设备上,实现设备的批量配置。

2. 文件系统管理

文件系统管理就是用户对设备中存储的文件和目录的访问管理,如用户可以通过命令行对文件或目录进行创建、移动、复制、删除等操作,并可对设备存储器进行管理。它们都是在用户视图下进行的。VRP 系统是基于 Linux 操作系统平台进行二次开发的,所以它的文件系统管理命令和操作方法与常用的 Linux 系统中的对应操作方法完全一样。

用户可以从终端通过直接登录系统、FTP、SFTP、SCP、FTPS 方式,对设备上的文件进行一系列操作,从而实现对设备本地文件的管理。

(1) 目录管理

当需要在客户端与服务器端进行文件传输时,需要使用文件系统对目录进行配置。

可以使用表 2-7 中的 VRP 系统目录操作命令来进行相应的目录操作,包括创建或删除目录、显示当前的工作目录、指定目录下文件或目录的信息等。

表 2-7 VRP 系统目录操作命令

目录操作	所用命令	说　　明
创建目录	mkdir directory	
删除目录	rmdir directory	被删除的目录必须为空目录。 目录被删除后，无法从回收站中恢复，原目录下被删除的文件也彻底从回收站中删除
显示当前路径	pwd	
进入指定的目录	cd directory	
显示目录或文件信息	dir [/all] [filename	directory	/all-filesystems]	

（2）文件管理

可以使用表 2-8 中的 VRP 文件管理命令来进行相应的文件操作，包括删除文件、重命名文件、复制文件、移动文件、压缩文件、显示文本文件内容等。

表 2-8 VRP 文件管理命令

文件操作	所用命令	说　　明
显示文本文件内容	more filename [offset] [all]	
复制文件	copy source-filename destination-filename	在复制文件前，确保存储器有足够的空间。 若目标文件名与已经存在的文件名重名，将提示是否覆盖
移动文件	move source-filename destination-filename	若目标文件名与已经存在的文件名重名，将提示是否覆盖
重命名文件	rename old-name new-name	
压缩文件	zip source-filename destination-filename	
解压缩文件	unzip source-filename destination-filename	
删除文件	delete [/unreserved] [/quiet] { filename	devicename }	此命令不能删除目录。 注意： 如果使用参数/unreserved，则删除后的文件不可恢复
恢复删除的文件	undelete { filename	devicename }	执行delete命令（不带/unreserved参数）后，文件将被放入回收站中。可以执行此命令恢复回收站中被删除的文件
彻底删除回收站中的文件	reset recycle-bin [filename	devicename]	需要永久删除回收站中的文件时，可进行此操作
运行批处理文件	execute batch-filename	一次进行多项处理时，可进行此操作。编辑好的批处理文件要预先保存在设备的存储器中

3. 配置系统启动文件

配置系统启动文件包括指定系统启动用的系统软件和配置文件，这样可以保证设备在下一次启动时以指定的系统软件启动，以及以指定的配置文件初始化配置。如果系统启动时还需要加载新的补丁，则还需指定补丁文件，但所指定的启动文件必须已保存至设备的根目录中。

系统启动文件也是在用户视图下配置的。在进行系统启动文件配置前，可使用 display

startup 命令查看当前设备指定的下次启动时加载的文件。
- 如果没有配置设备下次启动时加载的系统软件，则下次启动时将默认启动此次加载的系统软件。当需要更改下次启动的系统文件（如设备升级）时，则需要指定下次启动时加载的系统软件，此时还需要提前将系统软件通过文件传输方式保存至设备，系统软件必须存放在存储器的根目录下，文件名必须以".cc"作为扩展名。
- 如果没有配置下次启动时加载的配置文件，则下次启动采用默认配置文件（如 vrpcfg.zip）。如果默认存储器中没有配置文件，则设备启动时将使用默认参数初始化。配置文件的文件名必须以".cfg"或".zip"作为扩展名，而且必须存放在存储器的根目录下。
- 补丁文件的扩展名为".pat"，在指定下次启动时加载的补丁文件前也需要提前将补丁文件保存至设备存储器的根目录下。

在用户视图下，可使用如下命令配置设备下次启动时加载的系统软件。

```
startup system-software system-file
```

其中，system-file 为参数，表示系统软件的文件名。例如，通过如下操作，配置下次启动使用的系统软件为 basicsoft.cc。

```
<Huawei> startup system-software basicsoft.cc
```

在用户视图下，可使用如下命令配置设备下次启动时使用的配置软件。

```
startup saved-configuration configuration-file
```

其中，configuration-file 为参数，表示配置文件名。例如，通过如下操作，配置下次启动使用的配置文件为 vrpconfig.cfg。

```
<Huawei> startup saved-configuration vrpconfig.cfg
```

如果用户希望设备重新启动后加载运行补丁文件，并使之生效，则可在用户视图下，使用如下命令指定下次启用的补丁文件。

```
startup patch patch-name [ slave-board ]
```

其中，patch-name 为参数，表示补丁文件名。例如，通过如下操作，可指定下次启动的补丁文件为 patch.pat。

```
<Huawei> startup patch patch.pat
```

2.4 【任务1】登录 VRP 系统

2.4.1 任务描述

新采购的路由器和交换机是华为公司产品，为了方便后期统一管理，小明要通过 Console 口登录到这些设备，使用 VRP 系统对这些设备进行配置。

2.4.2 任务分析

设备支持的首次登录方式有 Console 口登录方式、MiniUSB 口登录方式和 Web 网管登录方式。小明通过 Console 口本地登录到设备以后，还需要完成设备名称、管理 IP 地址和系统时间等基本配置，并配置 Telnet 或 SSH 用户的级别和认证方式以实现远程登录，为后续配置提供基础环境。具体步骤以以下任务实施。

2.4.3 任务实施

通过 Console 口登录设备的具体步骤如下:

1. 线缆连接

将 Console 通信电缆的 DB9（孔）插头插入 PC 的 COM 口中，再将 RJ-45 插头端插入设备的 Console 口中，通过 Console 口连接设备如图 2-3 所示。

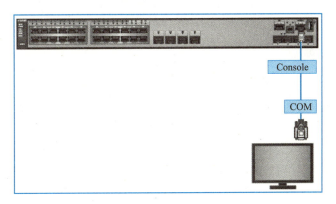

图2-3　通过Console口连接设备

2. 在 PC 上打开终端仿真软件，新建连接

在 PC 上打开终端仿真软件，新建连接，此处以使用第三方软件 SecureCRT 为例进行介绍。如图 2-4 所示，单击"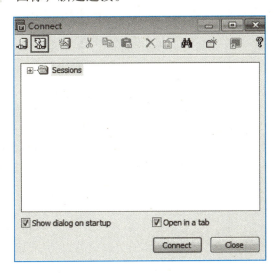"图标，新建连接。

图2-4　通过SecureCRT新建连接

3. 设置串口通信参数

如图 2-5 所示，设置 PC 串口的通信参数。设置终端软件的通信参数需与设备的默认值保持一致，分别为:传输速率为 9 600 bit/s、8 位数据位（data bit）、1 位停止位（stop bit）、无校验（parity）和无流控（flow control）。

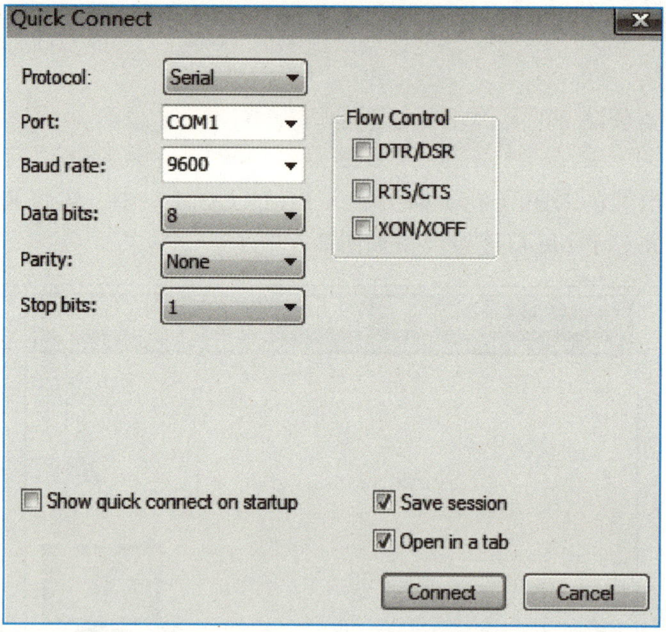

图2-5　设置串口通信参数

4. 进入命令行界面

单击图 2-5 中的"Connect"按钮，终端界面会出现如下显示信息，提示用户配置登录密码。登录时没有默认密码，需要用户先配置登录密码。

```
An initial password is required for the first login via the console.
Continue to set it? [Y/N]: y
Set a password and keep it safe.Otherwise you will not be able to login via the console.

Please configure the login password (8-16)
Enter Password:
Confirm Password:
<Huawei>
```

完成以上步骤后，设备显示 <Huawei>，表示已进入用户视图，接下来就可以对设备进行基本配置了。

2.5 【任务 2】安装 eNSP

2.5.1 任务描述

新采购的网络设备一部分要增加到现有网络中，一部分要替换掉原有的性能较低的网络设备。为了保证升级后的网络运行稳定，管理员小明决定先通过 eNSP（华为网络仿真工具平台）模拟搭建公司网络环境，并对新增的网络设备进行模拟配置，以保障公司网络平稳运行。

项目 2　常用网络设备与基本配置

> 🔔 **eNSP 简介：**
> eNSP（enterprise network simulation platform）是由华为公司提供的一款免费的、可扩展的、图形化操作的网络仿真工具平台，主要针对企业网络路由器、交换机等设备进行软件仿真，完美模拟真实设备及场景，支持大型网络模拟，让广大用户有机会在没有真实设备的情况下也能够进行模拟演练，从而提高网络技术的学习效率。
> eNSP 具有高度仿真、可模拟大规模网络、可通过网卡实现与真实网络设备进行通信等特点。

2.5.2　任务分析

为了模拟搭建公司网络环境，并为从事现场运维奠定基础，小明需要安装 eNSP，然后使用 eNSP 搭建简单 IP 网络拓扑，并利用 Wireshark 进行抓包分析。具体步骤如以下任务实施。

2.5.3　任务实施

1. 安装并启动 eNSP

eNSP 需要在 Virtual Box 中运行，使用 Wireshark 捕获链路中的数据包。当前华为官网提供的 eNSP 安装包中包含了这两款软件，用户也可以单独下载，先安装 VirtualBox 和 Wireshark，最后安装 eNSP。

安装 eNSP 时，如果出现如图 2-6 所示的 eNSP 安装界面，则表示 WinPcap、Wireshark 和 VirtualBox 已经提前安装好了。

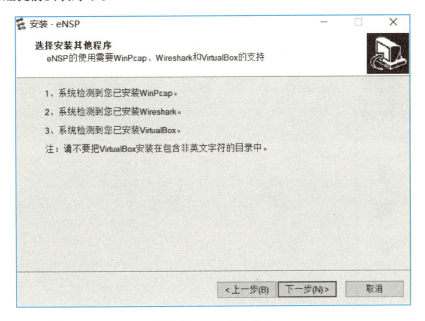

图2-6　eNSP安装界面

开启 eNSP 后，将看到如图 2-7 所示界面。左侧面板中的图标代表 eNSP 所支持的各种产品及设备，中间面板则包含多种网络场景的样例。

2. 搭建简单 IP 网络拓扑

单击窗口左上角的"新建"图标，创建一个新的实验场景，就可以在弹出的空白界面上搭建网络拓扑图。

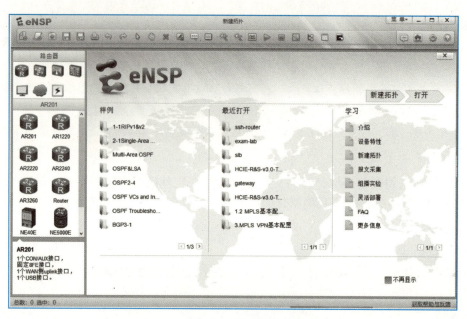

图2-7 eNSP界面

在左侧面板顶部,单击"终端"图标。在显示的终端设备中,选中"PC"图标,把图标拖动到空白界面上。然后使用相同步骤,再拖动一个 PC 图标到空白界面上,建立一个端到端网络拓扑,如图 2-8 所示。

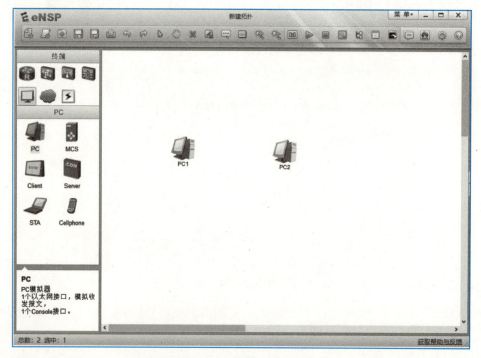

图2-8 建立端到端网络拓扑

在左侧面板顶部,单击"设备连线"图标。在显示的媒介中,选择"Copper(Ethernet)"图标。单击图标后,光标代表一个连接器。单击客户端设备,会显示该模拟设备包含的所有端口。单击"Ethernet 0/0/1"选项,连接此端口。单击另外一台设备并选择"Ethernet 0/0/1"端口作为该连接的终点,此时建立一条物理连接,两台设备间的连接完成,如图2-9所示,可以观察到,在已建立的端到端网络中,连线的两端显示的是两个红点,表示该连线连接的两个端口都处于Down状态。

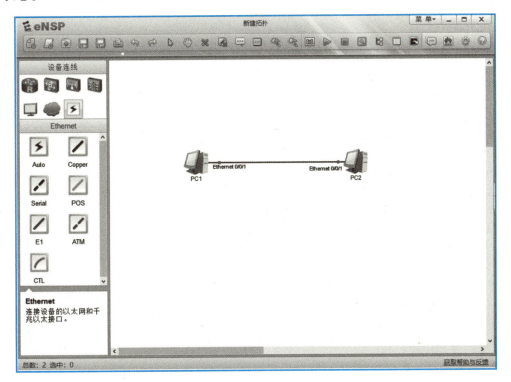

图2-9 建立一条物理连接

3. 进入终端配置界面进行终端系统配置

右击一台终端设备,在弹出的属性菜单中选择"设置"选项,查看该设备的系统配置信息。弹出的设置属性窗口包含"基础配置""命令行""组播""UDP发包工具""串口"五个标签页,分别用于不同需求的配置。

选择"基础配置"标签页,在"主机名"文本框中输入主机名称。在"IPv4配置"区域,单击"静态"单选按钮。在"IP地址"文本框中输入IP地址。按照图2-10所示配置IP地址及子网掩码。配置完成后,单击窗口右下角的"应用"按钮。再单击"PC1"窗口右上角的 ⨯ 按钮关闭该窗口。

使用相同步骤配置PC2。建议将PC2的IP地址配置为192.168.1.2,子网掩码配置为255.255.255.0。

完成基础配置后,两台终端系统就可以成功建立端到端通信。

4. 启动终端系统设备

可以使用以下两种方法启动设备。

- 右击一台设备,在弹出的属性菜单中,选择"启动"选项,启动该设备。
- 拖动光标选中多台设备,通过右击显示菜单,选择"启动"选项(见图2-11),启动所有设备。

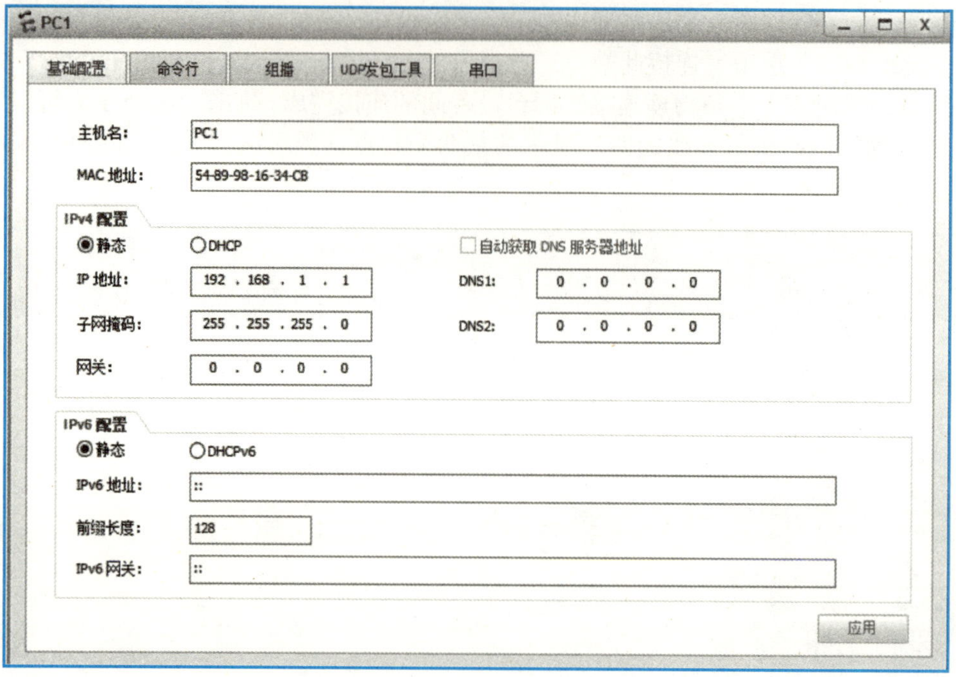

图2-10 配置IP地址及子网掩码

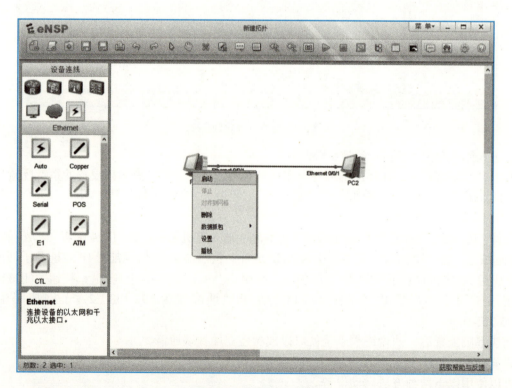

图2-11 启动终端设备

设备启动后，线缆上的红点将变为绿色，表示该连接为 up 状态。

当网络拓扑中的设备变为可操作状态后,就可以监控物理链接中的接口状态与介质传输中的数据流。

5. 捕获接口报文

选中设备并右击,在弹出的属性菜单中单击"数据抓包"选项后,会显示设备上可用于抓包的接口列表,从列表中选择需要捕获数据的接口,如图 2-12 所示。

接口选择完成后,Wireshark 抓包工具会自动激活,捕获选中接口所收发的所有报文。如需捕获更多接口的数据,重复上述步骤,选择不同接口即可。

根据被监控设备的状态,Wireshark 可捕获选中接口上产生的所有流量,生成抓包结果。在本实例的端到端组网中,需要先通过配置来产生一些流量,再观察抓包结果。

6. 生成接口流量

可以使用以下两种方法打开命令行界面。
- 双击设备图标,在弹出的窗口中选择"命令行"标签页。
- 右击设备图标,在弹出的属性菜单中,选择"设置"选项,然后在弹出的窗口中选择"命令行"标签页。

产生流量最简单的方法是使用 ping 命令发送 ICMP 报文。在命令行界面输入 ping <ip address> 命令,其中 <ip address> 设置为对端设备的 IP 地址,生成接口流量如图 2-13 所示。

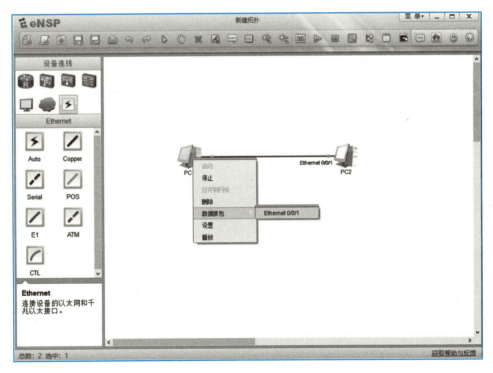

图2-12 捕获接口报文

生成的流量会在该界面的回显信息中显示,包含发送的报文和接收的报文。

生成流量之后,通过 Wireshark 捕获报文并生成抓包结果。可以在抓包结果中查看到 IP 网络协议的工作过程,以及报文中所基于 OSI 参考模型各层的详细内容。

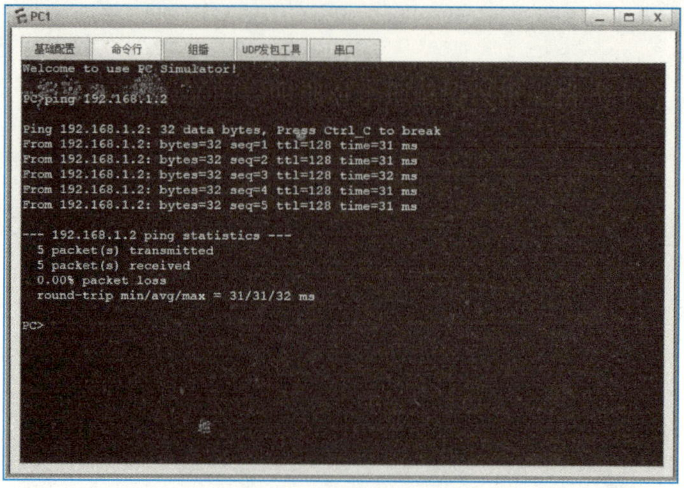

图2-13　生成接口流量

7. 观察捕获的报文

查看 Wireshark 捕获的报文，如图 2-14 所示。

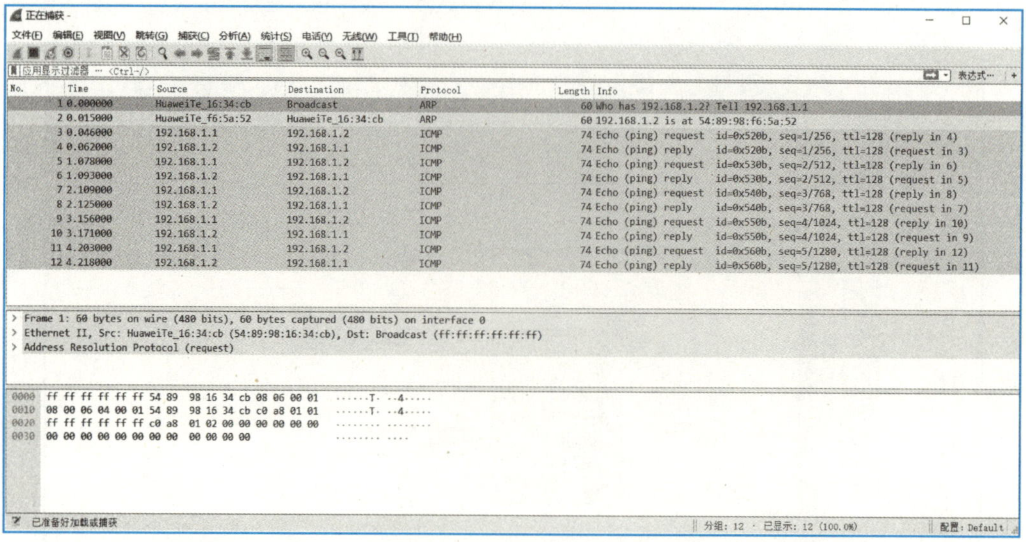

图2-14　Wireshark捕获的报文

Wireshark 程序包含许多针对所捕获报文的管理功能，其中比较常用的一个是过滤功能，可用来显示某种特定报文或协议的抓包结果。在菜单栏下面的"Filter"文本框里输入过滤条件就可以使用该功能。最简单的过滤方法是在文本框中先输入协议名称（小写字母），再按回车键。在本示例中，Wireshark 抓取了 ICMP 与 ARP 两种协议的报文。在"Filter"文本框中输入 icmp 或 arp 再按回车键，在回显中就只显示 ICMP 或 ARP 报文的捕获结果。

Wireshark 界面包含三个面板，显示的分别是数据包列表、每个数据包的内容明细以及数据包对应的十六进制的数据格式。报文内容明细对于理解协议报文格式十分重要，同时也显示了基于 OSI 参考模型的各层协议的详细信息。

项目 2　常用网络设备与基本配置

2.6　【任务 3】配置 Console 口认证

2.6.1　任务描述

网络安全属于公司重要的安全保障领域之一，它直接关系到公司的数据和信息安全。为了防止非法用户登录网络设备，公司要求管理员小明对所有登录网络设备的用户启用 AAA 认证。小明先用 eNSP 模拟了路由器的 Console 口认证，确认配置命令无误后，才对公司所有的网络设备配置 Console 口认证。

2.6.2　任务分析

为保证 Console 登录的安全，在登录设备前需配置认证方式。Console 用户界面提供 AAA 认证、Password 认证和 None 认证方式。None 认证也称不认证，登录时不需要输入任何认证信息，可直接登录设备。为了保证更好的安全性、防止非法用户登录设备，小明将 Console 用户界面的认证方式设置为 AAA 认证。具体步骤如以下任务实施。

2.6.3　任务实施

1. 利用 eNSP 配置 Console 口认证拓扑（见图 2-15）

图2-15　配置Console口认证拓扑

2. 配置 PC1 串口的通信参数

配置完成后，单击"连接"按钮，如图 2-16 所示。

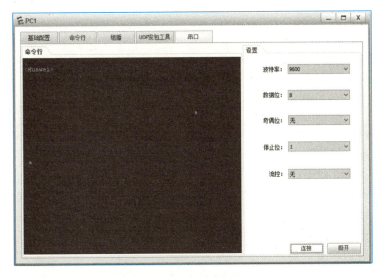

图2-16　配置PC1串口的通信参数

3. 配置路由器主机名和登录用户的相关信息

```
<Huawei> system-view
[Huawei] sysname R1
[R1] aaa                                                //进入AAA视图
[R1-aaa] local-user admin password cipher Admin@123
                                                        //创建本地用户，并配置对应的登录密码
[R1-aaa] local-user admin privilege level 3             //配置本地用户的级别
[R1-aaa] local-user admin service-type terminal
                                                        //配置本地用户的接入类型为Console用户
```

4. 配置 Console 用户界面的相关参数

```
[R1] user-interface console 0                           //进入Console用户界面
[R1]-ui-console0] authentication-mode aaa               //设置用户认证方式为AAA认证
[R1]-ui-console0] quit
```

执行以上操作后，用户使用 Console 用户界面重新登录设备时，需要输入用户名 admin，认证密码 Admin@123，才能通过身份验证登录设备。

```
[R1]quit
<R1>quit User interface con0 is available


Please Press ENTER.


Login authentication


Username: admin
Password:
<R1>
```

项目小结

交换机和路由器是构建企业网络的主要设备。交换机是利用二层 MAC 信息进行数据帧交换的互联设备，路由器是利用三层 IP 地址信息进行报文转发的互联设备。

交换机、路由器运行依赖的软件核心是网络设备的操作系统。

VRP 是华为公司数据通信产品的通用网络操作系统平台，包括路由器、交换机、防火墙、WLAN 等众多系列产品。网络设备支持 Console 口本地配置、Telnet 或 SSH 远程配置。命令行提供多种命令视图，系统命令采用分级保护方式，命令行划分为访问级、监控级、配置级和管理级四个级别。

华为 VRP 系统包括"软件系统"和"配置文件"两大部分，软件系统又包括"BootROM 软件"和"系统软件"两部分。VRP 文件系统包括目录操作、文件操作等。通过指定的

●拓展阅读

思科产品在中国的兴衰

启动文件可以进行操作系统软件升级。

习 题

单选题

（1）以下不属于路由器特性的是（　　）。
　　A．执行路由查找　　　　　　　　　B．接口类型丰富
　　C．逐条转发数据包　　　　　　　　D．维护 MAC 地址表

（2）以下不属于二层交换机特性的是（　　）。
　　A．隔离冲突域　　　　　　　　　　B．接口类型丰富
　　C．寻找到目的以太网段的最佳路径　D．维护 MAC 地址表

（3）关于 VRP，以下描述不正确的是（　　）。
　　A．网络操作系统　　　　　　　　　B．系统软件
　　C．网络设备　　　　　　　　　　　D．支撑多种网络设备的软件平台

（4）以下提示符表示接口视图的是（　　）。
　　A．<Huawei>　　　　　　　　　　　B．[Huawei-aaa]
　　C．[Huawei]　　　　　　　　　　　D．[Huawei-GigabitEthernet0/0/0]

（5）级别是 2 级的用户可以操作 VRP 命令的级别是（　　）。
　　A．0 级和 1 级　　　　　　　　　　B．0 级、1 级和 2 级
　　C．2 级　　　　　　　　　　　　　D．0 级、1 级、2 级和 3 级

（6）要将当前配置保存下来，应使用命令（　　）。
　　A．save current-configuration　　B．save
　　C．write　　　　　　　　　　　　　D．write saved-configuration

（7）VRP 系统的首次登录必须采用（　　）登录方式。
　　A．Telnet　　　　　　　　　　　　B．Web
　　C．SSH　　　　　　　　　　　　　D．Console 口

（8）要查看网络设备使用的操作系统版本等信息，可采用的命令是（　　）。
　　A．display version　　　　　　　　B．display current-configuration
　　C．display system　　　　　　　　D．show version

（9）要为交换机配置主机名为 SW1，可采用的命令是（　　）。
　　A．hostname SW1　　　　　　　　　B．system-name SW1
　　C．sys-name SW1　　　　　　　　　D．sysname SW1

（10）要为一个接口配置 IP 地址，应在（　　）视图下进行配置。
　　A．用户　　　　　　　　　　　　　B．系统
　　C．接口　　　　　　　　　　　　　D．用户接口

项目 3

网络接入层与局域网搭建

3.1 项目背景

腾飞网络公司的总部在武汉，现在由于业务需要，要在上海设立分公司。为了提高公司的信息化水平和办公效率，公司派管理员小明去上海分公司组建分公司局域网。同时，为了保障总部和分公司之间的网络连接和数据信息的安全，公司决定通过 PPP 链路和认证方式实现数据的互联互通。公司财务数据属于核心数据，需要管理员确认财务部每一台员工计算机的 MAC 地址，以免遭受 MAC 地址欺骗攻击。

3.2 学习目标

知识目标

- 理解物理层的作用和物理层的规程
- 了解连接局域网的双绞线和光纤的标准
- 理解数据链路层的基本概念
- 理解点到点信道的数据链路层特点和 PPP 原理
- 理解以太网的由来及以太网标准的发展变化
- 掌握两种以太网标准所定义的数据帧封装格式，以及各字段的作用
- 掌握 MAC 地址的格式和分类
- 掌握共享型以太网和交换型以太网的数据转发方式
- 掌握交换机的工作原理

能力目标
◎ 能够比较熟练地制作网线
◎ 能够搭建局域网并维护交换机的 MAC 地址表

素质目标
◎ 培养终身学习的理念
◎ 根据以太网的发展，培养优胜劣汰的忧患意识
◎ 理论与实践相结合，培养严谨细致、精益求精的工匠精神

3.3 相关知识

在 TCP/IP 模型中，第一层为网络接入层。在这一层中，通信设备需要对接收到的信息执行包括从物理信号到逻辑数据的转换，将解封装的数据交付给互联网层进行的一系列处理。在 OSI 模型中，这些复杂的处理被分为两个层，即定义物理信号、线缆、接口等机械电子标准的物理层，定义数据纠错、流量控制和局部网络寻址的数据链路层。

3.3.1 数据通信的基础知识

1. 物理层的基本概念

物理层是 OSI 模型中的第一层，在 TCP/IP 模型中，物理层的职责属于网络接入层职责中的一部分。物理层考虑的是怎样才能在连接各种计算机的传输媒体上传输数据比特流，而不是指具体的传输媒体。现有的计算机网络中的硬件设备和传输媒体的种类繁多，而通信手段也有许多不同方式。物理层的作用正是要尽可能地屏蔽掉这些传输媒体和通信手段的差异，使物理层上面的数据链路层感觉不到这些差异，这样就可使数据链路层只需要考虑如何完成本层的协议和服务，而不必考虑网络具体的传输媒体和通信手段是什么。

可以将物理层的主要任务分析为确定与传输媒体的接口有关的一些特性，见 1.3.2 节。

数据在计算机内部多采用并行传输方式。但是出于经济上的考虑，数据在通信线路（传输媒体）上的传输方式一般都是串行传输，即逐个比特按照时间顺序传输。因此物理层还要完成传输方式的转换。

因为物理连接的方式很多（例如，可以是点到点的，也可以采用多点连接或广播连接），且传输媒体的种类也非常多（如架空明线、双绞线、对称电缆、同轴电缆、光缆，以及各种波段的无线信道等），所以具体的物理层协议种类也较多。

2. 数据通信基础

（1）数据通信模型

如图 3-1 所示是两台计算机经过普通电话机的连线，再经过公用电话网进行通信的简单例子，通过该例子可以说明数据通信系统的模型。

如图 3-1 所示，一个数据通信系统可划分为三大部分，即源系统（或发送端、发送方）、传输系统（或传输网络）和目的系统（或接收端、接收方）。

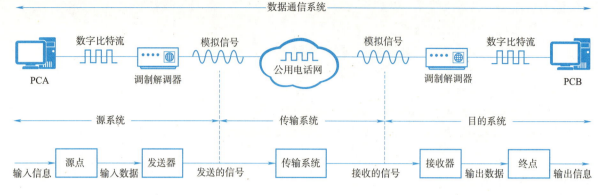

图3-1 数据通信系统的模型

源系统一般包括以下两个部分。
- 源点:源点设备产生要传输的数据,例如,从计算机的键盘输入汉字,计算机会产生输出的数字比特流。源点又称为源站或信源。
- 发送器:通常源点生成的数字比特流要通过发送器编码后才能够在传输系统中进行传输。典型的发送器就是调制器。现在很多计算机使用内置的调制解调器(包含调制器和解调器),因此用户在计算机外面看不见调制解调器。

目的系统一般包括以下两个部分。
- 接收器:接收传输系统传送过来的信号,并把它转换为能够被目的设备处理的信息。典型的接收器就是解调器,它把来自传输线路上的模拟信号进行解调,提取出在发送端置入的消息,还原出发送端产生的数字比特流。
- 终点:终点设备从接收器获取传送来的数字比特流,然后把信息输出(例如,把汉字在计算机屏幕上显示出来)。终点又称为目的站或信宿。

在源系统和目的系统之间的传输系统可以是简单的传输线,也可以是连接在源系统和目的系统之间的复杂网络系统。

(2)数据通信中的常用术语

消息(message):通信的目的是传送信息,如语音、文字、图像、视频等都是消息。

数据(data):消息在传输之前需要进行编码,编码后的消息就变成了数据。数据是传输消息的实体。

信号(signal):数据在通信线路上传递需要变成电信号或光信号。信号是数据的电气或电磁的表现。

消息、数据和信号之间的关系如图3-2所示。客户端通过浏览器访问网站上的某个网页,服务器返回的网页内容就是要传送的消息,经过M字符集(英文字符集有ASCII码,中文字符集有GBK、UTF-8等,为了方便说明字符集的作用,案例中只列举了四个字符)进行编码,变成二进制数据,网卡将数字信号变成电信号在网络中传递,接收端网卡接收到电信号,转化为数据,再经过M字符集解码,得到消息。

为了传输图片或声音文件,可以将图片中的每一个像素颜色使用数据来表示,也可以将声音文件的声音高低使用数据来表示,这样图片和声音便都可以编码成数据了。

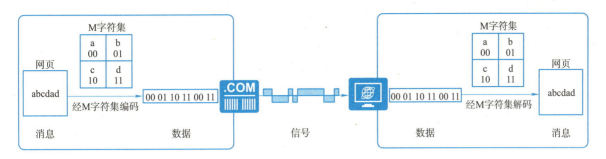

图3-2 消息、数据和信号的关系

根据信号中代表消息的参数的取值方式不同,信号可分为以下两大类。
- 模拟信号:或叫连续信号,代表消息的参数的取值是连续的。例如在图3-1中,用户家中的调制解调器到电话端之间的用户线上传送的就是模拟信号。
- 数字信号:或叫离散信号,代表消息的参数的取值是离散的。例如在图3-1中,用户家中的计算机到调制解调器之间,或在电话网中继线上传送的就是数字信号。

(3)信道相关的概念

信道和电路并不等同,信道一般都是用来表示向某一个方向传送信息的介质。因此,一条通信电路往往包含一条发送信道和一条接收信道。

从通信双方信息交互的方式来看,可以有以下三种基本方式。
- 单向通信:又称为单工通信,即只能有一个方向的通信而没有反方向的交互。无线电广播或有线电广播以及电视广播就属于这种类型。
- 双向交替通信:又称为半双工通信,即通信的双方都可以发送信息,但不能双方同时发送(当然也就不能同时接收)。这种通信方式是一方发送另一方接收,过一段时间后可以再反过来,例如对讲机就属于这种类型。
- 双向同时通信:又称为全双工通信,即通信的双方可以同时发送和接收信息。单向通信只需要一条信道,而双向交替通信或双向同时通信则都需要两条信道(每个方向各一条)。显然,双向同时通信的传输效率最高。

来自信源的信号常称为基带信号(即基本频带信号)。像计算机输出的代表各种文字或图像文件的数据信号都属于基带信号。基带信号往往包含有较多的低频成分,甚至有直流成分,而许多信道并不能传输这种低频分量或直流分量。为了解决这一问题,就必须对基带信号进行调制(modulation)。

调制可分为两大类。一类是仅仅对基带信号的波形进行变换,使它能够与信道特性相适应。变换后的信号仍然是基带信号。这类调制称为基带调制。由于这种基带调制是把数字信号转换为另一种形式的数字信号,因此大家更愿意把这种过程称为编码(coding)。另一类调制则需要使用载波(carrier)进行调制,把基带信号的频率范围搬移到较高的频段,并转换为模拟信号,这样就能够更好地在模拟信道中传输。经过载波调制后的信号称为带通信号(即仅在一段频率范围内能够通过信道),而使用载波的调制称为带通调制。

3.3.2 物理层下面的传输介质

传输介质是数据传输系统中在发送器和接收器之间的物理通路。传输介质可分为有线介质和无线介质两大类。在有线介质，电磁波被导引沿着固体媒体（铜线或光纤）传播，而无线介质是指自由空间。

1. 有线介质

目前，连接局域网时采用的有线介质以双绞线和光纤为主。

（1）双绞线

双绞线（twisted pair,TP）是综合布线工程中最常用的一种传输介质，由两根具有绝缘保护层的铜导线组成。把两根绝缘的铜导线按一定密度互相绞在一起，每一根导线在传输中辐射出来的电波会被另一根上发出的电波抵消，因此可有效降低信号干扰的程度。

双绞线一般由两根22~26号绝缘铜导线相互缠绕而成，"双绞线"的名字也是由此而来。实际使用时，双绞线是由多对双绞线一起包在一个绝缘电缆套管里的。如果把一对或多对双绞线放在一个绝缘套管中便成了双绞线电缆，但日常生活中一般把"双绞线电缆"直接称为"双绞线"。

与其他传输介质相比，双绞线在传输距离、信道宽度和数据传输速度等方面均受到一定限制，但价格较为低廉。双绞线按照有无屏蔽层分类，分为非屏蔽双绞线和屏蔽双绞线，如图3-3和图3-4所示。

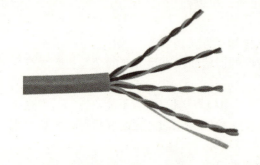

图3-3 非屏蔽双绞线

图3-4 屏蔽双绞线

- 非屏蔽双绞线（unshielded twisted pair,UTP）没有屏蔽层。其直径小、重量轻、易弯曲、易安装，具有独立性和灵活性，适用于结构化综合布线。
- 屏蔽双绞线（shielded twisted pair,STP）有屏蔽层。其外层由铝箔包裹,可有效防止电磁干扰。屏蔽双绞线的价格相对较高，安装时要比非屏蔽双绞线困难。

双绞线按照频率和信噪比进行分类，有1~7类线，常用的有5类线和超5类线以及6类线，前者线径细而后者线径粗。类型数字越大、版本越新、技术越先进、带宽也越宽，当然价格也越贵。常用双绞线的类别、带宽和典型应用见表3-1。

表3-1 常用双绞线的类别、带宽和典型应用

类 别	带 宽	典型应用
3	16 MHz	低速网络；模拟电话
4	20 MHz	短距离的10BASE-T以太网
5	100 MHz	10BASE-T以太网；某些100BASE-T快速以太网

续表

类别	带宽	典型应用
5E（超5类）	100 MHz	100BASE-T快速以太网；某些1 000BASE-T吉比特以太网
6	250 MHz	1 000BASE-T吉比特以太网；ATM网络
7	600 MHz	只使用屏蔽双绞线，可用于10吉比特以太网

现在计算机连接交换机使用的网线一般也是双绞线。每一根双绞线中包含 8 条芯线（4 对），网线两头采用 RJ-45 接头（俗称水晶头）。在百兆网络中，每条芯线的信号传输作用分别是：1、2 用于发送，3、6 用于接收，4、5 和 7、8 是双向线。为降低相互干扰，商用建筑物电信布线标准规定：1、2 必须是绞缠的一对线，3、6 也必须是绞缠的一对线，4、5 相互绞缠，7、8 相互绞缠。在千兆网络中，网线必须使用超 5 类以上类型，8 条芯线都用于信号传输。

TIA/EIA-568A 和 TIA/EIA-568B 标准中规定了两种不同的双绞线的线序，见表 3-2。

表 3-2 TIA/EIA-568 标准规定的双绞线的线序

布线标准	线序
TIA/EIA-568B	橙白-1，橙-2，绿白-3，蓝-4，蓝白-5，绿-6，棕白-7，棕-8
TIA/EIA-568A	绿白-1，绿-2，橙白-3，蓝-4，蓝白-5，橙-6，棕白-7，棕-8

按照双绞线两端线序的不同，我们一般将双绞线划分为如下两类。

直连线：两端线序排列一致，都用 TIA/EIA-568B 标准做水晶头，用于将计算机连入集线器或交换机。

交叉线：两端线序排列不一致，一端采用 TIA/EIA-568A 标准做水晶头，另一端采用 TIA/EIA-568B 标准做水晶头，用于将计算机与计算机直接相连、交换机与交换机直接相连，也被用于计算机直接接入路由器的以太网口。

因此，不同的设备相连，要注意线序，不过现在的计算机网卡大多能够自适应线序。

TIA/EIA-568 标准介绍

1985 年初，计算机通信工业协会（Computer & Communications Industry Association，CCIA）提出对大楼布线系统标准化的倡议，于是美国电子工业协会（Electronic Industries Association，EIA）和美国电信工业协会（Telecommunications Industries Association，TIA）开始标准化制定工作。1991 年 7 月，ANSI/TIA/EIA-568 即《商业大楼电信布线标准》问世。

TIA/EIA-568 在 1995 年颁布了第二版，也是广为接受的版本，即 TIA/EIA-568A。2001 年，TIA/EIA-568 发布了第三版，即 TIA/EIA-568B。

（2）光纤

光纤又称为光缆或光导纤维，由光导纤维纤芯、玻璃网层和能吸收光线的外壳组成，是由一组光导纤维组成的用来传播光束的、细小而柔韧的传输介质。应用光学原理，由光发送机产生光束，将电信号变为光信号，再把光信号导入光纤，在另一端由光接收机接收光纤上传来的光信号，并把它变为电信号，经解码后再处理。

与其他传输介质比较，光纤的电磁绝缘性能好，信号衰减小，频带宽，传输速度快，传输距离大，主要用于要求传输距离较长的主干网连接，具有不受外界电磁场的影响等特点，尺寸小，质量轻，数据可传送几百千米，如图3-5所示。

光纤通信是指利用光导纤维传递光脉冲进行通信。有光脉冲相当于1，没有光脉冲相当于0。

光纤由纤芯和包层构成双层通信圆柱体，纤芯通常由非常透明的石英玻璃拉成细丝制成。

光纤在连接过程中，需用ST型头连接器连接。当光线从高折射率的媒体射向低折射率的媒体时，其折射角将大于入射角。因此入射角足够大，就会出现全反射，即光线碰到包层时就会折射回纤芯。这个过程不断重复，光也就沿着光纤传输下去。

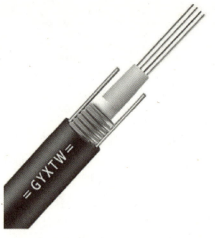

图3-5 光纤

根据传输点模数的不同，光纤可分为单模光纤和多模光纤。

所谓"模"是指以一定角速度进入光纤的一束光。

多模光纤允许多束光在光纤中同时传播，从而形成模分散（因为每一束光在光纤中的传输模式不同，所以它们到达另一端点的时间也不同，这种特征称为模分散）。单模光纤只允许一束光传播，所以单模光纤没有模分散特性。

单模光纤采用激光器作光源，仅有一条光通路，传输距离长，一般在2 km以上。单模光纤的纤芯相应较细，传输频带宽，容量大，但因其需要激光源，所以成本较高，通常在建筑物之间或者地域分散时使用。单模光纤是当前计算机网络中研究和应用的重点，也是光纤通信与光波技术发展的必然趋势。

多模光纤采用二极管作光源，适合低速、短距离（2 km以内）的数据传输。由于模分散限制了多模光纤的带宽和距离，因此，多模光纤的纤芯较粗，传输速度低，距离短，整体的传输性能差，但其成本比较低，一般用于建筑物内或地理位置相邻的建筑物间的布线环境。

2. 无线介质

无线网络使用微波、激光、红外线等作为通信介质。

（1）微波通信

微波数据通信系统有两种形式：地面系统和卫星系统。使用微波传输要经过有关管理部门的批准，而且使用的设备也需要得到有关部门允许才能使用。由于微波是在空间中直线传播的，因此如果在地面传播，由于地球表面是一个曲面，其传播距离会受到限制。采用微波传输的站点必须安装在其他站点的视线内，微波传输的频率为4~6 GHz和21~23 GHz，传输距离一般只有50 km左右。为了实现远距离通信，必须在一条无线通信信道的两个终端之间增加若干个中继站，中继站把前一站送来的信息经过放大后再送到下一站，通过这种"接力"进行通信。

目前，利用微波通信建立的计算机局域网络也日益增多。因为微波是沿直线传输的，所以长距离传输时要有多个微波中继站组成通信线路。而通信卫星可以看作悬挂在太空中的微波中继站，可通过通信卫星实现远距离传输。

（2）激光通信

激光通信的优点是带宽高、方向性好、保密性能好等。激光通信多用于短距离的传输。激光通信的缺点是其传输效率受天气影响较大。

（3）红外线通信

红外线通信不受电磁干扰和射频干扰的影响。红外线传输建立在红外线光的基础上，采用光发射二极管、激光二极管或光电二极管来进行站点与站点之间的数据交换。红外线传输既可以进行点到点通信，也可以进行广播式通信。但这种传输技术要求通信节点必须在直线视距之内，不能穿越墙。红外线传输技术的数据传输速率相对较低，在面向一个方向通信时，数据传输速率为 16 Mbit/s。如果选择数据向各个方向传输，速率将不会超过 1 Mbit/s。

3.3.3 数据链路层的基本概念

1. 数据链路和帧

在本书中链路和数据链路是有区别的。链路（link）是指从一个节点到相邻节点的一段物理线路（有线或无线），而中间没有任何其他的交换节点，计算机通信的路径往往要经过许多段这样的链路。链路只是一条路径的组成部分。

如图 3-6 所示，PC1 到 PC2 要经过链路 1、链路 2 和链路 3。集线器不是交换节点，因此 PC1 和路由器 R1 之间是一条链路，而 PC2 和路由器 R1 之间使用交换机连接，这就是两条链路（链路 2 和链路 3）。

图3-6　链路

数据链路（data link）则是另一个概念，这是因为当需要在一条线路上传送数据时，除必须有一条物理线路外，还必须有一些必要的通信协议来控制这些数据的传输。若把实现这些协议的硬件和软件加到链路上，就构成了数据链路。现在最常用的方法是使用网络适配器（既有硬件也有软件）来实现这些协议。一般的适配器都包括了物理层和数据链路层这两层的功能。

数据链路层需要把网络层交下来的数据封装成帧发送到链路上，以及把接收到的帧中的数据取出并上交给网络层。在因特网中，网络层协议数据单元就是 IP 数据报（或简称为数据报、分组或包）。数据链路层封装的帧，在物理层变成数字信号在链路上传输。这里只考虑数据链路层，因此就不考虑物理层如何实现比特传输的细节，如图 3-7 所示，可以简单地认为数据帧通过数据链路由 PC1 发送到 PC2。

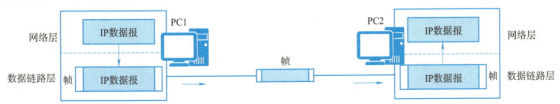

图3-7　只考虑数据链路层

PC1 的数据链路层要为网络层交下来的 IP 数据报添加头部和尾部后封装成帧，PC2 收到后检测帧在传输过程中是否产生差错，如果无差错将会把 IP 数据报取出并上交给网络层，如果有差错则会把帧丢弃。

2. 数据链路层的三个基本问题

数据链路层的协议有许多种，但有三个基本问题是共同的，即封装成帧、透明传输和差错检验。

（1）封装成帧

封装成帧就是将网络层的 IP 数据报的前后分别添加头部和尾部，这样就形成了一个帧，如图 3-8 所示。不同的数据链路层协议对帧的头部和尾部包含的信息有明确的规定，帧的头部和尾部有帧开始符和帧结束符，称为帧定界符。接收端收到物理层传过来的数字信号，从读取到帧开始符持续至读取到帧结束符，就认为接收到了一个完整的帧。

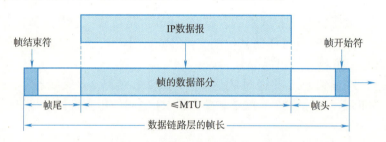

图3-8 帧头部和帧尾部封装成帧

在数据传输出现差错时，帧定界符的作用更加明显。如果发送端在尚未发送完一个帧时突然出现故障，中断发送，那么接收端收到的是只有帧开始符而没有帧结束符的帧，就会认为是一个不完整的帧，必须丢弃。

为了提高数据链路层的传输效率，应当使帧的数据部分尽可能大于头部和尾部的长度。但是每一种数据链路层协议都规定了所能够传送的帧的数据部分的长度上限——即最大传输单元（maximum transfer unit,MTU），以太网的 MTU 为 1 500 字节，如图 3-8 所示，MTU 指的是数据部分的长度。

（2）透明传输

透明传输是指不管所传输的数据是什么样的比特组合，都应能在链路上进行传送。哪怕是数据中的比特组合恰巧与控制信息相同，通过采取某种措施，接收方也不会将这样的数据误认为是控制信息。

帧开始符和帧结束符的选择，最好不要与出现在帧数据部分的字符相同。通常计算机键盘能够输入的字符是 ASCII 码表中的打印字符。在 ASCII 码表中，还包含了一些非打印控制字符，因此，我们从中选择两个专门用来作为帧定界符。代码 SOH（start of header）作为帧开始定界符，对应的二进制编码为 00000001，代码 EOT（end of transmission）作为帧结束定界符，对应的二进制编码为 00000100。

如果传送的是用文本文件组成的帧（文本文件中的字符都是使用键盘输入的可打印字符），其数据部分显然不会出现 SOH 或 EOT 这样的帧定界符。可见，不管从键盘上输入什么字符都可以放在这样的帧中传输。

当数据部分是非 ASCII 码表的文本文件时（比如二进制代码的计算机程序或图像等），情况就不同了。如果数据中的某一段二进制代码正好和 SOH 或 EOT 帧定界符编码一样，接收端就会误认为这是帧的边界。如图 3-9 所示，接收端收到的数据部分出现 EOT 帧定界符，就误认为接收到了一个完整的帧，而后面的部分因为没有帧开始定界符所以被认为是无效帧遭丢弃。

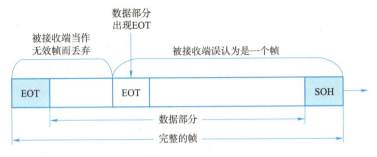

图3-9　数据部分恰好出现与EOT一样的编码

要想让接收端能够区分帧中 EOT 或 SOH 是数据部分还是帧定界符，可以在数据部分出现的帧定界符编码前面插入转义字符。在 ASCII 码表中，有一个非打印字符（代码是"ESC"，二进制编码为 00011011）专门用来作转义字符。接收端收到后在提交给网络层之前先去掉转义字符，并认为转义字符后面的字符为数据，如果数据部分有转义字符 ESC 的编码，就需要在 ESC 字符编码前再插入一个 ESC 字符编码，则接收端收到后去掉插入的转义字符编码，并认为后面的 ESC 字符编码是数据。

使用字节填充法解决透明传输的问题如图 3-10 所示，PC1 给 PC2 发送数据帧，在发送到数据链路之前，数据中出现的 SOH、ESC 和 EOT 字符编码之前的位置插入转义字符 ESC 的编码，这个过程就是字节填充，PC2 接收之后，需先去掉填充的转义字符，并视转义字符后的字符为数据。

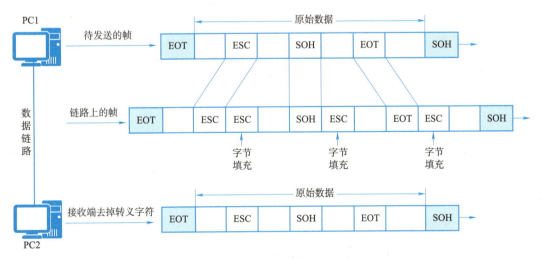

图3-10　使用字节填充法解决透明传输的问题

发送端 PC1 发送帧之前在原始数据中必要位置插入转义字符，接收端 PC2 收到后去掉转义字符，又得到原始数据，中间插入转义字符是要让传输的原始数据完整地发送到 PC2，这个过程称为"透明传输"。

（3）差错检验

信号从发送端发送出去到被接收端接收到的过程中，必然会经历各种各样的变化。当然，物理层在定义二进制信号判别标准时，会考虑到信号在传输过程中发生变化的因素，让一定程度之内的物理信号变化不至于影响设备对二进制信息的识别。比如接收方在判断接收到的数据是否为高电压时，往往会参照一个电压区间进行判断，区间范围内的电压都会被识别为高电压。尽管如此，由于过度衰减而导致接收方将信号1识别为0的情况仍旧不可能彻底避免。除了信号衰减，由于外部干扰导致发送方的信号在传输过程中产生变化，也是有可能的。哪怕再排除外部干扰对于信号的影响，传输介质自身的物理属性也有可能导致信号出现失真。而这里的问题在于，无论接收方将信号由1识别为0还是正好相反，都是数据传输中希望尽量避免的情形。

物理层的信号编码方式会影响接收方对信号的识别准确率。因此，合理的编码技术可以起到改善信号传送错误率的作用。在物理层之上，数据链路层也要承担差错检测的职能，循环冗余校验（cyclic redundancy check,CRC）是目前计算机网络中应用最广泛的差错检测方式。

为了让接收方能够判断出接收到的信息是否与发送的数据一致，发送方需要在传输的帧中插入一个用于检测错误的冗余比特序列，这个比特序列就称为帧校验序列（frame check sequence,FCS），如图3-11所示。

图3-11　FCS示意图

FCS是发送端采用CRC计算得到的一个比特序列，接收端收到后通过进行CRC检验就可以判断该帧是否出错。

计算机通信往往需要经过多条链路。IP数据报经过路由器，网络层头部会发生变化。比如，经过一个路由器转发，网络层头部的TTL值会减1；IP数据报从一个链路发送到下一个链路，如果每条链路的协议不同，数据链路层头部格式也会不同，且帧开始符和帧结束符也会不同，这都需要将帧进行重新封装，重新计算帧校验序列。

在数据链路层，发送端帧校验序列FCS的生成和接收端的CRC检验都是用硬件完成的，处理很迅速，因此并不会延误数据的传输。

3. 链路类型

从贴近物理层的角度来看，设备之间的相互连接需要通过某种介质来实现，而这种介质要么是共享型介质，要么是两台设备之间独占的点到点连接。总体来说，广域网环境中多采用点到点连接，而一部分局域网环境，尤其是无线局域网环境，使用的则是共享型介质。即数据链路层使用的信道主要有以下两种类型。

① 点到点信道。这种信道使用一对一的点到点通信方式。点到点连接采用的模式是连接的双方独占通信信道，并不涉及第三方，所以其中涉及的转发问题相对简单。

② 广播信道。这种信道使用一对多的广播通信方式，因此过程比较复杂。广播信道上连接的主机很多，因此必须使用专用的共享信道协议来协调这些主机的数据发送。

这两种数据链路层的通信机制不一样，使用的协议也不一样，数据链路层的链路类型如图 3-12 所示。点到点信道使用 PPP（point to point protocol）协议，广播信道通常使用带冲突检测的载波侦听多路访问（carrier sense multiple access/collision detection，CSMA/CD）协议。

图3-12 数据链路层的链路类型

在数据链路层环境中，设备用来定义发送方和接收方的地址并不是逻辑层面的 IP 地址，而是硬件地址。

3.3.4 PPP 原理

点到点信道是指一条链路上就一个发送端和一个接收端的信道，通常用在广域网链路中。比如两个路由器通过串口（广域网口）相连，如图 3-12 所示，或家庭用户使用调制解调器通过电话线拨号连接 ISP，这都属于点到点信道。

PPP 是一种点到点方式的链路层协议，它是在 SLIP（serial line Internet protocol）的基础上发展起来的。从 1994 年 PPP 诞生至今，该协议本身并没有太大的改变，但由于其具有其他链路层协议所无法比拟的特性，因此得到了越来越广泛的应用，其扩展支持协议也层出不穷。

PPP原理

1. PPP 简介

作为目前适用最广泛的广域网协议，PPP 具有如下特点。

① PPP 是面向字符的，在点到点串行链路上使用字符填充技术，既支持同步链路又支持异步链路。

② PPP 通过链路控制协议（link control protocol，LCP）能够有效控制数据链路的建立。

③ PPP 支持认证协议族密码认证协议（password authentication protocol，PAP）和挑战式握手认证协议（challenge handshake authentication protocol，CHAP），更好地保证了网络的安全性。

④ PPP 支持各种网络控制协议（network control protocol，NCP），可以同时支持多种网络层协议。典型的 NCP 包括支持 IP 的 IPCP（互联网协议控制协议）和支持 IPX 的 IPXCP（互联网信息包交换控制协议）等。

PPP 并非单一的协议，而是由一系列协议构成的协议族。如图 3-13 所示为 PPP 的分层结构。

在物理层，PPP 既能使用同步介质（如 ISDN 或同步 DDN 专线），也能使用异步介质（如基于 MODEM 拨号的 PSTN）。

PPP 通过链路控制协议在链路管理方面提供了丰富的服务，这些服务以 LCP 协商选项的形式提供；通过网络控制协议族提供对多种网络层协议的支持；通过 PPP 扩展协议族提供对 PPP 扩展特性的支持，例如 PPP 以 PAP 或 CHAP 实现安全认证功能。

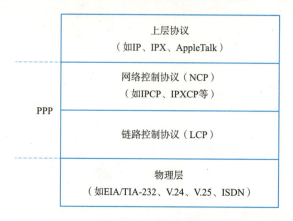

图3-13　PPP分层结构

PPP 的主要组成及其作用如下：

① 链路控制协议（LCP）：主要用于管理 PPP 数据链路，包括进行链路层参数的协商，建立、拆除和监控数据链路等。

② 网络控制协议（NCP）：主要用于协商所承载的网络层协议的类型及其属性，协商在该数据链路上所传输的数据包的格式与类型，配置网络层协议等。

③ 认证协议 PAP 和 CHAP：主要用来验证 PPP 对端设备的身份合法性，在一定程度上保证链路的安全性。

在上层，PPP 通过多种 NCP 提供对多种网络层协议的支持。每一种网络层协议都有一种对应的 NCP 为其提供服务，因此 PPP 具有强大的扩展性和适应性。

2. PPP 会话

（1）PPP 会话的建立过程

一个完整的 PPP 会话建立大体需要如下三个步骤，如图 3-14 所示。

图3-14　PPP会话的建立步骤

- 链路建立阶段：在这个阶段，运行 PPP 的设备会发送 LCP 报文来检测链路的可用情况，如果链路可用，则会成功建立链路，否则链路建立失败。
- 认证阶段（可选）：链路成功建立后，根据 PPP 帧中的认证选项来决定是否认证。如果需要认证，则开始 PAP 或者 CHAP 认证，认证成功后进入网络协商阶段。
- 网络层协商阶段：在这一阶段，运行 PPP 的双方发送 NCP 报文来选择并配置网络层协议，双方会协商彼此使用的网络层协议（比如是 IP，还是 IPX），同时也会选择对应的网络层地址（如 IP 地址或 IPX 地址）。如果协商通过，则 PPP 链路建立成功。

（2）PPP 会话流程

详细的 PPP 会话建立流程如图 3-15 所示。

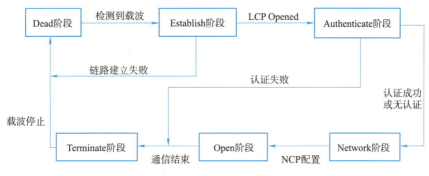

图3-15　PPP会话流程

- 当物理层不可用时，PPP 链路处于 Dead 阶段，链路必须从这个阶段开始和结束。当通信双方的两端检测到物理线路激活（通常是检测到链路上有载波信号）时，就会从当前这个阶段进入下一个阶段。
- 当物理层可用时，进入 Establish 阶段。PPP 链路在 Establish 阶段进行 LCP 协商，协商的内容包括是否采用链路捆绑、使用何种认证方式、最大传输单元等。协商成功后 LCP 进入 Opened 状态，表示底层链路已经建立。
- 如果配置了认证，则进入 Authenticate 阶段，开始 PAP 或 CHAP 认证。这个阶段仅支持链路控制协议、认证协议和质量检测数据报文，其他的数据报文都会被丢弃。
- 如果认证失败，则进入 Terminate 阶段，拆除链路，LCP 状态转为 Down。如果认证成功，则进入 Network 阶段，由 NCP 协商网络层协议参数，此时 LCP 状态仍为 Opened，而 NCP 状态从 Initial 转到 Request。
- 通过 NCP 协商来选择和配置一个网络层协议，只有相应的网络层协议协商成功后，该网络层协议才可以通过这条 PPP 链路发送报文。
- PPP 链路将一直保持通信，直至有明确的 LCP 或 NCP 帧来关闭这条链路，或发生了某些外部事件。
- PPP 能在任何时候终止链路。在载波丢失、认证失败、链路质量检测失败或管理员人为关闭链路等情况下均会导致链路终止。

3. PPP 认证

PPP 会话的认证阶段是可选的。在链路建立完成并选好认证协议后，双方便可以开始进行验证。若要使用验证，必须在网络层协议配置阶段先配置命令以使用认证。

当设定 PPP 认证时，既可以选择 PAP，也可以选择 CHAP。一般而言，CHAP 通常是首选使用的协议。

（1）PAP 认证

PAP 认证是一种两次握手认证协议，它以明文方式在链路上发送认证密码，认证过程仅在链路初始建立阶段进行。PAP 认证过程如图 3-16 所示。

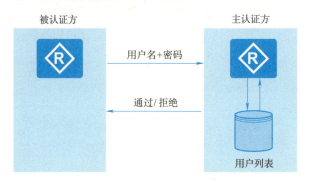

图3-16　PAP认证过程

PAP 认证分为 PAP 单向认证与 PAP 双向认证。PAP 单向认证是指一端作为主认证方，另一端作为被认证方；PAP 双向认证是单向认证的简单叠加，即两端都是既作为主认证方又作为被认证方。

被认证方以明文发送用户名和密码到主认证方。主认证方核实用户名和密码，如果此用户名和密码正确，则会给对端发送 ACK（配置确认）消息，通知对端认证通过，允许进入下一阶段协商；如果用户名和密码不正确，则发送 NAK（配置否认）消息，通知对端认证失败。

为了确认用户名和密码的正确性，主认证方要么检索本机预先配置的本地用户列表，要么采用类似于 RADIUS（远程认证拨入用户服务协议）的远程验证协议向网络上的认证服务器查询用户名和密码信息。

PAP 认证失败后不会直接将链路关闭，只有当认证失败次数达到一定值时，链路才会被关闭，这样可以防止因误传、线路干扰等造成不必要的 LCP 重新协商过程。

在 PAP 认证中，用户名和密码在网络上以明文方式传送，如果在传输过程中被监听，则监听者可以获知用户名和密码，并利用其通过认证，从而可能对网络安全造成威胁。因此，PAP 认证适合于对网络安全要求相对较低的环境。

（2）CHAP 认证

CHAP 认证为 3 次握手认证，CHAP 是在链路建立开始就已经完成的。在链路建立完成后的任何时间都可以重复发送认证信息进行再验证。CHAP 可以提供定期检验以改善安全性等功能，这使得 CHAP 比 PAP 更有效率。CHAP 认证过程如图 3-17 所示。

- CHAP 认证由主认证方主动发起认证请求，主认证方向被认证方发送一个挑战信息（一般为随机数）。
- 被认证方收到主认证方的认证请求后，利用密码和单向散列函数（典型为 MD5）对该挑战信息进行计算，生成一个摘要，并将此摘要发给主认证方。
- 主认证方用收到的摘要值与它本身按同样的方法计算出来的摘要值进行比较。如果相同，则向被认证方发送 ACK 消息声明认证通过；如果不同，则认证不通过，向被认证方发送 NAK 消息。

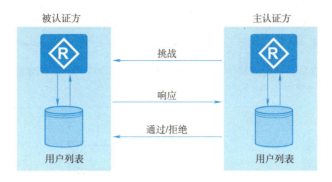

图3-17 CHAP认证过程

CHAP 单向认证是指一端作为主认证方，另一端作为被认证方。双向认证是单向认证的叠加，即两端都是既作为主认证方又作为被认证方。

（3）PAP 与 CHAP 对比

PPP 支持的两种认证方式 PAP 和 CHAP 的区别如下：

- PAP 通过 2 次握手完成认证，而 CHAP 通过 3 次握手验证远端设备。PAP 认证由被认证方首先发起验证请求，而 CHAP 认证由主认证方首先发起认证请求。
- PAP 密码以明文方式在链路上发送，并且当 PPP 链路建立后，被认证方会不停地在链路上反复发送用户名和密码，直到身份验证过程结束，所以不能防止攻击。CHAP 只会在网络上传输主机名，并不传输用户密码，因此它的安全性要比 PAP 高。
- PAP 和 CHAP 都支持双向身份验证，即参与验证的一方可以同时是主认证方和被认证方。

由于 CHAP 的安全性高于 PAP，因此其应用更加广泛。

3.3.5 以太网

1. 广播信道的局域网

广播信道可以进行一对多的通信。局域网使用的就是广播信道。局域网是在 20 世纪 70 年代末发展起来的，在计算机网络中占有非常重要的地位。

1973 年，施乐公司（Xerox）开发出了一个设备互联技术并将这项技术命名为"以太网（ethernet）"，它的问世是局域网发展史上的一个重要里程碑。可以说以太网技术是有史以来最成功的局域网技术，也是目前主流的、占据市场份额最大的技术。

最初的以太网使用的传输介质是一根粗的同轴电缆。计算机使用粗同轴电缆为共享介质进行连接，无论哪一台主机发送数据，其余的主机都能收到（这就是所谓的共享式以太网）。要在这样一个总线拓扑广播信道实现点到点通信，如图 3-18 所示就需要给发送的帧添加源地址和目标地址，这就要求网络中每台计算机的网卡有唯一的一个物理地址（即 MAC 地址），仅当帧的目标 MAC 地址和计算机的网卡 MAC 地址相同时，该网卡才接收该帧，对于不是发给自己的帧则丢弃。点到点链路的帧不需要源地址和目标地址。

广播信道中的计算机发送数据的机会均等，因此可能出现这样的情况：一台主机正在发送数据的时候，另一台主机也开始发送数据，或者两台及两台以上的主机同时开始发送数据，它们的数据信号就会在信道内碰撞在一起，互相干扰，使信号变成不能识别的垃圾。以太网采用带冲突检测的载波侦听多路访问 CSMA/CD 来解决共享信道内的冲突，它的详细工作过程将在下一个小节进行讨论。

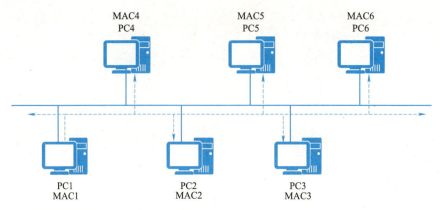

在广播信道实现点到点通信需要给帧添加源目的MAC地址，并要进行冲突检测

图3-18　总线拓扑广播信道

广播信道除了总线拓扑，还有星状拓扑，如图 3-19 所示为通过使用集线器设备互联而成的局域网。在该局域网中，PC1 发送给 PC3 的数字信号，会被集线器发送到所有接口（这和总线拓扑一样），网络中的 PC2、PC3 和 PC4 的网卡都能收到，但该帧的目标 MAC 地址和 PC3 网卡的地址相同，因此只有 PC3 接收该帧。为了避免冲突，PC2 和 PC4 就不能同时发送帧了，因此连接在集线器上的计算机也要使用 CSMA/CD 协议进行通信。

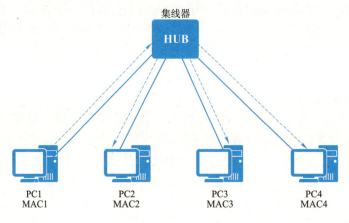

图3-19　星状广播信道

2. 以太网技术标准

Xerox 公司的以太网获得了极大的成功。1979 年，Xerox 与 DEC、Intel 共同起草了一份 10 Mbit/s 以太网物理层和数据链路层的标准，称为 DIX（Digital、Intel、Xerox）标准。经过两次很小的修改后，DIX 标准于 1983 年变成 IEEE 802.3 标准。IEEE802.3 标准给出了以太网的技术标准，即以太网的带冲突检测的载波侦听多路访问（CSMA/CD）及物理层技术规范（包括物理层的连线、电信号和介质访问层协议的内容）。

以太网是一种计算机局域网组网技术，也是当前应用最普遍的局域网技术，它很大程度上取代了其他局域网标准，如令牌环、FDDI（fiber distributed data interface）等。

最初以太网只有 10 Mbit/s 的速率，使用的是 CSMA/CD 的访问控制方法，这种早期的

10 Mbit/s 以太网称为标准以太网。以太网可以使用粗同轴电缆、细同轴电缆、非屏蔽双绞线、屏蔽双绞线和光纤等多种传输介质进行连接。

之后,以太网的标准继续发展(至今仍在发展),100 Mbit/s、1 000 Mbit/s,甚至万兆的以太网版本相继出台,电缆技术也有了改进,交换技术和其他的特性也加入了进来。速率达到或超过 100 Mbit/s 的以太网称为快速以太网,速率达到或超过 1 000 Mbit/s 的以太网称为吉比特以太网。

目前,常见的标准以太网、快速以太网和吉比特以太网标准见表 3-3。

表 3-3 常见的以太网标准

以太网命名	IEEE 标准	传输速率	传输介质
10BASE-T	IEEE 802.3i	10 Mbit/s	3/4/5类线
100BASE-TX	IEEE 802.3u	100 Mbit/s	5类线
100BASE-T4		100 Mbit/s	3类线
100BASE-T2	IEEE 802.3y	100 Mbit/s	3类线
1000BASE-T	IEEE 802.3ab	1 Gbit/s	超5类线
10GBASE-T	IEEE 802.3an	1 Gbit/s	6类线

如表 3-3 所示,100BASE-TX 属于 IEEE802.3u(即快速以太网)标准之一,它制订了在 5 类非屏蔽双绞线(UTP)或屏蔽双绞线(STP)速率上达 100 Mbit/s 的快速以太网信令标准。后面的标准可以按照同样的方式理解。也就是说,命名中的第一个数字代表了传输速率,10 代表 10 Mbit/s、100 代表 100 Mbit/s、1 000 代表 1 Gbit/s,而 10G 则代表 10 Gbit/s。BASE 代表基带传输,而 BASE 后面的字母 T 则代表采用的介质是双绞线。T 后面如果还有数字或者字母,则多与传输的频率或者采用的编码有关,属于接口电路的规范,而接口电路决定了使用线缆的类型。

3. CSMA/CD 协议

共享型网络要想实现数据传输,必须针对大量设备如何在网络中有序收发数据、如何实现相互寻址等服务制订明确的规则,而这类规则在逻辑上应该比数据链路层的其他服务更加靠近物理层,于是 IEEE 将数据链路层的服务分为了逻辑链路控制(LLC)子层和介质访问控制(MAC)子层,它们的作用概括如下:

- LLC 子层:与网络层相接,为不同的 MAC 子层协议与网络层协议之间提供统一的接口,并提供流量控制等服务。
- MAC 子层:与物理层相接,为统一的 LLC 子层协议和不同的物理层介质之间提供沟通的媒介,并执行与硬件有关的服务,包括在共享环境中实现资源分配、让通信可以适应不同的传输介质、实现数据寻址等。

在共享型数据链路层环境中,不同传输介质往往对应不同的 MAC 层协议,而不同的协议则利用了不同的技术手段来避免冲突。载波侦听多路访问/冲突检测(CSMA/CD)、令牌环和载波侦听多路访问/冲突避免(CSMA/CA)为三种最为常见的冲突避免技术,尽管其中有些技术的使用环境已经过时或者发生了重大变化,但这些技术或技术背后的理念却仍然广泛应用于计算机网络的其他领域。这里主要介绍带冲突检测的载波侦听多路访问（CSMA/CD）。

带冲突检测的载波侦听多路访问（CSMA/CD）是半双工的以太网的工作方式，它应用于OSI参考模型的数据链路层，是一种常用的采用争用方法来决定对传输信道的访问权的协议。其中，三个关键术语的含义如下：

- 载波侦听：发送节点在发送数据之前，必须侦听传输介质（信道）是否处于空闲状态。
- 多路访问：具有两种含义，既表示多个节点可以同时访问信道，也表示一个节点发送的数据可以被多个节点所接收。
- 冲突检测：发送节点在发出数据的同时，还必须监听信道，判断是否发生冲突。

（1）CSMA

CSMA技术（也被称为先听后说）要传输数据的站点首先对传输信道上有无载波进行监听，以确定是否有别的站点在传输数据。如果信道空闲，该站点便可以传输数据；否则，该站点将避让一段时间后再做尝试。这就需要有一种退避算法来决定避让的时间，常用的退避算法有非坚持、1-坚持和P-坚持三种。

① 非坚持。

该算法规则如下：

- 如果信道是空闲的，则可以立即发送。
- 如果信道是忙的，则等待一个由概率分布决定的随机重发延迟后，再重复前一步骤。
- 采用随机的重发延迟时间可以减少冲突继续发生的可能性。

非坚持算法的缺点是：由于大家都在延迟等待过程中，致使传输信道虽然可能处于空闲状态，却没有站点发送数据，导致使用率降低。

② 1-坚持。

该算法规则如下：

- 如果信道是空闲的，则可以立即发送。
- 如果信道是忙的，则继续监听，直至检测到信道空闲，然后立即发送。
- 如果有冲突(在一段时间内没有收到肯定的回复)，则等待一个随机时间，重复前面两个步骤。

1-坚持算法的优点是：只要信道空闲，站点就可以立即发送数据，避免了信道利用率的损失；其缺点是：假若有两个或两个以上的站点同时检测到信道空闲并发送数据，冲突就不可避免。

③ P-坚持。

该算法规则如下：

- 首先监听总线，如果信道是空闲的，则以概率P进行发送，而以（1-P）的概率延迟一个时间单位。一个时间单位通常等于最大传输时延的2倍。
- 延迟一个时间单位后，再重复前一步骤。
- 如果信道是忙的，则继续监听，直至检测到信道空闲并重复第一步。

P-坚持算法是一种既能像非坚持算法那样减少冲突，又能像1-坚持算法那样减少传输信道空闲时间的折中方案。该算法关键在于如何选择P的取值，才能使两方面保持平衡。

（2）CSMA/CD

在CSMA中，由于信道传播时延的存在，总线上的站点可能没有监听到载波信号而发送数据，因此仍会导致冲突。由于CSMA没有冲突检测功能，所以即使冲突已经发生，站点仍然会将已被破坏的帧发送完，使数据的有效传输率降低。

一种 CSMA 的改进方案是，使发送站点在传输过程中仍继续监听信道，以检测是否发生冲突。如果发生冲突，信道上可以检测到超过发送站点本身发送的载波信号的幅度，由此判断出冲突的存在。当一个传输站点识别出一个冲突后，就立即停止发送，并向总线上发一串拥塞信号，这个信号使得冲突的时间足够长，让其他的站点都能发现。其他站点收到拥塞信号后，都停止传输，并等待一个随机产生的时间间隙后重发。这样，信道容量就不会因为传送已受损的帧而浪费，可以提高信道的利用率。这就是带冲突检测的载波侦听多路访问。

为了检测冲突，还产生了以太网帧最小长度的限制。可以想象这样一种情况：一个短帧还没有到达电缆远端的时候，发送端就已经发送出了帧的最后一位，并认为这个帧已被正确传输；但是，在电缆的远处，该帧却可能与另一帧发生了冲突，而它的发送端却毫不知情。为了避免这种情况发生，人们规定，一个帧的最小长度应当满足这样的要求：当这个帧的最后一位发出之前，第一位就能够到达最远端并将可能的冲突信号传送回来。对于一个最大长度为 2 500 m、具有四个中继器的 10 Mbit/s 以太网来说，信号的往返传播时延大约是 50 μs，因此在传输速率为 10 Mbit/s 的情况下，500 位是保证可以工作的最小帧长度。考虑到需要增加一点安全，该数字被增加到了 512 位，也就是 64 字节。这就是以太网最小帧的来历。

4. MAC 地址和以太网帧格式

（1）MAC 地址

MAC（medium access control）地址是在 IEEE 802 标准中定义并规范的，凡是符合 IEEE 802 标准的网络接口卡（如以太网卡）都必须拥有一个 MAC 地址。

MAC 地址由 48 bit 长的二进制数字组成，用 12 位的十六进制数字表示，分为 24 位的组织唯一标识符（organizationally unique identifier, OUI）和 24 位的扩展唯一标识符（extended unique identifier, EUI）两部分。IEEE RA（registration authority）是 MAC 地址的法定管理机构，负责分配 OUI；组织自行分配其 EUI。

MAC 地址固化在网卡的 ROM 中，每次启动时由计算机读取出来，因此也称为硬件地址（hardware address）。每块网卡的 MAC 地址是全球唯一的，也即全网唯一的。一台计算机可能有多个网卡，因此也可能同时具有多个 MAC 地址。

MAC 地址分为三种，分别为单播 MAC 地址、组播 MAC 地址和广播 MAC 地址，MAC 地址的分类及格式如图 3-20 所示。

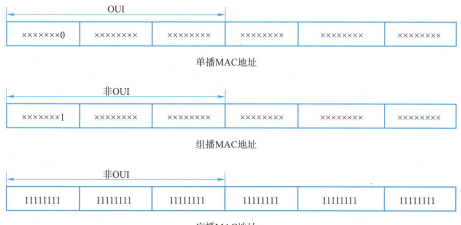

图3-20　MAC地址的分类及格式

一个单播 MAC 地址标识了一块特定的网卡，该地址为全球唯一的硬件地址；一个组播 MAC 地址用来标识 LAN 上的一组网卡，一般作为协议报文的目的 MAC 地址标识某种协议报文；一个广播 MAC 地址用来标识 LAN 上的所有网卡。

（2）以太网帧格式

网络层的数据包被加上帧头和帧尾，就构成了可由数据链路层识别的以太网数据帧。虽然帧头和帧尾所用的字节数是固定不变的，但根据被封装数据包大小的不同，以太网数据帧的长度也随之变化，变化的范围是 64 字节~1 518 字节（不包括 7 字节的前导码和 1 字节的帧起始定界符）。

以太网帧的格式有两个标准：一个是由 IEEE 802.3 定义的，称为 IEEE 802.3 格式；一个是由 Xerox 与 DEC、Intel 这三家公司联合定义的，称为 Ethernet Ⅱ 格式。目前的网络设备都可以兼容这两种格式的帧，但 Ethernet Ⅱ 格式的帧使用的更加广泛。通常，绝大部分的以太网帧使用的都是 Ethernet Ⅱ 格式，而承载了某些特殊协议信息的以太网帧才使用 IEEE 802.3 格式。

以太网帧的 Ethernet Ⅱ 格式如图 3-21 所示。

图3-21　以太网帧的Ethernet Ⅱ格式

其中各个字段的意义如下：

- 目的地址：接收端的 MAC 地址，长度为 6 字节。
- 源地址：发送端的 MAC 地址，长度为 6 字节。
- 类型：数据包的类型（即上层协议的类型），例如 0x0806 表示 ARP 请求或应答，0x0800 表示 IP。
- 数据：被封装的数据包，长度为 46~1 500 字节。
- 校验码：错误检验，长度为 4 字节。

Ethernet Ⅱ 的主要特点是通过类型域标识了封装在帧里的上层数据所采用的协议，类型域是一个有效的指针，通过它，数据链路层可以承载多个上层协议。但是，Ethernet Ⅱ 没有标识帧长度的字段。

5. 共享式以太网与交换式以太网

（1）共享式以太网

早期的以太网（如 10Base-5 和 10Base-2）是总线结构的以太网，它们使用同轴电缆作为传输媒体。通过同轴电缆连接起来的站点处于同一个冲突域中，即在每一个时刻，只能有一个站点发送数据，其他站点处于侦听状态，不能够发送数据，当同一时刻有多个站点传输数据时，就会产生数据冲突。

集线器工作在 OSI 参考模型的物理层，属于纯硬件网络底层设备，基本上不具有类似于交换机的"智能记忆"能力和"学习"能力。它也不具备交换机所具有的 MAC 地址表，所以它发送数据时都是没有针对性的，而是采用广播方式发送。也就是说当它要向某节点发送数据时，不是直接把数据发送到目的节点，而是把数据包发送到与集线器相连的所有节点。连接在集线器上的所有主机共享集线器的背板总线带宽，因此，用集线器互联的主机都在同一个冲突域里，当一台主机发送数据时，其他主机都不能向网络发送数据。

Hub 与同轴电缆都是典型的共享式以太网所使用的设备，工作在 OSI 模型的物理层。Hub 和同轴电缆所连接的设备位于一个冲突域中，域中的设备共享带宽，设备间利用 CSMA/CD 机制来检测及避免冲突，如图 3-22 所示。

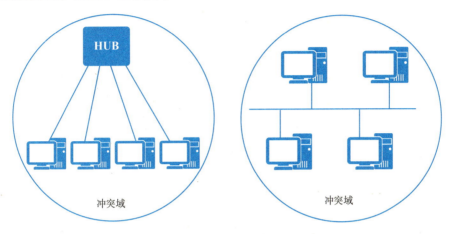

图3-22 共享式以太网和冲突域

在这种共享式以太网中，每个终端所使用的带宽大致相当于总线带宽/设备数量，所以接入的终端数量越多，每个终端获得的网络带宽越少。在图 3-22 所示网络中，如果 Hub 的带宽是 10 Mbit/s，则每个终端所能使用的带宽约为 2.25 Mbit/s；而且由于不可避免地会发生冲突导致重传，所以实际上每个终端所能使用的带宽还要更小一些。另外，共享式以太网中，当所连接的设备数量较少时，冲突较少发生，通信质量可以得到较好的保证；但是当设备数量增加到一定程度时，将导致冲突不断，网络的吞吐量受到严重影响，数据可能频繁地由于冲突而被拒绝发送。

由于 Hub 与同轴电缆工作在物理层，一个终端发出的报文（无论是单播、组播、广播），其余终端都可以收到，这会导致如下两个问题。

- 终端主机会收到大量的不属于自己的报文，它需要对这些报文进行过滤，从而影响主机处理性能。
- 两个主机之间的通信数据会毫无保留地被第三方收到，造成一定的网络安全隐患。

（2）交换式以太网

通过上面的学习可以知道，用中继器和集线器互联的以太网属于共享式以太网，其扩展性能很差，因为共享式以太网网段上的设备越多，发生冲突的可能性就越大，因此无法应对大型网络环境。通常，解决共享式以太网存在的问题就是利用"分段"的方法。所谓分段就是将一个大型的以太网分割成两个或多个小型的以太网，每个段（分割后的每个小以太网）使用 CSMA/CD 介质访问控制方法维持段内用户的通信。段与段之间通过一种"交换"设备可以将一段接收到的信息，经过简单的处理转发给另一段。通过分段，既可以保证部门内部信息不会流至其他部门，又可以保证部门之间的通信。以太网节点的减少使冲突和碰撞的概率更小，网络效率更高。并且，分段之后，各段可按需要选择自己的网络速率，组成性价比更高的网络。这样，交换式以太网就出现了。

交换式以太网的出现有效解决了共享式以太网的缺陷，它大大减小了冲突域的范围，增加了终端主机之间的带宽，过滤了一部分不需要转发的报文。

交换式以太网所使用的设备是二层交换机，如图3-23所示。

网桥和交换机连接的每个网段（每个接口）都是一个独立的冲突域，所以在一个网段上发生冲突不会影响其他网段。通过增加网段数，减少了每个网段上的主机数，如果一个交换机接口只连接一台主机，则一个网段上就只有一台主机，从而消除了冲突。

网桥和交换机都工作在OSI参考模型的数据链路层，属于二层设备，这一点与中继器和集线器不同，中继器和集线器工作在物理层，处理的信息单元是比特流信号，而网桥和交换机处理的信息单元是数据链路层的数据帧。从功能上讲，二层交换机与网桥相同，但交换机的吞吐率更高、接口密度更大，且每个接口的成本更低、更灵活，因此，二层交换机已经取代了网桥，成为交换式以太网中的核心设备。

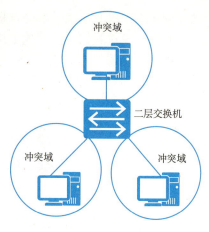

图3-23　交换式以太网

3.3.6　以太网交换机的工作原理

● 视　频

交换机基本工作管理

交换机工作在数据链路层，能对数据帧进行相应的操作。以太网数据帧遵循IEEE 803.3格式，其中包含了目的MAC地址和源MAC地址。交换机根据源MAC地址进行地址学习和MAC地址表的构建；再根据目的MAC地址进行数据帧的转发与过滤。

1. MAC地址学习

为了转发数据，以太网交换机需要维护MAC地址表。MAC地址表的表项中包含了与本交换机相连的终端主机的MAC地址以及本交换机连接主机的端口等信息。

在交换机刚启动时，它的MAC地址表中没有表项，其初始状态如图3-24所示。此时如果交换机的某个端口收到数据帧，它会把数据帧从接收端口之外的所有端口发送出去，这被称为泛洪。这样，交换机就能确保网络中其他所有的终端主机都能收到此数据帧。但是，这种广播式转发的效率低下，占用了太多的网络带宽，并不是理想的转发方式。

为了能够仅转发数据到目标主机，交换机需要知道终端主机的位置，也就是主机连接在交换机的哪个端口上。这就需要交换机进行MAC地址表的正确学习。

交换机通过记录端口接收数据帧的源MAC地址和端口的对应关系来进行MAC地址表学习，如图3-25所示，并把MAC地址表存放在CAM（content addressable memory）中。

在图3-25中，PC1发出数据帧，其源地址是自己的物理地址MAC1，目的地址是PC4的物理地址MAC4。交换机在GE0/0/1端口收到该数据帧后，查看其中的源MAC地址，并将该地址与接收到此数据帧的端口关联起来添加到MAC地址表中，形成一条MAC地址表项。因为MAC地址表中没有MAC4的相关记录，所以交换机把此数据帧从接收端口之外的所有端口发送出去。

交换机在学习MAC地址时，同时给每条表项设定一个老化时间，如果在老化时间到期之前一直没有刷新，则表项会清空。交换机的MAC地址表空间是有限的，设定表项老化时间有助于收回长久不用的 MAC 地址表空间。

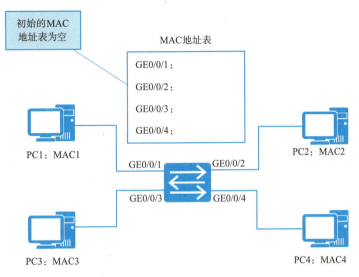

图3-24　MAC地址表初始状态

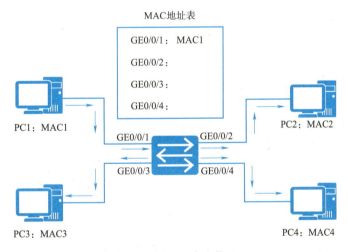

图3-25　MAC地址学习

同样，当网络中其他主机发出数据帧时，交换机就会记录其中的源 MAC 地址，并将其与接收到数据帧的端口相关联起来，形成 MAC 地址表项，当网络中所有主机的 MAC 地址在交换机中都有记录后，意味着 MAC 地址学习完成，也可以说交换机知道了所有主机的位置。完整的 MAC 地址表如图 3-26 所示。

交换机在 MAC 地址学习时，遵循以下原则。
- 一个 MAC 地址只能被一个端口学习。
- 一个端口可以学习多个 MAC 地址。

交换机进行 MAC 地址学习的目的是要知道主机所处的位置，所以只要有一个端口能够到达主机就可以，多个端口到达主机反而造成带宽浪费，所以系统设定 MAC 地址只与一个端口关联。

如果一台主机从一个端口转移到另一个端口，交换机在新的端口学习到了此主机的 MAC 地址，则会删除原有的表项。

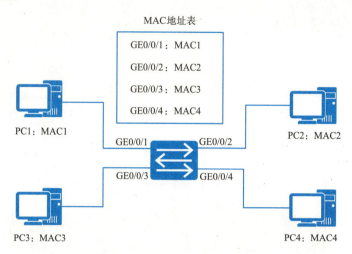

图3-26　完整的MAC地址表

一个端口上可以关联多个 MAC 地址。比如端口连接到另一台交换机，交换机上连接多台主机，则此端口会关联多个 MAC 地址。

2. 数据帧的转发 / 过滤决策

（1）数据帧的转发

MAC 地址表学习完成后，交换机根据 MAC 地址表项进行数据帧转发。在进行转发时，遵循以下规则。

- 对于已知单播数据帧（即帧目的 MAC 地址在交换机 MAC 地址表中有相应表项），则从帧目的 MAC 地址相对应的端口转发出去。
- 对于未知单播数据帧（即帧目的 MAC 地址在交换机 MAC 地址表中无相应表项）、组播帧和广播帧，则从接收端口之外的所有端口转发出去。

已知单播数据帧的转发如图 3-27 所示，PC1 发出数据帧，其目的地址是 PC4 的地址 MAC4。交换机在端口 GE0/0/1 收到该数据帧后，查看目的 MAC 地址，然后检索 MAC 地址表项，发现目的 MAC 地址 MAC4 所对应的端口是 GE0/0/4，就把此数据帧从 GE0/0/4 端口转发出去，而不在端口 GE0/0/2 和 GE0/0/3 转发，所以 PC2 和 PC3 也不会收到目的是 PC4 的数据帧。

与已知单播数据帧转发不同，交换机会从除接收端口外的其他端口转发组播帧和广播帧，因为广播和组播的目的就是要让网络中其他的成员收到这些数据帧。

在交换机没有学习到所有主机 MAC 地址的情况下，一些单播数据帧的目的 MAC 地址在 MAC 地址表中没有相关表项，所以交换机也要把未知单播数据帧从所有其他端口转发出去，以使网络中的其他主机能收到。

组播、广播和未知单播帧的转发如图 3-28 所示，PC1 发出数据帧，其目的地址是 MAC5。交换机在端口 GE0/0/1 收到数据帧后，检索 MAC 地址表项，发现没有关于 MAC5 相应的表项，所以就把此数据帧从除端口 GE0/0/1 外的所有端口转发出去。

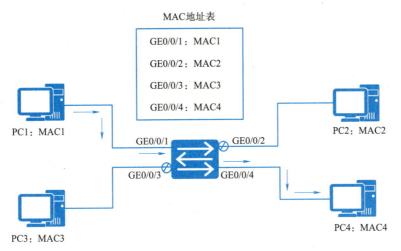

图3-27 已知单播数据帧的转发

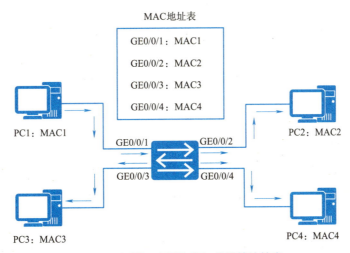

图3-28 组播、广播和未知单播帧的转发

同理，如果 PC1 发出的是广播帧（目的 MAC 地址为 FF-FF-FF-FF-FF-FF）或组播帧，则交换机把此数据帧也从除端口 GE0/0/1 外的其他端口转发出去。

（2）数据帧的过滤

为了杜绝不必要的帧转发，交换机对符合特定条件的帧进行过滤。无论是单播帧、组播帧还是广播帧，如果帧目的 MAC 地址在 MAC 地址表中表项存在，且表项所关联的端口与接收到帧的端口相同时，则交换机对此数据帧进行过滤，即不转发此数据帧。

数据帧的过滤如图 3-29 所示，PC1 发出数据帧，其目的地址是 MAC3。交换机在 GE0/0/1 端口收到数据帧后，检索 MAC 地址表项，发现 MAC3 所关联的端口也是 GE0/0/1，则交换机将该数据帧过滤。

通常，数据帧的过滤发生在一个端口学习到多个 MAC 地址的情况下。如图 3-29 所示，交换机的 GE0/0/1 端口连接一个 Hub，所以端口 GE0/0/1 上会同时学习到 PC1 和 PC3 的 MAC 地址。此时，PC1 和 PC3 之间进行数据通信时，尽管这些数据帧能够到达交换机的 GE0/0/1 端口，交换机也不会转发这些帧到其他端口，而是将其丢弃。

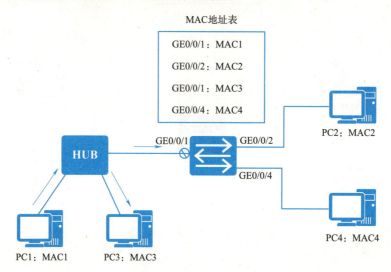

图3-29 数据帧的过滤

3. 广播域

广播帧是指目的 MAC 地址为 FF-FF-FF-FF-FF-FF 的数据帧，它的目的是要让本地网络中的所有设备都能收到。二层交换机需要把广播帧从接收端口之外的端口转发出去，所以二层交换机不能够隔离广播。

广播域是指广播帧能够到达的范围，如图 3-30 所示，PC1 发出的广播帧，所有的设备与终端主机都能够收到，则所有的主机处于同一个广播域中。

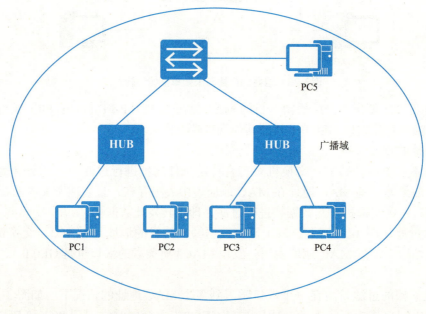

图3-30 广播域

路由器或三层交换机是工作在网络层的设备，对网络层信息进行操作。路由器或三层交换机收到广播帧后，对帧进行解封装，取出其中的 IP 数据报，然后根据 IP 数据报中的 IP 地址进行路由。所以，路由器或三层交换机不会转发广播帧，广播在三层端口上被隔离。

路由器隔离广播域如图 3-31 所示，PC1 发出的广播帧，PC2 能够收到，但 PC3 和 PC4 收不到，因为路由器可以隔离广播域。PC1 与 PC2 属于同一个广播域，而与 PC3 和 PC4 属于不同的广播域。

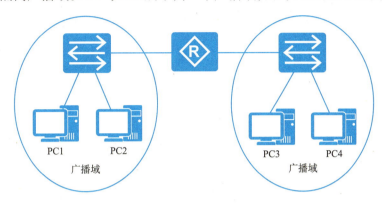

图3-31　路由器隔离广播域

广播域中的设备与终端主机数量越少，广播帧流量就越少，网络带宽的消耗也就越少。所以，如果在一个网络中，因广播域太大、广播流量太多而导致网络性能下降，则可以考虑在网络中使用三层交换机或路由器来缩小广播域，从而减少网络带宽的消耗，提高网络性能。

4. 交换机的交换方式

交换机作为数据链路层的网络设备，其主要作用是进行快速高效、准确无误地转发数据帧。交换机转发数据帧的模式有三种：直通式、存储转发式和无碎片式，其中存储转发式是交换机的主流交换方式。

（1）直通式（cut through）

采用直通交换方式的交换机在输入端口检测到一个数据帧时，会立刻检查该数据帧的帧头，获取其中的目的 MAC 地址，并将该数据帧转发。由于这种模式只检查数据帧的帧头（通常只检查 14 个字节），不需要存储，所以该方式具有延迟少、交换速度快的优点；其缺点是：冲突产生的碎片和出错的帧也将被转发。所谓延迟是指数据帧从进入一台交换机到离开交换机所花的时间。

（2）存储转发式（store and forward）

在存储转发模式中，交换机在转发数据帧之前必须完整地接收整个数据帧，读取目的和源 MAC 地址，执行循环冗余校验，和帧尾部的 4 字节校验码进行对比，如果结果不正确，则数据帧将被丢弃。这种交换方式保证了被转发的数据帧是正确有效的，但这种方式增加了延迟。

存储转发是计算机网络领域使用最为广泛的交换技术，虽然它在处理数据包时延迟时间比较长，但它可以对进入交换机的数据包进行错误检测，并且能支持不同速度的输入、输出端口间的数据交换。

支持不同速度端口的交换机必须使用存储转发方式，否则就不能保证高速端口和低速端口间的正确通信。例如，当需要把数据从 10 Mbit/s 端口传送到 100 Mbit/s 端口时，就必须缓存来自低速端口的数据包，然后再以 100 Mbit/s 的速度进行发送。

（3）无碎片式（fragment free）

无碎片式交换方式介于前两种方式之间，交换机读取前 64 字节后开始转发。冲突通常在前 64 字节内发生，通过读取前 64 字节，交换机能够过滤掉由于冲突而产生的帧碎片。不过出错的帧依然会被转发。

该交换方式的数据处理速度比存储转发式快，比直通式慢，但由于能够避免残帧的转发，所以被广泛应用于低档交换机中。

5. 交换机端口的命名

交换机端口较多，为了较好地区分各个端口，需要对相应的端口命名。

非堆叠情况下，华为交换机采用"槽位号 / 子卡号 / 接口序号"的编号规则来定义物理接口。其中槽位号表示当前交换机的槽位，取值为 0；子卡号表示业务接口板支持的子卡号；接口序号表示设备上各接口的编排顺序号。交换机端口的命名如图 3-32 所示。

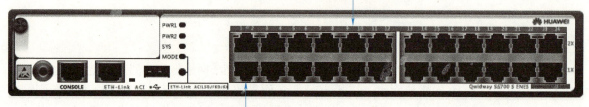

图 3-32　交换机端口的命名

3.4 【任务 1】制作网线

3.4.1　任务描述

· 视频 ·
双绞线的制作

组建公司局域网，需要大量的网线。作为信息系统的底层支撑与保障，网线制作质量的好坏将直接关系着网络的稳定和数据传输的速度。因此，网线的制作是每一位网络管理员必须掌握的技能。

3.4.2　任务分析

为了满足公司组网面临的大量网线的需求，网络管理员开始使用双绞线剥线 / 压线钳、双绞线和水晶头来制作直连线和交叉线，制作完成后还要使用测试仪来测试制作是否正确。具体步骤如以下任务实施。

3.4.3　任务实施

下面以直连线的制作过程为例，交叉线的制作步骤类似，只是要特别注意线序的排列。

1. 剥线

利用双绞线剥线 / 压线钳（或用专用剥线钳、剥线器及其他代用工具）将双绞线的外皮剥去 2~3 cm。

2. 理线

按照 TIA/EIA-568B 标准排列芯线,然后左手紧握已排好的芯线,用剥线/压线钳剪齐芯线,芯线外留长度不宜过长,通常在 1.2~1.4 cm 之间。

3. 插线

插线就是把剪齐后的双绞线插入水晶头的后端。

4. 压线

压线就是利用剥线/压线钳挤压水晶头。

5. 做另一个线头

重复(1)~(4)步骤做好另一个线头,操作过程同样要认真、仔细。

6. 检测

将做好的双绞线两端的 RJ-45 头分别插入测试仪两端,打开测试仪电源开关检测制作是否正确。如果测试仪的 8 个指示灯按从上到下的顺序循环呈现绿灯,则说明连线制作正确;如果 8 个指示灯中有的呈现绿灯,有的呈现红灯,则说明双绞线线序出现问题;如果 8 个指示灯中有的呈现绿灯,有的不亮,则说明双绞线存在接触不良的问题。

3.5 【任务 2】搭建局域网并维护交换机的 MAC 地址表

3.5.1 任务描述

分公司目前员工不多,小明只需要为员工的计算机组建一个小型的局域网,使员工的计算机通过交换机可以互相通信。小明通过组建局域网,深入学习了交换机的工作原理,为今后更好地维护公司网络积累经验。

3.5.2 任务分析

小明利用交换机搭建了如图 3-33 所示的局域网,并配置交换机主机名称、查看交换机的 MAC 地址表、配置静态 MAC 地址表项,通过本次任务进一步理解了交换机的工作原理。具体步骤如下任务实施。

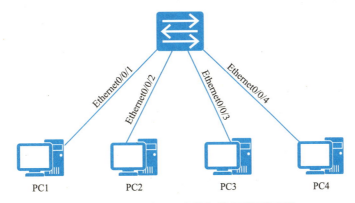

图3-33 搭建局域网和交换机基本配置的拓扑

任务编址见表 3-4。

表 3-4 任务编址

设备	接口	IP 地址 / 子网掩码	默认网关
PC1	Ethernet0/0/0	192.168.1.11 255.255.255.0	N/A
PC2	Ethernet0/0/0	192.168.1.12 255.255.255.0	N/A
PC3	Ethernet0/0/0	192.168.1.13 255.255.255.0	N/A
PC4	Ethernet0/0/0	192.168.1.14 255.255.255.0	N/A

3.5.3 任务实施

1. 配置交换机的主机名

```
<Huawei>system-view
[Huawei]sysname SW1
```

2. 查看交换机的 MAC 地址表

使用 display mac-address 命令可以观察 MAC 地址表里的信息。

```
[SW1]display mac-address

[SW1]
```

从以上输出结果可以看出，此时的 MAC 地址表为空，这是因为没有任何主机发送数据到交换机，此时交换机还没有学习到每个接口所连主机的 MAC 地址。

3. 为主机配置 IP 地址，并使用 ping 命令测试主机之间的连通性

PC1 的 IP 地址配置如图 3-34 所示。

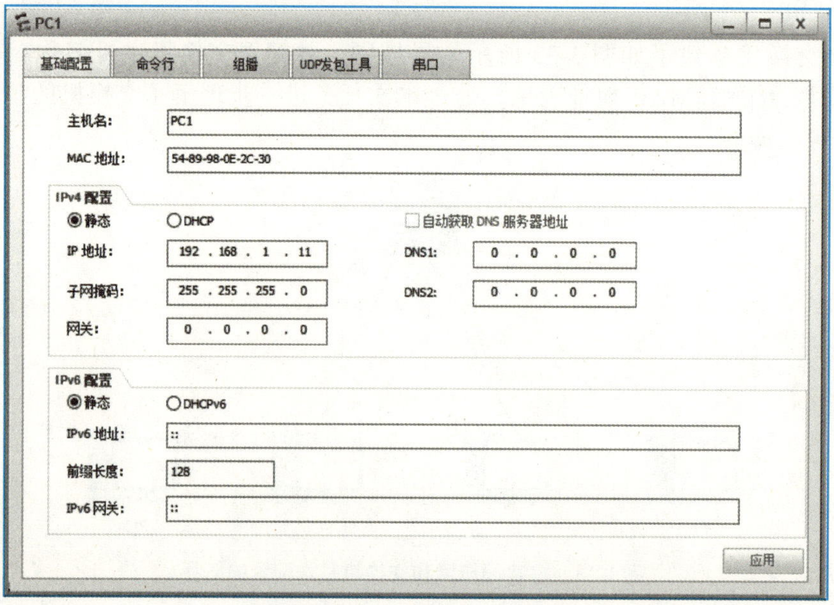

图3-34　PC1的IP地址配置

PC2、PC3 和 PC4 的 IP 地址配置和 PC1 类似，此处省略。
完成主机的 IP 地址配置后，使用 ping 命令检测主机之间的连通性。

```
PC>ping 192.168.1.12

Ping 192.168.1.12: 32 data bytes, Press Ctrl_C to break
From 192.168.1.12: bytes=32 seq=1 ttl=128 time=47 ms
From 192.168.1.12: bytes=32 seq=2 ttl=128 time=63 ms
From 192.168.1.12: bytes=32 seq=3 ttl=128 time=32 ms
From 192.168.1.12: bytes=32 seq=4 ttl=128 time=47 ms
From 192.168.1.12: bytes=32 seq=5 ttl=128 time=47 ms

--- 192.168.1.12 ping statistics ---
  5 packet(s) transmitted
  5 packet(s) received
  0.00% packet loss
  round-trip min/avg/max = 32/47/63 ms

PC>ping 192.168.1.13

Ping 192.168.1.13: 32 data bytes, Press Ctrl_C to break
From 192.168.1.13: bytes=32 seq=1 ttl=128 time=47 ms
From 192.168.1.13: bytes=32 seq=2 ttl=128 time=47 ms
From 192.168.1.13: bytes=32 seq=3 ttl=128 time=62 ms
From 192.168.1.13: bytes=32 seq=4 ttl=128 time=47 ms
From 192.168.1.13: bytes=32 seq=5 ttl=128 time=31 ms

--- 192.168.1.13 ping statistics ---
  5 packet(s) transmitted
  5 packet(s) received
  0.00% packet loss
  round-trip min/avg/max = 31/46/62 ms

PC>ping 192.168.1.14

Ping 192.168.1.14: 32 data bytes, Press Ctrl_C to break
From 192.168.1.14: bytes=32 seq=1 ttl=128 time=47 ms
From 192.168.1.14: bytes=32 seq=2 ttl=128 time=47 ms
From 192.168.1.14: bytes=32 seq=3 ttl=128 time=47 ms
From 192.168.1.14: bytes=32 seq=4 ttl=128 time=31 ms
From 192.168.1.14: bytes=32 seq=5 ttl=128 time=31 ms
```

```
--- 192.168.1.14 ping statistics ---
  5 packet(s) transmitted
  5 packet(s) received
  0.00% packet loss
  round-trip min/avg/max = 31/40/47 ms
```

4. 再次查看交换机的 MAC 地址表

测试完主机之间的连通性后,在交换机上再次查看 MAC 地址表。

```
[SW1]display mac-address
MAC address table of slot 0:
-----------------------------------------------------------------------
MAC Address      VLAN/     PEVLAN   CEVLAN   Port        Type      LSP/LSR-ID
                 VSI/SI                                            MAC-Tunnel
-----------------------------------------------------------------------
5489-980e-2c30   1         -        -        Eth0/0/1    dynamic   0/-
5489-988c-5c20   1         -        -        Eth0/0/2    dynamic   0/-
5489-9876-6ad1   1         -        -        Eth0/0/3    dynamic   0/-
5489-98c7-042d   1         -        -        Eth0/0/4    dynamic   0/-
-----------------------------------------------------------------------
Total matching items on slot 0 displayed = 4
```

由以上输出结果可以看出,交换机已经学习到了接口所连主机的 MAC 地址,Type 为 dynamic 表示该条目是动态构建的,老化时间到期后会自动删除。在华为交换机上,使用 display mac-address aging-time 命令可以看到 MAC 地址表项的老化时间,默认为 300 s。

5. 配置静态 MAC 地址表项

使用如下命令可以配置静态 MAC 地址表项。静态 MAC 地址表项不会老化,保存后设备重启也不会消失,只能手动删除。

```
[SW1]mac-address static 5489-980e-2c30 Ethernet 0/0/1 vlan 1

[SW1]display mac-address
MAC address table of slot 0:
-----------------------------------------------------------------------
MAC Address      VLAN/     PEVLAN   CEVLAN   Port        Type      LSP/LSR-ID
                 VSI/SI                                            MAC-Tunnel
-----------------------------------------------------------------------
5489-980e-2c30   1         -        -        Eth0/0/1    static    -
-----------------------------------------------------------------------
Total matching items on slot 0 displayed = 1
```

在华为交换机上,使用 undo mac-address 命令可以清空 MAC 地址表。

3.6 【任务 3】配置 PPP 及其认证

3.6.1 任务描述

要实现公司总部网络和分公司网络互联，需要借助于广域网。路由器作为公司出口网关，LAN 侧局域网接口连接内网主机，WAN 侧广域网接口连接运营商网络设备，与广域网建立连接。为了提高公司总部和分公司之间网络连接的安全性，小明决定使用 PPP 并启用 CHAP 认证。

在对总部网络出口路由器和分支网络出口路由进行 PPP 配置之前，小明先用 eNSP 进行了模拟配置。

视　频

PPP认证

3.6.2 任务分析

小明首先利用 eNSP 搭建了如图 3-35 所示的 PPP 及其认证配置拓扑，然后在两台路由器之间的链路上配置 PPP，并配置 PAP 认证和 CHAP 认证。具体步骤如以下任务实施。

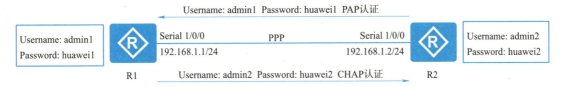

图3-35　搭建PPP及其认证配置的拓扑

3.6.3 任务实施

① 配置路由器的主机名和接口 IP，并配置路由器的 Serial 1/0/0 接口的数据链路层使用 PPP。

```
<Huawei>system
Enter system view, return user view with Ctrl+Z.
[Huawei]sysname R1
[R1]interface Serial 1/0/0
[R1-Serial1/0/0]ip address 192.168.1.1 24
[R1-Serial1/0/0]link-protocol ppp
<Huawei>system
Enter system view, return user view with Ctrl+Z.
[Huawei]sysname R2
[R2]interface Serial 1/0/0
[R2-Serial1/0/0]ip address 192.168.1.2 24
```

华为路由器的串行接口默认就是 PPP，因此串行接口下的 link-protocol ppp 命令可以省略。

配置完成后，在任意一台路由器上查看 Serial 1/0/0 接口的状态，如下所示，物理层状态为 UP，说明两端接口连接正常；数据链路层状态为 UP，说明两端协议一致。

```
[R2]display interface Serial 1/0/0
Serial1/0/0 current state : UP
Line protocol current state : UP
Last line protocol up time : 2022-12-10 14: 52: 53 UTC-08: 00
Description: HUAWEI, AR Series, Serial1/0/0 Interface
Route Port, The Maximum Transmit Unit is 1500, Hold timer is 10(sec)
Internet Address is 192.168.1.2/24
Link layer protocol is PPP
LCP opened, IPCP opened
```

② R1 和 R2 之间配置 PAP 认证，其中 R1 为主认证方，R2 为被认证方。

首先在 R1 上创建用于 PPP 身份验证的用户名和密码，然后配置其 Serial 1/0/0 接口的认证方式为 PAP 认证，配置命令如下：

```
[R1]aaa
[R1-aaa]local-user admin1 password cipher huawei1
[R1-aaa]local-user admin1 service-type ppp
[R1-aaa]quit
[R1]interface Serial 1/0/0
[R1-Serial1/0/0]ppp authentication-mode pap
```

在 R2 上配置通过 Serial 1/0/0 接口向 R1 发送 PAP 认证用的账号和密码，配置命令如下：

```
[R2]interface Serial 1/0/0
[R2-Serial1/0/0]ppp pap local-user admin1 password cipher huawei1
```

③ R1 和 R2 之间配置 CHAP 认证，其中 R2 为主认证方，R1 为被认证方。

上一步骤的配置只是先用 R1 验证 R2，接下来再实现 R2 验证 R1。首先在 R2 上创建用于 PPP 身份验证的用户名和密码，然后配置其 Serial 1/0/0 接口的认证方式为 CHAP 认证，配置命令如下：

```
[R2]aaa
[R2-aaa]local-user admin2 password cipher huawei2
[R2-aaa]local-user admin2 service-type ppp
[R2-aaa]quit
[R2]interface Serial 1/0/0
[R1-Serial1/0/0]ppp authentication-mode chap
```

在 R1 上的配置如下，先指定 CHAP 认证的账号，再指定密码。

```
[R1]interface Serial 1/0/0
[R1-Serial1/0/0]ppp chap user admin2
[R1-Serial1/0/0]ppp chap password cipher huawei2
```

3.7 【任务4】查看和更改 MAC 地址

3.7.1 任务描述

公司新来的网络管理员小飞最近在备考网络工程师中级认证，他就 MAC 地址的相关知识来向小明请教，小明进行了耐心地解答，并演示了在计算机上如何查看和修改 MAC 地址。

3.7.2 任务分析

MAC 地址应用在 OSI 模型的第二层，即数据链路层，用于在网络中唯一标识一个网卡。MAC 地址固化在网卡的 ROM 中，每次启动时由计算机读取出来。

为了让小飞理解 MAC 地址的特点及应用，小明演示了如何在 Windows 操作系统主机上查看网卡接口的 MAC 地址，并尝试修改网卡接口的 MAC 地址。具体步骤如以下任务实施。

3.7.3 任务实施

1. 查看计算机网卡接口的 MAC 地址

在 Windows 10 中打开命令提示符，输入"ipconfig/all"命令就可以看到网卡的物理地址，也就是 MAC 地址，如图 3-36 所示。可以看到，MAC 地址是以十六进制表示的，1 位十六进制数表示 4 位二进制数。

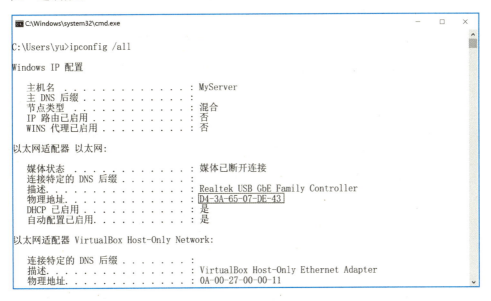

图3-36 查看计算机网卡的MAC地址

2. 更改计算机网卡接口的 MAC 地址

MAC 地址在出厂时就已经固化到网卡芯片上了，但是也可以让计算机不使用网卡上的 MAC 地址，而使用指定的 MAC 地址。

打开计算机的网络连接，右击"本地连接"，选择"属性"命令，在弹出"本地连接属性"

对话框中的"网络"选项卡下,单击"配置"按钮,如图 3-37 所示。在出现的网卡属性对话框中的"高级"选项卡下,选中"网络地址"选项,可以输入 MAC 地址,如图 3-38 所示。

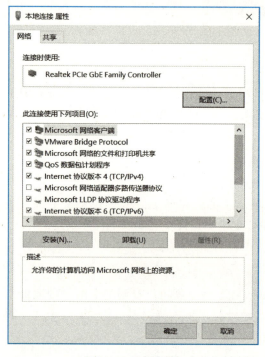

图3-37　更改配置

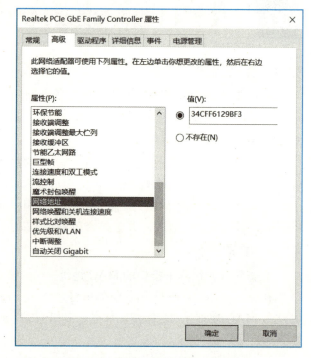

图3-38　设置网卡使用的MAC地址

注意:

输入时一定要注意格式。这种方式并没有更改网卡芯片上的 MAC 地址,而是让计算机使用指定的 MAC 地址,而不使用网卡芯片上的 MAC 地址。

更改完成后,在命令提示符下,再次输入"ipconfig/all"命令就可以看到网卡使用的 MAC 地址变为:34-CF-F6-12-9B-F3。

项目小结

本项目根据 OSI 模型的定义,将网络接入层分为物理层和数据链路层,对这两层提供的服务以及其中涉及的重点标准和技术进行说明。先介绍个物理层的基本概念和数据通信基础知识;再介绍了数据链路层要解决的三个基本问题:封装成帧、透明传输、差错检验;还详细介绍了两种类型的数据链路层,即点到点链路的数据链路层和广播信道的数据链路层,这两种数据链路层的通信机制不一样,使用的协议也不一样。本项目重点介绍了以太网技术的基本原理和实现、共享式以太网和交换式以太网的区别,以及以太网交换机的工作原理。主要内容如下:

- 物理层的主要任务就是确定与传输媒体的接口有关的一些特性,如机械特性、电气特性、功能特性和过程特性。

- 一个数据通信系统可划分为三大部分,即源系统、传输系统和目的系统。源系统包括源点(或源站、信源)和发送器,目的系统包括接收器和终点(或目的站、信宿)。
- 通信的目的是传送消息。如话音、文字、图像、视频等都是消息。数据是运送消息的实体。信号则是数据的电气或电磁的表现。
- 根据信号中代表消息参数的取值方式不同,信号可分为模拟信号(或连续信号)和数字信号(或离散信号)。代表数字信号不同离散数值的基本波形称为码元。根据双方信息交互的方式,通信可以划分为单向通信(或单工通信)、双向交替通信(或半双工通信)和双向同时通信(或全双工通信)。
- PPP 广泛应用于点对点的场合,由 LCP、NCP、PAP 和 CHAP 等协议组成。PPP 的链路建立由三部分组成:链路建立阶段、可选的网络验证阶段、网络层协商阶段。PPP 有 PAP 和 CHAP 两种认证方式。
- 以太网是现在主流的局域网技术,产生于 20 世纪 70 年代。早期的以太网使用同轴电缆这样的共享介质,采用 CSMA/CD 算法来解决对信道的争用和冲突的问题。
- 交换式以太网的核心设备是以太网交换机。交换机的主要功能有地址学习、数据帧的转发/过滤和消除环路。
- 交换机的交换方式有三种:直通式、存储转发式和无碎片式。

拓展阅读

NetWare软件被Windows取代

习 题

1. 单选题

(1)下列哪项有线标准的传输速率最高的是( )。
　　A. 10BASE-T　　　　　　　　B. 100BASE-TX
　　C. 1000BASE-T　　　　　　　D. 10GBASE-T

(2)下列介质连接以太网,信号传输距离最长的是( )。
　　A. 屏蔽双绞线　　　　　　　　B. 非屏蔽双绞线
　　C. 单模光纤　　　　　　　　　D. 多模光纤

(3)二进制数 1101111101001 对应的十六进制是( )。
　　A. 1BE9　　　B. 9EB1　　　C. 14FD　　　D. DF41

(4)双绞线中电缆相互绞合的作用是( )。
　　A. 使线缆更粗　　　　　　　　B. 使线缆更便宜
　　C. 使线缆强度加强　　　　　　D. 减弱噪声

(5)在 PPP 验证中,以下方式采用明文方式传送用户名和密码的是( )。
　　A. PAP　　　B. CHAP　　　C. EPA　　　D. DES

(6)在 CHAP 验证中,敏感信息进行传送的形式是( )。
　　A. 明文　　　B. 加密　　　C. 摘要　　　D. 加密的摘要

(7)在 PPP 中,对验证选项进行协商的协议是( )。
　　A. NCP　　　B. ISDN　　　C. SLIP　　　D. LCP

（8）PC 连接到二层交换机端口时，冲突域有多大？（   ）。
    A．没有冲突域   B．一个交换机端口
    C．一个 VLAN   D．交换机上所有的端口
（9）在二层交换机中转发帧使用的信息是（   ）。
    A．源 MAC 地址   B．目标 MAC 地址
    C．源交换机端口   D．IP 地址
（10）下面不是交换机主要功能的是（   ）。
    A．学习   B．避免冲突   C．三层交换机   D．环路避免
（11）一个单播帧进入交换机的某一端口，如果交换机在 MAC 地址表中查不到关于该帧的目的 MAC 地址的表项，那么交换机对该帧进行的转发操作是（   ）。
    A．丢弃   B．泛洪
    C．点到点转发   D．可能是点到点转发，也可能是丢弃
（12）下面提示符表示交换机现在处于接口视图的是（   ）。
    A．<Switch>   B．[Switch-Vlanif10]
    C．[Switch]   D．[Switch-vlan10]
（13）在第一次配置一台新交换机时，只能采用的方式是（   ）。
    A．通过控制口连接进行配置   B．通过 Telnet 连接进行配置
    C．通过 Web 连接进行配置   D．通过 SNMP 连接进行配置
（14）要在一个接口上配置 IP 地址和子网掩码，正确的命令是（   ）。
    A．[Switch-Vlanif10]ip address 192.168.1.1 24
    B．[Switch]ip address 192.168.1.1 255.255.255.0
    C．[Switch-Vlanif10]ip address 192.168.1.1 netmask 255.255.255.0
    D．[Switch]ip address 192.168.1.1 255.255.255.0
（15）为方便管理员可以通过网络连接交换机进行管理，应该配置 IP 地址的接口是（   ）。
    A．Fastethernet 0/1   B．Console
    C．Line vty 0   D．Vlanif 1

2. 问答题

（1）物理层的接口有哪几个方面的特性？各包含哪些内容？
（2）网络适配器工作在 OSI 参考模型的哪一层？它的作用是什么？
（3）PPP 的主要特点是什么？
（4）比较 PPP 中 PAP 和 CHAP 认证的优缺点？
（5）试说明 10BASE-T 中的"10""BASE""T"所代表的含义。
（6）什么是冲突域？为什么需要分割冲突域？
（7）什么是广播域？
（8）以太网交换机是如何进行"地址学习"的？
（9）假设有人询问 MAC 地址为 00-10-20-30-4f-5d 的主机的位置。如果已经知道该主机连接的交换机，可以使用什么命令来找到它？
（10）交换机如何转发单播数据帧？

项目 4

IP 地址规划与子网划分

4.1 项目背景

升级改造后的腾飞网络公司，拥有 3 000 多个用户节点，但获得的公有 IP 地址却十分有限。管理员小明决定采取公有 IP 地址与私有 IP 地址相结合的 IP 地址分配方案，公有 IP 地址用于对外服务，私有 IP 地址用于内部网络通信。同时，为了方便后期网络管理和数据安全，小明还对内部网络进行了子网划分。

4.2 学习目标

知识目标
◎ 掌握二进制与十进制互相转换的计算方法
◎ 掌握 IP 地址的层次结构和分类
◎ 掌握子网划分的方法
◎ 理解网络掩码的概念与作用
◎ 掌握合并网段的规律
◎ 理解 CIDR 和 VLSM 的概念与作用

能力目标
◎ 能够熟练地划分等长子网
◎ 能够熟练地划分变长子网
◎ 能够灵活地构造超网

素质目标
◎ 树立共享发展理念，实现网络资源效用最大化
◎ 培养责任担当意识和树立团队协作精神
◎ 树立创新意识

4.3 相关知识

网络中的计算机之间通信需要地址，每个网卡有物理层地址（MAC 地址），每台计算机还需要有网络层地址，使用 TCP/IP 通信的计算机网络层地址称为 IP 地址。

为了避免 IP 地址的浪费，需要根据每个网段的计算机数量分配合理的 IP 地址块，有可能需要将一个大的网络分成多个小的子网。当然，如果一个网络中的计算机数量非常多，有可能一个网段的地址块容纳不下，也可以将多个网段合并成一个大的网段，这个大的网段就是超网。

4.3.1 IP 地址预备知识

在 IPv4 网络中，计算机和网络设备接口的 IP 地址由 32 位的二进制数组成。后面学习 IP 地址和子网划分的过程中，需要将二进制数转化成十进制数，或将十进制数转化成二进制数，因此在学习 IP 地址和子网划分之前，需要先学习二进制的相关知识。

二进制是计算技术中广泛采用的一种数制。二进制数据是用 0 和 1 两个数码来表示的数。它的基数为 2，进位规则是"逢二进一"，借位规则是"借一当二"。当前计算机系统使用的基本上都是二进制。

二进制数从右至左每一位的权值分别为 2^0，2^1，2^2，2^3，…，以此类推，因此从二进制转换为十进制的计算方法是用各位二进制数（0 或 1）乘以对应位的权值并求和。

例如，二进制 11100001 对应的十进制数为：

$1 \times 2^7 + 1 \times 2^6 + 1 \times 2^5 + 0 \times 2^4 + 0 \times 2^3 + 0 \times 2^2 + 0 \times 2^1 + 0 \times 2^0$
$= 128 + 64 + 32 + 1 = 225$

二进制和十进制的对应关系见表 4-1，从该表中可以看出，若二进制中的 1 向前移 1 位，则对应的十进制乘以 2。八位二进制当每位全是 1 时值为最大值 255。

表 4-1 二进制和十进制的对应关系

二进制	十进制	二进制	十进制
1	1	11000000	192
10	2	11100000	224
100	4	11110000	240
1000	8	11111000	248
10000	16	11111100	252
100000	32	11111110	254
1000000	64	11111111	255
10000000	128	—	—

因此，也可以使用如下从二进制转换为十进制的计算方法：
11100001=10000000+1000000+100000+1
即 128+64+32+1=225

从十进制数转换为二进制数需要用 2 整除十进制整数，得到一个商和余数；再用 2 去除商，又会得到一个商和余数，如此重复，直到商为小于 1 时为止，然后把先得到的余数作为二进制数的低位有效位，后得到的余数作为二进制数的高位有效位，以此排列起来。

鉴于 32 位 IP 地址每一段转换为十进制数后，数值都不会大于 255，因此我们也可以通过如下步骤执行十进制数到二进制数的转换。

步骤 1：判断十进制是否大于等于 128，如是，则在二进制的第 8 位即最左侧那一位上写"1"，然后把这个数减去 128；如否，则在二进制的第 8 位上写"0"，保持这个数不变。

步骤 2：判断十进制是否大于等于 64，如是，则在二进制的第 7 位上写"1"，然后把这个数减去 64；如否，则在二进制的第 7 位上写"0"，保持这个数不变。

步骤 3：判断十进制是否大于等于 32，如是，则在二进制的第 6 位上写"1"，然后把这个数减去 32；如否，则在二进制的第 6 位上写"0"，保持这个数不变。

步骤 4：判断十进制是否大于等于 16，如是，则在二进制的第 5 位上写"1"，然后把这个数减去 16；如否，则在二进制的第 5 位上写"0"，保持这个数不变。

步骤 5：判断十进制是否大于等于 8，如是，则在二进制的第 4 位上写"1"，然后把这个数减去 8；如否，则在二进制的第 4 位上写"0"，保持这个数不变。

步骤 6：判断十进制是否大于等于 4，如是，则在二进制的第 3 位上写"1"，然后把这个数减去 4；如否，则在二进制的第 3 位上写"0"，保持这个数不变。

步骤 7：判断十进制是否大于等于 2，如是，则在二进制的第 2 位上写"1"，然后把这个数减去 2；如否，则在二进制的第 2 位上写"0"，保持这个数不变。

步骤 8：判断十进制是否大于等于 1，如是，则在二进制的第 1 位上写"1"；如否，则在二进制的第 1 位上写"0"，保持这个数不变。

用这种方法计算 225 的二进制数过程如下：
- 255>128，225-128=97，第 8 位为 1；
- 97>64，97-64=33，第 7 位为 1；
- 33>32，33-32=1，第 6 位为 1；
- 1<16，第 5 位为 0；
- 1<8，第 4 位为 0；
- 1<4，第 3 位为 0；
- 1<2，第 2 位为 0；
- 1=1，第 1 位为 1。

因此十进制数 225 对应的二进制数为 11100001。

4.3.2 IP 地址

如果把整个互联网看成一个单一的、抽象的网络，IP 地址就是给互联网中的每一台主机分配的一个全世界范围内唯一的 32 位二进制的标识符。IP 地址用来定位网络中的计算机和网络设备，现由互联网名称与数字地址分配机构（Internet Corporation for Assigned

视频
IP管理及企业网IP地址规划

Names and Numbers，ICANN）进行统一规划和分配。

1. MAC 地址和 IP 地址

计算机的网卡有物理层地址（MAC 地址），为什么还需要 IP 地址呢？

IP 地址和 MAC 地址之间分工明确，默契合作，完成通信过程。在数据通信时，IP 地址专注于网络层，网络层设备（如路由器）根据 IP 地址，将数据包从一个网络传递转发到另外一个网络上；而 MAC 地址专注于数据链路层，数据链路层设备（如交换机）根据 MAC 地址，将一个数据帧从一个节点传送到相同链路的另一个节点上。IP 地址和 MAC 地址这种映射关系由地址解析协议（address resolution protocol,ARP）完成，ARP 根据目的 IP 地址，找到中间节点的 MAC 地址，通过中间节点传送，从而最终到达目的网络。

MAC 地址和 IP 地址的作用如图 4-1 所示，网络中有三个网段，每台交换机有一个网段，使用两台路由器连接这三个网段。

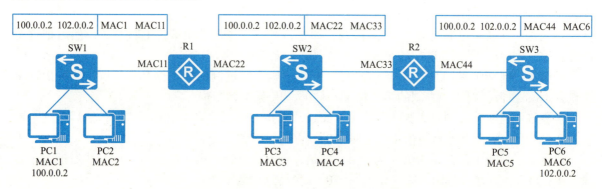

图4-1　MAC地址和IP地址的作用

假设 PC1 给 PC6 发送一个数据包，PC1 会在网络层给数据包添加源 IP 地址（100.0.0.2）和目标 IP 地址（102.0.0.2）。该数据包要想到达 PC6，要经过 R1 转发，该数据包如何才能让 SW1 转发到 R1 呢？那就需要在数据链路层添加 MAC 地址：源 MAC 地址为 PC1 的 MAC 地址 MAC1，目标 MAC 地址为 R1 同 SW1 相连接口的 MAC 地址 MAC11。

R1 收到该数据包，需要将该数据包转发到 R2，这就要求将数据包重新封装成帧：帧的目标 MAC 地址是 MAC33，源 MAC 地址是 MAC22。这也要求重新计算帧校验序列。

数据包到达 R2 后，要再次封装：目标 MAC 地址为 MAC6，源 MAC 地址为 MAC44。SW3 将该帧转发给 PC6。

从图 4-1 可以看出，数据包的目标 IP 地址决定了数据包最终到达哪一台计算机，而目标 MAC 地址决定了该数据包下一跳由哪台设备接收，但不一定是终点。

如果全球计算机网络是一个大的以太网，那就不需要使用 IP 地址通信了，只使用 MAC 地址就可以了。大家想想那将是一个什么样的场景？一台计算机发广播帧，全球计算机都能收到，都要处理，整个网络的带宽将会被广播帧耗尽。所以，必须要有路由器来隔绝以太网的广播，路由器默认不转发广播帧，只负责在不同的网络间转发数据包。

2. IP 地址的组成

和电话号码的区号一样,IP 地址由两部分组成:一部分为网络号,另一部分为主机号,如图 4-2 所示。同一网段计算机的 IP 地址，其网络号相同。路由器连接不同网段，负责不同网段之间的数据转发，交换机则连接同一网段的主机。

SW1
R1
SW2
100.0.0.1
101.0.0.1
100.0.0.2
100.0.0.3
101.0.0.2
101.0.0.3
100网段
网络号
主机号
101网段

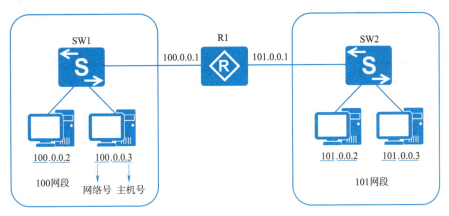

图4-2　IP地址的组成

一台计算机在和其他计算机通信之前，首先要判断目标 IP 地址和自己的 IP 地址是否在同一网段，这决定了数据链路层的目标 MAC 地址是目标计算机的 MAC 地址还是路由器接口的 MAC 地址。

3. IP 地址的格式

IP 地址是 32 位的二进制代码，包含了网络号和主机号两个独立的信息段，网络号用来标识主机或路由器所连接到的网络，主机号用来标识该主机或路由器。为了提高可读性，通常将 32 位 IP 地址中的每 8 位用其等效的十进制数字表示，并且在这些数字之间加上一个点。此种标记 IP 地址的方法称为点分十进制记法。IP 地址的格式如图 4-3 所示，可以看出，IP 地址每一段的范围是 0~255。

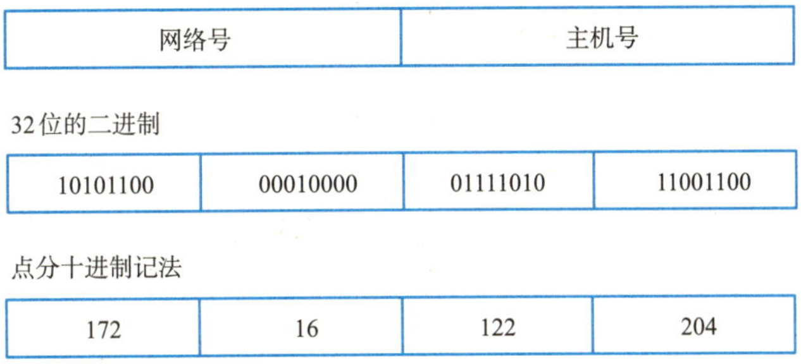

网络号
主机号
32位的二进制
10101100
00010000
01111010
11001100
点分十进制记法
172
16
122
204

图4-3　IP地址的格式

4.3.3　IP 地址详解

1. 分类的 IP 地址

所谓“分类的 IP 地址”就是将 IP 地址中的网络位和主机位固定下来，分别由两个固定长度的字段组成，左边的部分指示网络，右边的部分指示主机。根据固定的网络号位数和主机号位数的不同，IP 地址被分成了 A 类、B 类、C 类、D 类和 E 类。其中 A 类、B 类和 C 类地址是最常用的。

IP 地址的分类如图 4-4 所示，A 类、B 类和 C 类地址的网络号分别为 8 位、16 位和 24 位，其最前面的 1~3 位数值分别规定为 0、10 和 110。其主机号分别为 24 位、16 位和 8 位。A 类网络容纳的主机数最多，B 类和 C 类网络所容纳的主机数相对较少。D 类和 E 类地址也被定义，D 类地址的前 4 位为 1110，用于多播地址；E 类地址的前 4 位为 1111，留作试验使用（备用地址）。

图4-4　IP地址的分类

2. 特殊的 IP 地址

除了以上介绍的各类 IP 地址，还有一些特殊的 IP 地址。下面介绍一些比较常见的特殊 IP 地址。

- 环回地址：127 网段的所有地址都称为环回地址，主要用来测试网络协议是否正常工作。比如，使用 ping 127.1.1.1 就可以测试本地 TCP/IP 是否已经正确安装。
- 0.0.0.0：该地址用来表示所有不清楚的主机和目的网络。这里的不清楚是指本机的路由表里没有特定条目指明如何到达。
- 255.255.255.255：该地址是受限的广播地址，对本机来说，这个地址指本网段内（同一个广播域）的所有主机。在任何情况下，路由器都会禁止转发目的地址为受限的广播地址的数据包，这样的数据包只出现在本地网络中。
- 直接广播地址：通常，网络中的最后一个地址为直接广播地址，也就是主机位全为 1 的地址，主机使用这种地址将一个 IP 数据报文发送到本地网段的所有设备上，路由器会转发这种数据包到特定网络上的所有主机。
- 网络号全为 0 的地址：当某个主机向同一网段上的其他主机发送报文时就可以使用这样的地址，分组也不会被路由器转发。比如，120.12.12.0/24 这个网络中的一台主机 120.12.12.100/24 在与同一网络中的另一台主机 120.12.12.8/24 通信时，目的地址可以是 0.0.0.8。
- 主机号全为 0 的地址：该地址是网络地址，它指向本网，表示的是"本网络"，路由表中经常出现主机号全为 0 的地址。

3. 公网地址和私网地址

（1）公网地址

在 Internet 上的每一台主机，都需要使用 IP 地址进行通信，这就要求接入 Internet 的各个国家的各级 ISP 使用的 IP 地址块不能冲突，因此需要进行统一的地址规划和分配。这些统一规划和分配的、全球唯一的地址被称为"公网地址（public address）"。

公网地址分配和管理由 ICANN 负责，各级 ISP 使用的公网地址都需要向 ICANN 提出申请，由 ICANN 统一发放，这样就能确保地址块不冲突。

正是因为 IP 地址是统一规划、统一分配的，所以我们只要知道 IP 地址，就能很方便地查到该地址是哪个城市的哪个 ISP。如果你的网站遭到了来自某个地址的攻击，通过以下方式就可以知道攻击者所在的城市和所属的运营商。

比如我们想知道淘宝网站在哪个城市的哪个 ISP 机房。可以先在命令提示符下 ping 该网站的域名，解析出该网站的 IP 地址，如图 4-5 所示。然后在百度中查找淘宝网站 IP 地址所属的运营商和所在位置，如图 4-6 所示。

图4-5 查看网站的IP地址

图4-6 查看IP地址所属的运营商和所在位置

（2）私网地址

IP 地址中，还存在三个地址段，它们只在机构内部有效，不会被路由器转发到公网中。这些 IP 地址被称为专用地址或者私有地址。专用地址只能用于一个机构的内部通信，而不能用于和互联网上的主机通信。使用专用地址的私有网络接入 Internet 时，要使用地址转换技术，将私有地址转换成公用合法地址。这些私有地址如下：

- A 类地址中的 10.0.0.0~10.255.255.255
- B 类地址中的 172.16.0.0~172.31.255.255
- C 类地址中的 192.168.0.0~192.168.255.255

相对应地，其余的 A、B、C 类地址称为公网地址或者合法地址，可以在互联网上使用，即可被互联网上的路由器所转发。

4.3.4 子网划分

1. 子网划分和子网掩码

视频
子网划分与VLSM

在早些时候,许多 A 类地址都被分配给大型服务提供商和组织,B 类地址被分配给大型公司或其他组织,至 20 世纪 90 年代,还在分配 C 类地址,但这样分配的结果是大量的 IP 地址被浪费掉。如果一个网络内的主机数量没有地址类中规定的多,那么多余的部分将不能再被使用。另外,如果一个网络内包含的主机数量过多(例如一个 B 类网络中最大主机数是 65 534),而又采取以太网的组网形式,则网络内会有大量的广播信息存在,从而导致网络拥塞。

IETF 在 RFC 950 和 RFC 917 中针对简单的两层结构 IP 地址所带来的日趋严重的问题提出了解决方法,这个方法称为子网划分,即允许将一个自然分类的网络划分为多个子网(subnet)。

如图 4-7 所示,子网划分的方法是从 IP 地址的主机号部分借用若干位作为子网号,剩余的位作为主机号。这意味着用于主机的位减少,所以子网越多,可用于定义主机的位越少。划分子网后,两级 IP 地址就变为包括网络号、子网号和主机号的三级 IP 地址。这样,拥有多个物理网络的机构可以将所属的物理网络划分为若干个子网。

图4-7　子网划分的方法

子网划分使得 IP 网络和 IP 地址出现多层次结构,这种层次结构便于 IP 地址的有效利用和分配与管理。

只根据 IP 地址本身无法确定子网号的长度。为了把主机号与子网号区分开,就必须使用子网掩码(subnet mask)。子网掩码的形式和 IP 地址一样,也是长度为 32 位的二进制数,由一串二进制 1 和跟随的一串二进制 0 组成,如图 4-8 所示。子网掩码中的 1 对应于 IP 地址中的网络号和子网号,子网掩码中的 0 对应于 IP 地址中的主机号。

图4-8　IP地址及子网掩码

将子网掩码和 IP 地址进行逐位逻辑与(AND)运算后,就能得出该 IP 地址的子网地址。习惯上子网掩码有以下两种表示方式。

- 点分十进制表示法:与 IP 地址类似,将二进制的子网掩码化为点分十进制的数字来表示。例如子网掩码 11111111 11111111 00000000 00000000 可以写成 255.255.0.0。
- 位数表示法:也称为斜线表示法,即在 IP 地址后面加上一个斜线"/",然后写上子网掩码中二进制 1 的个数。例如子网掩码 11111111 11111111 00000000 00000000 可以表示为 /16。

事实上，所有的网络都必须有一个掩码。如果一个网络没有划分子网，那么该网络使用默认掩码。由于 A、B、C 类地址中网络号和主机号所占的位数是固定的，所以 A 类地址的默认掩码为 255.0.0.0，B 类地址的默认掩码为 255.255.0.0，C 类地址的默认掩码为 255.255.255.0。

2. 等长子网划分示例

等长子网划分就是将一个网段分成多个相等的网段，划分后的网段使用相同的子网掩码。要划分等长子网，主要是确定相应的子网掩码，建议按以下步骤进行。

- 将要划分的子网数目转换为。如要划分 8 个子网，$8=2^3$。
- 取上述要划分子网数的幂。如，即 $m=3$。
- 取上一步确定的幂 m 按高序占用主机地址 m 位后确定子网掩码。如果 $m=3$，占用主机地址的高序位即为 11100000，转换为十进制为 224。若要划分的是 C 类网络，则子网掩码是 255.255.255.224；若要划分的是 B 类网络，则子网掩码是 255.255.224.0；若要划分的是 A 类网络，则子网掩码是 255.224.0.0。

例如，要将一个 C 类网络 192.9.100.0 划分成四个子网，按照以上步骤：取的幂，则占用主机地址的高序位即为 11000000，转换为十进制为 192。这样就可确定该子网掩码为 255.255.255.192，四个子网的 IP 地址范围分别为：

11000000 00001001 01100100 **00**000000 ～ 11000000 00001001 01100100 **00**111111
192.9.100.0 ～ 192.9.100.63

11000000 00001001 01100100 **01**000000 ～ 11000000 00001001 01100100 **01**111111
192.9.100.64 ～ 192.9.100.127

11000000 00001001 01100100 **10**000000 ～ 11000000 00001001 01100100 **10**111111
192.9.100.128 ～ 192.9.100.191

11000000 00001001 01100100 **11**000000 ～ 11000000 00001001 01100100 **11**111111
192.9.100.192 ～ 192.9.100.255

以上规律即等长子网划分规律，如图 4-9 所示，IP 地址 192.9.100.0～192.9.100.63 都属于子网 192.9.100.0/26，IP 地址 192.9.100.64～192.9.100.127 都属于子网 192.9.100.64/26，IP 地址 192.9.100.128～192.9.100.191 都属于子网 192.9.100.128/26，IP 地址 192.9.100.192～192.9.100.255 都属于子网 192.9.100.192/26。

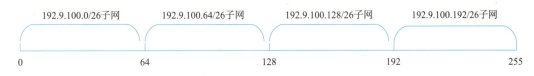

图4-9 等长子网划分规律

注意：

每个子网的第一个地址都是本子网的网络地址，最后一个地址都是本子网的广播地址，不能分配给计算机使用。如上述示例中第二个子网的第一个地址 192.9.100.64 用来表示本子网的网络地址，最后一个 IP 地址 192.9.100.127 表示本子网的广播地址。

3. 变长子网划分与可变长子网掩码

虽然对网络进行子网划分的方法可以对 IP 地址结构进行有价值的扩充，但是仍然要受到一个基本的限制：整个网络只能有一个子网掩码，这意味着各子网内的主机数完全相等。但是，在现实世界中，不同的组织对子网的要求是不一样的，如果在整个网络中一致地使用同一个子网掩码，在许多情况下会浪费大量 IP 地址。

可变长子网掩码（variable length subnet mask, VLSM）规定了如何使用多个子网掩码划分子网。使用 VLSM 技术，同一 IP 网络可以划分为多个子网并且每个子网可以有不同的大小。

VLSM 实际上是一种多级子网划分技术。

VLSM 的应用如图 4-10 所示，某公司有两个主要部门：市场部和技术部，其中技术部又分为硬件部和软件部。该公司申请到了一个完整的 C 类 IP 地址段 210.31.233.0，子网掩码为 255.255.255.0，为了便于管理，该公司使用 VLSM 技术将原主类网络划分为两级子网。市场部分得了一级子网中的第一个子网 210.31.233.0/25；技术部分得了一级子网中的第二个子网 210.31.233.128/25，对该子网又进一步划分，得到了两个二级子网：210.31.233.128/26 和 210.31.233.192/26，这两个二级子网分别分配给了硬件部和软件部。在实际工程实践中，可以进一步将网络划分成三级或更多级子网。

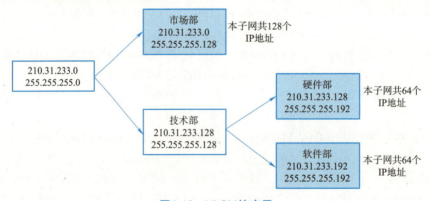

图4-10　VLSM的应用

VLSM 使网络管理员能够按子网的具体需要定制子网掩码，从而使一个组织的 IP 地址空间能够被更有效地利用。

4. 子网划分注意事项

子网划分需要注意以下两点。

① 将一个网络等分成两个子网，每个子网肯定是原来的一半。

假如你的领导让你将 192.168.1.0/24 分成两个网段，要求一个子网能够放 140 台主机，另一个子网能够放 60 台主机，你能满足领导提出的要求吗？

从计算机数量来说总数没有超过 254 台，该 C 类网络能够容纳这些地址，但当我们把该 C 类网络划分成两个子网后，却发现每个子网的容量最大只有 126 台，因此 140 台计算机在这两个子网中都不能容纳，因此领导的要求不能实现。

② 子网地址范围不可重叠。

如果将一个网段划分成多个子网，那么这些子网地址空间不能重叠。

例如，将 192.168.1.0/24 划分成三个子网：子网 1 192.168.1.0/25、子网 2 192.168.1.128/25 和子网 3 192.168.1.64/26，子网 1 和子网 3 的地址就会发生重叠，如图 4-11 所示。

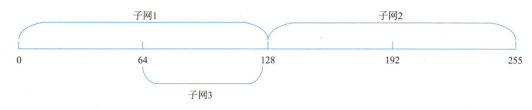

图4-11　子网地址重叠

5. 判断 IP 地址所属网段示例

通过前面的学习已经知道，IP 地址中主机位归 0 后的 IP 地址，就是该主机所在的网段的网络地址。

例如，对于 IP 地址 192.168.1.102/27，请判断该地址所属的子网。

首先通过该 IP 地址 192.168.1.102 的第一位 192 可以判断该 IP 地址是 C 类地址，其默认子网掩码为 24 位，而现在的子网掩码是 27 位，这就相当于从主机位借了 3 位作为子网号，因此 C 类网络的 8 位主机位现在变成了 5 位，判断 IP 地址所属的子网如图 4-12 所示。十进制的 102 用二进制表示为 0110 0110，其中前 3 位 011 为网络位，把后 5 位主机位归 0，即 0110 0000（十进制为 96），那么 192.168.1.96 即为 IP 地址 192.168.1.102 所属的网络地址，也就是说，IP 地址 192.168.1.102 所属的子网是 192.168.1.96。

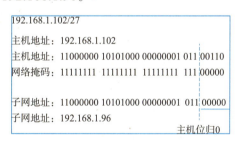

图4-12　判断IP地址所属的子网

4.3.5　构造超网的方法

子网划分是将一个网络的部分主机位当作网络位来划分出多个子网。其实也可以将多个网段合并成一个大的网段，这个更大的网段称为超网。

1. 构造超网

某企业有一个网段，该网段有 200 台计算机，使用 192.168.0.0/24 网段，后来企业因业务发展，计算机数量增加到 400 台。这样，显然一个 C 类网段已经不够用了，那么，首先想到的是再增加一个 C 类网络，来容纳新增的计算机。可以为该网络再添加一台交换机，来扩展网络的规模，如图 4-13 所示，网络内的主机 IP 地址在两个网段，一个 C 类 IP 地址不够用，就再添加一个 C 类 IP 地址 192.168.1.0/24。

在图 4-13 所示的网络中，这些计算机物理上在一个网段，但是 IP 地址却没在一个网段，即逻辑上不在一个网段，那么如果想让这些计算机之间能够通信，可以在路由器的接口添加这两个 C 类网络的地址作为这两个网段的网关。但是在这种情况下，这些本来物理上在一个网段的计算机之间进行通信，就需要路由器转发，可见效率不高。

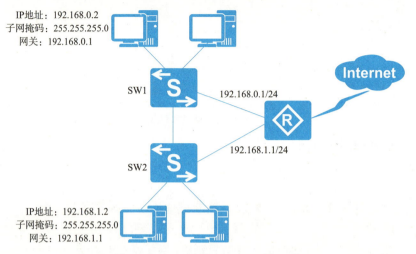

图4-13　网络内的主机IP地址在两个网段

有没有更好的办法可以让这两个 C 类网段的计算机被认为是在一个网段呢？方法就是将 192.168.0.0/24 和 192.168.1.0/24 这两个 C 类网络进行合并。如图 4-14 所示，首先，将这两个网段的 IP 地址的第 3 部分和第 4 部分写成二进制，可以看到，只要将子网掩码往左移动 1 位（即子网掩码第 3 部分的最后一位由 1 变为了 0），那么两个网段的网络部分看起来就一样了，也就是两个网段在一个网段了。

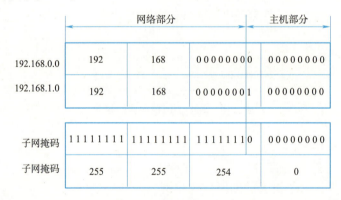

图4-14　合并两个网络

合并后的超网为 192.168.0.0/23，子网掩码写成十进制为 255.255.254.0，可用地址为 192.168.0.1~192.168.1.254，合并后超网的 IP 地址和路由器接口的地址配置，如图 4-15 所示。可见，这种方法的本质是通过把 1 位网络位用作主机位实现了网络的扩容。

合并之后，IP 地址 192.168.0.255/23 就可以给计算机使用了。你也许觉得该地址的主机位好像全部是 1，不能给计算机使用，但实际上这个 IP 地址的主机位并非全是 1，因为在这个网址中，主机位是最后 9 位而非最后 8 位，确定是否为广播地址的方法如图 4-16 所示。

项目 4　IP 地址规划与子网划分

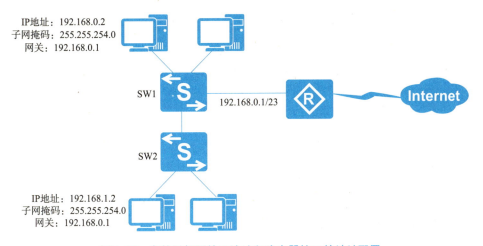

图4-15　合并后超网的IP地址和路由器接口的地址配置

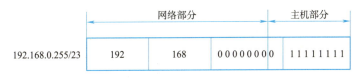

图4-16　确定是否为广播地址的方法

> **注意：**
> 网络掩码往左移1位，能够合并两个连续的网段，但不是任何两个连续的网段都能合并。

2. 构造超网的规律

前面讲了子网掩码往左移动1位，能够合并两个连续的网段，但不是任何两个连续的网段都能够通过把子网掩码向左移动1位而合并成一个网段。

比如 192.168.1.0/24 和 192.168.2.0/24 就不能向左移动1位网络掩码合并成一个网段。通过将这两个网段的第3部分和第4部分写成二进制就能够看出来。如图 4-17 所示，向左移动1位子网掩码，这两个网段的网络部分还是不相同，说明不能合并成一个网段。

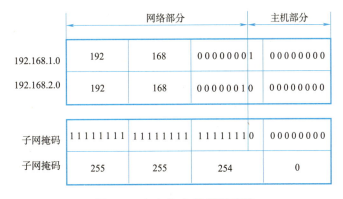

图4-17　向左移动1位子网掩码

这种情况下，要想将它们合并成一个网段，网络掩码就要向左移动2位，但如果移动2位，

107

其实就是合并了四个网段，如图4-18所示。

	网络部分			主机部分
192.168.0.0	192	168	00000000	00000000
192.168.1.0	192	168	00000001	00000000
192.168.2.0	192	168	00000010	00000000
192.168.3.0	192	168	00000011	00000000
子网掩码	11111111	11111111	11111100	00000000
子网掩码	255	255	252	0

图4-18　向左移动2位子网掩码

由此我们可以得出，对于要合并的两个连续的网络，如果第一个网段的网络号写成二进制后的最后一位是 0，则这两个网段就能合并。例如，对于两个连续的网段 132.100.31.0/24 和 132.100.32.0/24，由于其第一个网段的网络号 31 除以 2 余 1，即不能被 2 整除，所以这两个网段不能通过左移 1 位子网掩码合并成一个网段。又比如，对于两个连续的网段 132.100.142.0/24 和 132.100.143.0/24，由于其第一个网段的网络号 142 除 2 余 0，即可以被 2 整除，所以这两个网段可以通过左移 1 位子网掩码合并成一个网段。

同理，如果要合并四个连续的网段，只要第一个网段的网络号写成二进制后的最后两位是 00，也就是第一个网段的网络号能够被 4 整除，这四个连续网段就能通过左移 2 位子网掩码的方法进行合并。

由此我们可以得出，如果要合并 2^m 个连续的网段，只要第一个网段的网络号写成二进制后的最后 m 位是 0，也就是第一个网段的网络号能够被整除，这 2^m 个连续网段就能通过左移 m 位子网掩码的方法进行合并。

3. 无类域间路由和路由聚合

使用 VLSM 可进一步提高 IP 地址资源的利用率。在 VLSM 的基础上又进一步研究出无分类编址方法，即无类域间路由（classless Inter-domain routing,CIDR）。

CIDR 消除了传统的 A 类、B 类和 C 类地址以及划分子网的概念，因而可以更加有效地分配 IPv4 的地址空间。

CIDR 使用各种长度的网络前缀来代替分类地址中的网络号和子网号。CIDR 使 IP 地址从三级编址又回到了两级编址。CIDR 使用斜线记法，又称为 CIDR 记法，即在 IP 地址后面加上一个斜线"/"，然后写上网络前缀所占的比特数（这个数值对应于三级编址的二进制子网掩码中 1 的个数）。

CIDR 将网络前缀都相同的 IP 地址组成 "CIDR 地址块"，如 128.14.32.0/20 表示的地址块共有 4 096 个地址（因为斜线后面的 20 是网络前缀的位数，所以主机号的位数是 12）。

128.14.32.0/20 地址块的最小地址是 128.14.32.0，最大地址是 128.14.47.255。

由于一个 CIDR 地址块中有很多地址，所以在路由表中就利用 CIDR 地址块来查找目的网络。这种地址的聚合常称为路由聚合（route aggregation），它使得路由表中的一个条目可以表示原来传统分类地址的很多个（例如上千个）路由。路由聚合也称为构成超网。若没有采用 CIDR，则在 1994 年和 1995 年，互联网的一个路由表就会超过 7 万个条目；而使用了 CIDR 后，在 1996 年一个路由表的条目数才只有 3 万多个。路由聚合有利于减少路由器之间的路由选择信息的交换，从而提高了整个互联网的性能。

在互联网络中使用路由聚合如图 4-19 所示。路由聚合允许路由协议将多个网络用一个地址来进行通告，从而减少存储和处理路由时需要占用的资源（CPU 和内存资源）。路由聚合还可以节省网络带宽，因为需要发送的通告更少。

图4-19　在互联网中使用路由聚合

4. 判断一个网段是子网还是超网

通过左移子网掩码可以合并多个网段构造超网，通过右移子网掩码可以将一个网段划分成多个子网。如果要判断一个网段是子网还是超网，首先要看该网段是 A 类网络、B 类网络还是 C 类网络，然后再将该网络的子网掩码的长度与对应类别网络的默认子网掩码的长度进行比较，若该网段的子网掩码和默认子网掩码一样长，则该网段是主类网络；若该网段的子网掩码比默认子网掩码长，则是子网，比默认子网掩码短则是超网。

比如，对于网段 10.0.0.0/16，首先，其 IP 地址的第 1 部分为 10（即二进制的 00001010），其最高位为 0，可知它是 A 类网络；该网段的子网掩码为 16 位，位数大于 A 类网络子网掩码默认的 8 位，可知该网段是 A 类网络的一个子网。

对于网段 200.0.0.0/16，首先，其 IP 地址的第 1 部分为 200（即二进制的 11011100），其最高 3 位为 110，可知它是 C 类网络；该网段的子网掩码为 16 位，位数少于 C 类网络子网掩码默认的 24 位，可知该网段是 C 类网络的一个超网，这个超网合并了 200.0.0.0/24~200.0.255.0/24 共 256 个 C 类网络。

对于网段 172.16.0.0/16，其 IP 地址的第 1 部分为 172（即二进制的 10101100），其最高 2 位为 10，可知它是 B 类网络；该网段的子网掩码为 16 位，位数等于 B 类网络子网掩码默认的 16 位，可知该网段既不是子网也不是超网，而是主类网络。

4.4 【任务1】二进制数和十进制数的相互转换

4.4.1 任务描述

公司网络管理员在日常工作中，经常会设置或者修改计算机（或网络设备接口）的 IPv4 地址（或子网掩码）。在 IPv4 网络中，计算机和网络设备接口的 IP 地址由 32 位的二进制数组成，也可用点分十进制的表示方法。例如，网络地址的计算以及子网划分，都需要用到二进制数和十进制数之间的转换，因此，网络管理员必须掌握这些知识。

4.4.2 任务分析

作为网络管理员，要能够在二进制数和十进制数之间熟练进行互相转换。例如，要将二进制数 11001010 转换为十进制数，将十进制数 248 转换为二进制，具体转换步骤如以下任务实施。

4.4.3 任务实施

1. 二进制数 11001010 转换为十进制数

11001010=10000000+1000000+1000+10，因此 11001010 对应的十进制数是：
128+64+8+2=202

2. 十进制数 248 转换为二进制数

十进制数转换为二进制数前面介绍了两种方法，这里采用第一种方法，计算过程如下：

248÷2=124……0
124÷2=62……0
62÷2=31……0
31÷2=15……1
15÷2=0……1
7÷2=3……1
3÷2=1……1
1÷2=0……1

将计算过程所得的余数按照从低到高依次排列，即可得到 248 对应的二进制数 11111000。

4.5 【任务2】企业网子网划分

4.5.1 任务描述

公司的技术部又被分为四个小组：硬件组、软件组、培训组和运维组，每个组不超过 50 台主机。小明为这个部门分配了一个完整的 C 类地址段 192.168.2.0/24，为了让该部门的每个小组获得一个网段地址，需要进一步进行子网划分。

4.5.2 任务分析

要将 C 类网络 192.168.2.0 划分成 4 个子网，由于每个子网的地址数量不超过 50，小明采用了等长子网划分的方式。具体划分步骤如以下任务实施。

4.5.3 任务实施

1. 计算子网掩码

若要划分四个子网，需要从主机位（共 8 位）借两位作为子网号：00、01、10、11，因此子网掩码就是：11111111 11111111 11111111 11000000，用点分十进制表示为：255.255.255.192。

2. 确定划分后的子网地址

划分完子网之后，每个网络内最多可容纳的主机数为 2^6-2（62）台，能够满足技术部四个小组的需求。

每个子网的地址及分配见表 4-2。

表 4-2　子网的地址及分配

技术部小组	地址范围	子网地址	广播地址
硬件组	192.168.2.00 000000 ~ 192.168.2.00 111111 192.168.2.0 ~ 192.168.2.63	192.168.2.0	192.168.2.63
软件组	192.168.2.01 000000 ~ 192.168.2.01 111111 192.168.2.64 ~ 192.168.2.127	192.168.2.64	192.168.2.127
培训组	192.168.2.10 000000 ~ 192.168.2.10 111111 192.168.2.128 ~ 192.168.2.191	192.168.2.128	192.168.2.191
运维组	192.168.2.11 000000 ~ 192.168.2.11 111111 192.168.2.192 ~ 192.168.2.255	192.168.2.192	192.168.2.255

项目小结

每一位致力于投身网络技术相关行业的人都应该熟练掌握十进制和二进制的互相转换方法、IPv4 地址和网络掩码的表示方法、可变长子网掩码技术和无类域间路由的概念，以及根据需求划分子网、分配网络地址的方法。本项目的内容是重点，包括以下几个方面。

- IP 地址是一个 32 位长的二进制数，为了提高可读性，通常将 32 位 IP 地址中的每 8 位用其等效的十进制数字表示，并且在这些数字之间加上一个点。此种标记 IP 地址的方法称为点分十进制记法。
- 一个 IP 地址在整个互联网范围内是唯一的。分类的 IP 地址包括 A 类、B 类和 C 类地址（单播地址），以及 D 类地址（多播地址）。E 类地址未使用。
- 分类的 IP 地址由网络号字段（指明网络）和主机号字段（指明主机）组成。网络号字段最前面的类别位指明 IP 地址的类别。
- IP 地址是一种分等级的地址结构。IP 地址管理机构在分配 IP 地址时只分配网络号，而主机号则由得到该网络号的单位自行分配。路由器仅根据目的主机所连接的网络号来转发分组。
- IP 地址标志一台主机（或路由器）和一条链路的接口。由于一个路由器至少应当连接两个网络，因此一个路由器至少应当有两个不同的 IP 地址。
- 物理地址（即硬件地址）是数据链路层和物理层使用的地址，而 IP 地址是网络层和以上各层使用的地址，是一种逻辑地址（用软件实现的），在数据链路层看不见数据报的 IP 地址。在互联网中，我们无法仅根据硬件地址寻找到在某个网络上的某台主机。因此，从 IP 地址到硬件地址的解析是非常必要的。
- 等长子网划分就是将一个网络划分成多个等长的网段，所有子网具有相同的子网掩码，适用于网段内主机数量相同的场景；变长子网划分是将一个网络划分成多个不等长的网段，子网具有不同的子网掩码，适用于网段内主机数量不同的场景。

- 无类域间路由选择（CIDR）是解决目前IP地址紧缺的一个好方法。CIDR记法把IP地址后面加上斜线"/"，然后写上前缀所占的位数。前缀（或网络前缀）用来指明网络，前缀后面的部分是后缀，用来指明主机。CIDR把前缀都相同的连续的IP地址组成一个"CIDR地址块"。IP地址的分配都以CIDR地址块为单位。
- CIDR的32位地址掩码（或子网掩码）由一串1和一串0组成，而1的个数就是前缀的长度。只要把IP地址和地址掩码逐位进行"逻辑与（AND）"运算，就很容易得出网络地址。A类地址的默认地址掩码是255.0.0.0，B类地址的默认地址掩码是255.255.0.0，C类地址的默认地址掩码是255.255.255.0。
- 路由聚合（把许多前缀相同的地址用一个来代替）有利于减少路由表中的项目，减少路由器之间的路由选择信息的交换，从而提高了整个互联网的性能。

拓展阅读
IP地址的共享——NAT技术

习 题

1. 单选题

（1）在IPv4中，组播地址是（　　）。
　　A. A类　　　　　B. B类　　　　　C. C类　　　　　D. D类

（2）下列关于IPv4地址的说法错误的是（　　）。
　　A. IPv4地址目前多采用无类编址的方式
　　B. IPv4地址是采用点分十进制法表示的
　　C. IPv4提供了十分充足的网络地址资源
　　D. IPv4的32位地址分为网络位和主机位

（3）下列关于子网掩码的说法正确的是（　　）。
　　A. 子网掩码与IP地址长度无关
　　B. 子网掩码与IP地址执行AND的运算结果为该地址的主机位
　　C. 在二进制网络掩码中，数字0无论如何不会出现在数字1左侧
　　D. 子网掩码网络位和主机位必须以字节为界

（4）把IP地址 11000000 10101000 01000000 00001000 转换为十进制格式，以下正确的是（　　）。
　　A. 192.168.64.8　　　　　　　　B. 192.168.84.10
　　C. 192.168.84.8　　　　　　　　D. 192.168.64.10

（5）19位子网掩码的网络中可以包含主机数是（　　）。
　　A. 81 894 台　　B. 8 192 台　　C. 8 190 台　　D. 8 188 台

（6）/27用点分十进制表示是（　　）。
　　A. 255.255.255.0　　　　　　　B. 255.255.224.0
　　C. 255.255.255.224　　　　　　D. 255.255.0.0

（7）地址 192.168.37.62/26 属于（　　）。
　　A. 192.168.37.0　　　　　　　　B. 255.255.255.192
　　C. 192.168.37.64　　　　　　　　D. 192.168.37.32

（8）某主机的 IP 地址是 200.80.77.55，子网掩码为 255.255.252.0，该主机向所在子网发送广播报文，则目的 IP 地址应该是（   ）。

  A．200.80.76.0   B．200.80.76.255

  C．200.80.77.255   D．200.80.79.255

（9）主机地址 192.168.190.55/27 对应的广播地址是（   ）。

  A．192.168.190.59   B．255.255.190.55

  C．192.168.190.63   D．192.168.190.0

（10）要使 192.168.0.94 和 192.168.0.116 不在同一网段，则它们使用的子网掩码不可能是（   ）。

  A．255.255.255.192   B．255.255.255.224

  C．255.255.255.240   D．255.255.255.248

（11）给定地址 10.1.138.0/27、10.1.138.64/27 和 10.1.138.32/27，下面是最佳汇总地址的是（   ）。

  A．10.0.0.0/8   B．10.1.0.0/16

  C．10.1.138.0/24   D．10.1.138.0/25

（12）IP 地址中的网络部分用来识别（   ）。

  A．路由器   B．主机   C．网卡   D．网段

（13）以下网络是私网地址的是（   ）。

  A．192.178.32.0/24   B．128.168.32.0/24

  C．172.13.32.0/24   D．192.168.32.0/24

（14）网络 100.21.136.0/22 中最多可用的 IP 地址数是（   ）。

  A．102 个   B．1 023 个   C．1 022 个   D．1 000 个

（15）某网络的 IP 地址为位 192.168.5.0/24，采用等长子网划分，子网掩码为 255.255.255.248，则划分的子网个数、每个子网内的最大可分配地址个数分别为（   ）。

  A．32，8   B．32，6   C．8，32   D．8，30

2. 问答题

（1）IP 地址分为几类？各如何表示？IP 地址的主要特点是什么？

（2）求下列每个地址的类别。

- 00000001 00001011 00001011 11101111
- 11000001 10000011 00011011 11111111
- 10100111 11011011 10001011 01101111
- 11110011 10011011 11111011 00001111

（3）求下列每个地址的类别。

- 227.12.14.87
- 192.14.56.22
- 114.23.120.8
- 252.5.15.101
-

（4）对于下述每个 IP 地址，计算所属子网的主机范围。
- 24.177.78.62/27
- 135.159.211.109/19
- 207.87.193.1/30

（5）请说明 IP 地址与硬件地址的区别。为什么要使用这两种不同的地址？

（6）已知某网络有一个地址是 167.199.170.82/27，问这个网络的网络掩码、网络前缀长度和网络后缀长度是多少？

（7）已知地址块中的一个地址是 167.199.170.82/27，求这个地址块的可用地址数、可用的首地址以及末地址各是多少？

（8）有两个 CIDR 地址块 202.128.0.0/11 和 202.130.28.0/22，这两个网段地址是否有叠加？如果有，请指出并说明原因。

（9）在 202.16.100.0/24 的 C 类主网络内，需要划分出四个一样大的子网，请写出每个子网的网络号、子网掩码、容纳主机数量、网络地址和广播地址。

（10）在 202.16.100.0/24 的 C 类主网络内，需要划分出一个可容纳 100 台主机的子网、一个可容纳 50 台主机的子网，两个可容纳 25 台主机的子网，请写出每个子网的网络号、子网掩码、容纳主机数量和广播地址。

项目 5

网络层协议与网络互联

5.1 项目背景

腾飞网络公司的内部网络近期遭受到了大量的 DDoS 攻击，导致各部门的网络丢包、延迟变高甚至断网，给公司经营造成了不便。公司领导要求网络管理员立刻查明攻击来源。管理员小明和小飞经过抓包分析，得知攻击类型大多是基于网络层协议的攻击。为了更好地抵御这些攻击，小明和小飞对网络层协议进行了深入的学习和研究。

5.2 学习目标

知识目标
- 掌握 IPv4 报文格式以及各个字段的作用
- 掌握 ARP 的原理
- 理解路由的概念及其在网络中发挥的作用
- 掌握路由器的工作原理
- 掌握 ICMP 的原理与应用

能力目标
- 能够配置静态路由实现网络互联
- 会测试网络的连通性

素质目标
- 能够灵活运用求同存异的智慧
- 充分理解命运共同体意识，发扬团队协作精神

5.3 相关知识

数据链路层的主要作用是在互联同一种数据链路的节点之间进行数据传递,而一旦跨越多种数据链路,就需要借助网络层。网络层可以实现异构网络互联,即使是在不同的数据链路上也能实现节点之间的数据传递。

5.3.1 互联网协议(IP)的原理及应用

1. IP

网络层协议为传输层提供服务,同时负责把传输层的数据段发送到接收端。IP实现网络层协议的功能,发送端将传输层的数据段加上IP头部变成数据包,网络中的路由器根据IP头部转发数据包。

IP是TCP/IP体系中两个最主要的协议之一,也是最重要的互联网标准协议之一。IP不但为各个互联的网络提供统一的数据包格式,而且还提供寻址、路由选择、数据的分段和重组功能,能将数据包从一个网络转发到另一个网络。这里所讲的IP其实是IP的第四个版本,记为IPv4。

IP以包为单位传输数据。IP数据报文在Internet中称为IP数据报。IP提供的是不可靠的面向无连接的数据报服务,不管传输的数据报正确与否,都不进行检查和回送确认,也没有流量控制和差错控制功能。IP只是尽力传输数据报到目的地,不提供任何保证。实际传输过程中,如果因为噪声、生存周期已到、丢失数据报、循环路由终止及无效的链路等原因而导致传输出错,IP协议也不做任何处理。

与IP协议配套使用的还有三个协议:地址解析协议互联网(address resolution protocol,ARP)、互联网控制报文协议(internet control message protocol,ICMP)和互联网组管理协议(internet group management protocol,IGMP),如图5-1所示。

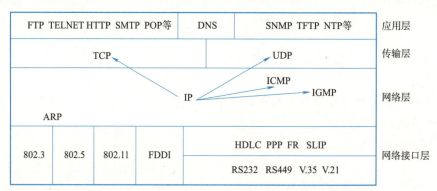

图5-1 网络层协议

从图5-1可知,虽然ICMP和IGMP都在网络层,但从关系上看它们在IP之上。TCP段、UDP报文、ICMP报文、IGMP报文都可以封装在IP数据包中,使用协议号区分开,IP使用协议号标识上层协议。

2. IP 数据包的格式

需要传输的上层数据经过网络层的时候，进行 IP 封装，加上 IP 头部，封装之后的数据就是 IP 数据报，其格式如图 5-2 所示。IP 数据报由头部（报头）和数据两部分组成。头部又可以分为定长部分和变长部分。IP 数据报的头部长度为 20 字节，如果使用 IP 选项，可以超过 20 字节，最多达到 60 字节。数据部分包含需要传输的数据本身，长度可变，其内容由 IP 的高层协议（如 TCP 或 UDP）解释，在 IP 中不进行任何解释。

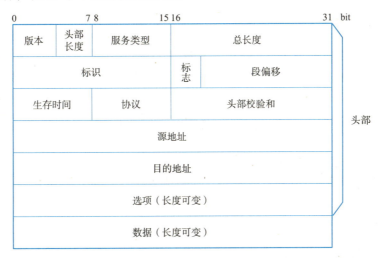

图5-2 IP数据包格式

IP 头选项字段不经常使用，因此普通的 IP 头部长度为 20 字节。其中一些主要字段如下：

- 版本号（version）：长度为 4 位（bit）。标识目前采用的 IP 的版本号。一般的 IPv4 的值为 0100，IPv6 的值为 0110。
- IP 包头长度（header length）：长度为 4 位。这个字段的作用是描述 IP 包头的长度，因为在 IP 包头中有变长的选项部分。IP 包头的最小长度为 20 字节，而变长的可选部分的最大长度是 40 字节。这个字段所表示数的单位是 4 字节。
- 服务类型（type of service）：长度为 8 位。这个字段可拆分成两个部分：优先级（precedence，3 位）和 4 位标志位（最后一位保留）。优先级主要用于 QoS，表示从 0（普通级别）到 7（网络控制分组）的优先级。四个标志位分别是 D、T、R、C 位，代表 delay（更低的延时）、throughput（更高的吞吐量）、reliability（更高的可靠性）、cost（更低费用的路由）。
- IP 包总长度（total length）：长度为 16 位。IP 包为可变长度，该字段用于指明 IP 包总长度。该字段为 16 位，因此 IP 包的最大长度为 65 535 字节。
- 标识（identifier）：长度为 16 位。该字段和 Flag 与 Fragment Offset 字段联合使用，对大的上层数据包进行分段（fragment）操作。IP 数据报文在实际传送过程中，所经过的物理网络帧的最大长度可能不同，当长 IP 数据报文需通过短帧子网时，须对 IP 数据报文进行分段和组装。IP 实现分段和组装的方法是给每个 IP 数据报文分配一个唯一的标识符，并配合以分段标记和偏移量。IP 数据报文在分段时，每一段须包含原有的标识符。为了提高效率、减轻路由器的负担，重新组装工作由目的主机来完成。
- 标志（flags）：长度为 3 位。该字段第 1 位不使用。第 2 位是 DF 位（Don't Fragment），只

有当 DF 位为 0 时才允许分段。第 3 位为 MF 位（more fragment），MF 位为 1 表示后面还有分段，MF 位为 0 表示这已是若干分段中的最后一个。

- 段偏移（fragment offset）：长度为 13 位，该字段指出该分段内容在原数据包中的相对位置。也就是说，相对于用户数据字段的起点，该分段从何处开始。段偏移以 8 字节为偏移单位。
- 生存时间（TTL）：长度为 8 位。当 IP 包进行传送时，先会对该字段赋予某个特定的值。当 IP 包经过每一个沿途的路由器时，每个沿途的路由器会将 IP 包的 TTL 值减 1。如果 TTL 减为 0，则该 IP 包会被丢弃。这个字段可以防止由于故障而导致 IP 包在网络中不停地转发。
- 协议（protocol）：长度为 8 位。标识了上层所使用的协议。
- 头校验和（header checksum）：长度为 16 位，由于 IP 包头是变长的，所以提供一个头部校验来保证 IP 包头中信息的正确性。
- 源地址（source address）和目的地址（destination address）：这两个字段都是 32 位。标识了这个 IP 包的源地址和目标地址。
- 可选项（options）：这是一个可变长的字段。该字段由起源设备根据需要改写。可选项包含安全（security）、宽松的源路由（loose source routing）、严格的源路由（strict source routing）、时间戳（timestamps）等。

我们打开 Wireshark 工具，在浏览器中随便打开一个网址，如 https：//www.baidu.com，就可以通过捕获的数据包看到网络层 IP 数据包头部包含的全部字段，如图 5-3 所示。

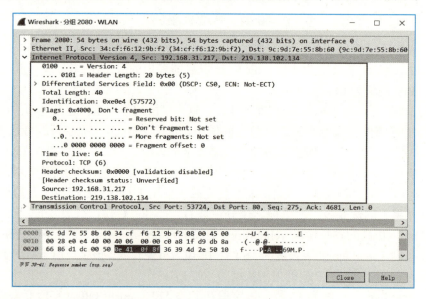

图5-3　IP数据包头部

3. 数据分片详解

以太网的数据链路层最大传输单元（maximum transfer unit，MTU）为 1 500 字节，即数据链路层所能传输的最大数据帧长为 1 500 字节，而 IP 数据包的最大长度可以是 65 535 字节，如图 5-4 所示。这就意味着一个 IP 数据包长度一般会大于数据链路层的 MTU，从而不能直接在数据链路层进行传输，这时，就需要将数据包进行分片传输。

图5-4 网络层数据包最大长度与数据链路层帧最大长度

网络层头部的标识、标志和片偏移都是和数据包分片相关的字段。

IP软件在存储器中维持一个计数器，每产生一个数据包，计数器就加1，并将此值赋给标识字段。但这个"标识"并不是序号，因为IP是无连接服务，数据包不存在按序接收的问题。当数据包由于长度超过网络的MTU而必须分片时，同一个数据包被分成多个片，这些片的标识都一样，也就是数据包的标识字段的值被复制到所有的数据包片的标识字段中。相同的标识字段值使分片后的各数据包片最后能正确地重装成为原来的数据包。

标识字段中只有后两位有意义。标识字段中的最低位MF=1即表示后面"还有分片"的数据包，MF=0表示这已是若干数据包片中的最后一个。标识字段中间的一位记为DF（Don't fragment），意思是"不能分片"。只有当DF=0时才允许分片。

片偏移用于表示较长的数据包在分片后，某片在原数据包中的相对位置，即相对于用户数据字段的起点，该片从何处开始。片偏移以8字节为偏移单位。这就是说，每个分片的长度一定是8字节（64位）的整数倍。

例如，一数据包的总长度为4 000字节，其数据部分为3 980字节（即仅包含固定头部），需要分为长度不超过1 500字节的数据包片。因固定头部长度为20字节，因此每个数据包片的数据部分长度不能超过1 480字节。于是数据包可分为三个数据包片，其数据部分的长度分别为1 480、1 480字节和1 020字节。原始数据包头部被复制为各数据包片的头部，但必须修改有关字段的值。如图5-5所示为数据包分片后的结果（请注意标识、标志和片偏移的数值）。

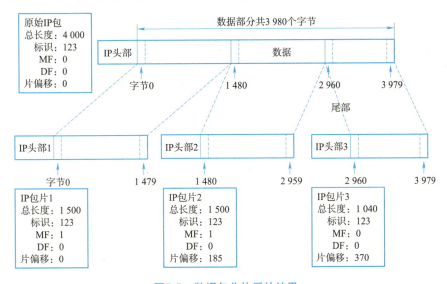

图5-5 数据包分片后的结果

5.3.2 地址解析协议（ARP）的原理及应用

视频
地址解析协议

计算机在发送数据时，数据从高层下到低层，然后才到通信链路上传输。使用 IP 地址的 IP 数据包一旦交给了数据链路层，就被封装成 MAC 帧了。MAC 帧在传送时使用的源地址和目的地址都是硬件地址，这两个硬件地址都写在 MAC 帧的头部中，IP 地址与硬件地址如图 5-6 所示。

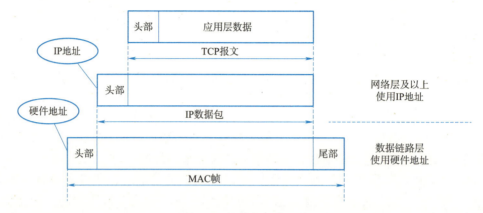

图5-6　IP地址与硬件地址

作为网络中主机的身份标识，IP 地址是一个逻辑地址，但在实际进行通信时，物理网络所使用的依然是物理地址，IP 地址是不能被物理网络所识别的。对于以太网而言，当 IP 数据包通过以太网发送时，以太网设备并不识别 32 位 IP 地址，它们是以 48 位的 MAC 地址标识每一设备并依据此地址传输以太网数据的。因此在物理网络中传送数据时，需要在逻辑 IP 地址和物理 MAC 地址之间建立映射关系。地址之间的这种映射称为地址解析。

地址解析协议（address resolution protocol,ARP）就是用于动态地将 IP 地址解析为 MAC 地址的协议。主机通过 ARP 解析到目的 MAC 地址后，将在自己的 ARP 缓存表中增加相应的 IP 地址到 MAC 地址的映射表项，用于后续到同一目的地报文的转发。

1. ARP 基本原理

ARP 的基本工作过程如图 5-7 所示，PC1 和 PC2 在同一物理网络上，且处于同一个网段，PC1 要向 PC2 发送 IP 包，其地址解析过程如下：

① PC1 首先查看自己的 ARP 表，确定其中是否包含有 PC2 的 IP 地址对应的 ARP 表项。如果找到了对应的表项，则 PC1 直接利用表项中的 MAC 地址地 IP 数据包封装成帧，并将帧发送给 PC2。

② 如果 PC1 在 ARP 表中找不到对应的表项，则暂时缓存该数据包，然后以广播方式发送一个 ARP 请求。ARP 请求报文中的发送端 IP 地址和发送端 MAC 地址为 PC1 的 IP 地址和 MAC 地址，目标 IP 地址为 PC2 的 IP 地址，目标 MAC 地址为全 0 的 MAC 地址。

③ 由于 ARP 请求报文以广播方式发送，所以该网段上的所有主机都可以接收到该请求。PC2 比较自己的 IP 地址和 ARP 请求报文中的目标 IP 地址，由于两者相同，因此 PC2 将 ARP 请求报文中的发送端（即 PC1）IP 地址和 MAC 地址存入自己的 ARP 表中，并以单播方式向 PC1 发送 ARP 响应，其中包含了自己的 MAC 地址。其他主机发现请求的 IP 地址并非自己，于是都不作应答。

④ PC1 收到 ARP 响应报文后,将 PC2 的 IP 地址与 MAC 地址的映射加入自己的 ARP 表中,同时将 IP 数据包用此 MAC 地址为目的地址封装成帧并发送给 PC2。

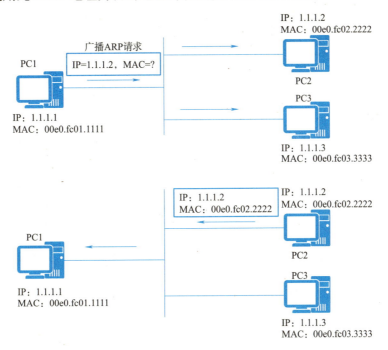

图5-7　ARP的基本工作过程

ARP 地址映射被缓存在 ARP 表中,以减少不必要的 ARP 广播。当需要向某一个 IP 地址发送报文时,主机总是首先检查它自身的 ARP 表,目的是了解自身是否已知目的主机的物理地址。一个主机的 ARP 表项在老化时间(aging time)内是有效的,如果超过老化时间未被使用,就会被删除。

ARP 表项分为动态 ARP 表项和静态 ARP 表项。动态 ARP 表项由 ARP 动态解析获得,如果超过老化时间未被使用,则会被自动删除;静态 ARP 表项通过管理员手工配置,不会老化。静态 ARP 表项的优先级高于动态 ARP 表项,可以将相应的动态 ARP 表项覆盖。

从 IP 地址到硬件地址的解析是自动进行的,主机的用户对这种地址解析过程是不知道的。只要主机或路由器要和本网络上的另一个已知 IP 地址的主机或路由器进行通信,ARP 就会自动地把这个 IP 地址解析为链路层所需要的硬件地址。使用 ARP 的典型情况有如下四种(图 5-8)。

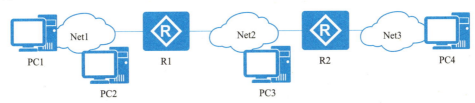

图5-8　ARP使用的四种典型情况

① 发送方是主机(如 PC1),要把 IP 数据包发送到同一个网络上的另一台主机(如 PC2)。

这时 PC1 发送 ARP 请求分组（在 Net1 上广播），找到目的主机 PC2 的硬件地址。

② 发送方是主机（如 PC1），要把 IP 数据包发送到另一个网络上的一台主机（如 PC3 或 PC4）。这时 PC1 发送 ARP 请求分组（在 Net1 上广播），找到 Net1 上的一个路由器 R1 的硬件地址。剩下的工作由路由器 R1 来完成。R1 要做的事情是下面的（3）或（4）。

③ 发送方是路由器（如 R1），要把 IP 数据包转发到与 R1 连接在同一个网络（Net2）上的主机（如 PC3）。这时 R1 发送 ARP 请求分组（在 Net2 上广播），找到目的主机 PC3 的硬件地址。

④ 发送方是路由器（如 R1），要把 IP 数据包转发到其他网络上的一台主机（如 PC4）。PC4 与 R1 不是连接在同一个网络上。这时 R1 发送 ARP 请求分组（在 Net2 上广播），找到连接在 Net2 上的一个路由器 R2 的硬件地址。剩下的工作由路由器 R2 来完成。

在许多情况下需要多次使用 ARP。但这只是以上几种情况的反复使用而已。

2. ARP 报文格式

ARP 通过一对请求和应答报文来完成地址解析。ARP 报文直接封装在数据帧中，如图 5-9 所示，其类型字段值为 0x0806。由于 ARP 报文较短，仅有 28 字节，后面必须增加 18 字节的填充内容（PAD），以达到以太网最小帧的长度要求。

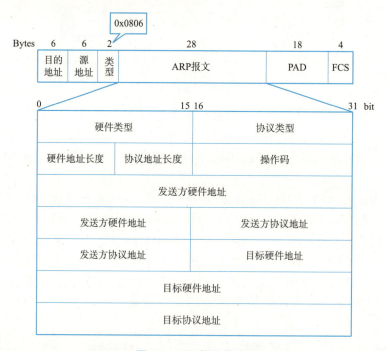

图5-9　ARP报文格式

ARP 报文格式如图 5-9 所示，各字段和功能说明如下：

- 硬件类型（hardware type）：长度为 16 位，定义物理网络类型（网络硬件或数据链路类型）。物理网络的类型用一个整数值表示，以太网的硬件类型值为 "1"。
- 协议类型（protocol type）：长度为 16 位，定义协议类型。目前，IP 是使用 ARP 解析地址的唯一协议，因此它的值为 0x0800。

- 硬件地址长度（hardware length）：长度为 8 位，定义物理地址长度（以字节为单位）。
- 协议地址长度（protocol length）：长度为 8 位，定义协议地址长度（以字节为单位）。
- 操作类型（operation code）：长度为 16 位，定义了 ARP 报文的类型，1 表示 ARP 请求，2 表示 ARP 应答。
- 发送方硬件地址（source hardware address）：这是一个可变长度字段，指明发送 ARP 报文的主机或路由器的物理地址。例如，在以太网中该地址长度为 6 字节。
- 发送方协议地址（source protocol address）：这是一个可变长字段，定义发送方设备的逻辑地址，如 IP 地址。对应 IPv4 协议，该字段长度为 4 字节。
- 目标硬件地址（destination hardware address）：这是一个可变长度字段，指明接收 ARP 报文的主机或路由器的物理地址。在 ARP 请求中，该字段通常填写为全 0。在 ARP 应答中，分为两种情况：若发送方和目标位于同一子网，则该字段为所需 IP 主机的硬件地址；若发送方和目标位于不同子网，则该字段为抵达目标的路径中下一台路由器的硬件地址。
- 目标协议地址（destination protocol address）：这是一个可变长度字段，定义目标设备的逻辑地址，如 IP 地址。对应 IPv4 协议，该字段长度为 4 字节。

5.3.3 ICMP 的原理及应用

IP 是尽力传输的网络层协议，其提供的数据传送服务是不可靠的、无连接的，不能保证 IP 数据包能成功地到达目的地。为了更有效地转发 IP 数据包和提高交付成功的机会，在网络层使用了互联网控制报文协议（internet control message protocol，ICMP）。ICMP 是互联网的标准协议。但 ICMP 不是高层协议（看起来好像是高层协议，因为 ICMP 报文是装在 IP 数据包中，作为其中的数据部分），而是 IP 层的协议。ICMP 报文作为 IP 层数据包的数据，加上数据报的头部，组成 IP 数据包发送出去。ICMP 报文格式如图 5-10 所示。

视频

ICMP原理及应用

图 5-10 ICMP 报文格式

1. ICMP 报文的种类

ICMP 报文的种类有两种，即 ICMP 差错报告报文和 ICMP 查询报文。

ICMP 报文的前 4 字节是统一的格式，共有三个字段：类型、代码和检验和。接着的 4 字节的内容与 ICMP 的类型有关。最后面是数据字段，其长度取决于 ICMP 的类型。表 5-1 给出了几种常用的 ICMP 报文所对应的类型和代码值。

表 5-1 常用的 ICMP 报文对应的类型和代码值

ICMP 报文种类	类型值	代码值	说明
差错报告报文	3（目标不可达）	0	目的网络不可达
		1	目的主机不可达
		2	目的协议不可达
		3	目的端口不可达
		4	需分片但DF置位
		6	目的网络未知
		7	目的主机未知
	11（超时）	0	超时
	12（参数问题）	0	参数问题
查询报文	0（回送应答）	0	Echo-Reply
	8（回送请求）	0	Echo-Request

ICMP 报文的代码字段是为了进一步区分某种类型中的几种不同情况。检验和字段用来检验整个 ICMP 报文。根据上文所述，IP 数据报头部的检验和并不检验 IP 数据报的内容，因此不能保证经过传输的 ICMP 报文不产生差错。

ICMP 允许主机或路由器报告差错情况和提供有关异常情况的报告。如果在传输过程中发生某种错误，设备便会向源端返回一条 ICMP 消息，告知它发生的错误类型。

ICMP 是基于 IP 运行，ICMP 的设计目的并非使 IP 成为一种可靠的协议，而是对通信中发生的问题提供反馈。ICMP 消息的传递同样得不到任何可靠性保证，因而可能在传递途中丢失。

2. ICMP 的应用

在网络工程实践中，ICMP 被广泛地用于网络测试，ping 和 tracert 这两个使用极其广泛的测试工具都是利用 ICMP 来实现的。

（1）ping

ping 是 ICMP 的一个最常见的应用，主机可通过它来测试网络的可达性。用户运行 ping 命令时，主机向目的主机发送 ICMP echo request 消息。echo request 消息封装在 IP 包内，其目的地址为目的主机的 IP 地址。目的主机收到 echo request 消息后，向源主机回送一个 ICMP echo reply 消息。源主机如果收到 echo reply 消息，即可获知该目的主机是可达的。假定某个中间路由器没有到达目的网络的路由，便会向源主机端返回一条 ICMP destination unreachable 消息，告知源主机目的不可达。源主机如果在一定时间内无法收到回应，则认为目的主机不可达，并返回超时信息。

ping 实现原理如图 5-11 所示，在路由器 R1 上使用 ping 命令探测到地址为 192.168.3.1 的 R3 的可达性时，R1 向 R3 发送 ICMP echo request 报文；如果网络工作正常，则目的设备 R3 在接收到该报文后，向源设备 R1 回应 ICMP echo reply 报文；如果网络工作异常，源设备 R1 将无法收到 echo reply 报文，因而会显示目的地址不可达或超时等提示信息。通过这个交互过程，源设备 R1 即可知道目的设备的 IP 层相关状态。

项目 5　网络层协议与网络互联

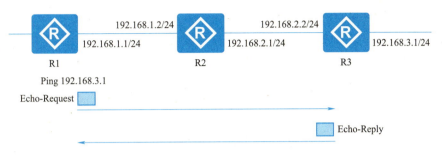

图 5-11　ping 实现原理

需要注意的是 ping 的过程涉及双向的消息传递，只有在双向都可以成功传输时才能说明通信是正常的。另外主机安装了防火墙等因素也可能会造成 ping 不通的情况发生。

（2）tracert

利用 ping 工具只能测试到目的主机的连通性，却不能了解数据包的传递路径，因而在不能连通时也难以了解问题发生在网络的哪个位置。使用 tracert 工具可以追踪数据包的转发路径，探测到某一个目的主机的途中经过哪些中间转发设备。

在 IP 头中有一个 TTL 字段，其原本是为了避免一个数据包沿着一个路由环永久循环转发而设计的。接到数据包的每一个路由器都要将该数据包头中的 TTL 值减 1。如果 TTL 值为 0 则设备会丢弃这一数据包，并向源主机发回一个 ICMP 超时（time exceeded）消息报告错误。tracert 正是利用 TTL 字段和 ICMP 结合实现的。

在需要探测路径时，源主机的 tracert 程序将发送一系列的数据包并等待每一个响应。在发送第一个数据包时，将它的 TTL 置为 1。途中的第一个路由器收到这一数据包会将 TTL 减 1，随即丢弃这一数据包并发回一个 ICMP 超时消息。由于 ICMP 消息是通过 IP 数据包传送的，因此 tracert 程序可以从中取出 IP 源地址，也就是去往目的地的路径上的第一个路由器的地址。之后 tracert 会发送一个 TTL 为 2 的数据包。途中第一个路由器将计时器减 1 并转发这一数据包，第二个路由器会再将 TTL 减 1，随即丢弃这一数据包并发回一个 ICMP 超时消息。tracert 程序可以从中取出 IP 源地址，也就是去往目的地的路径上的第二个路由器的地址。类似地，tracert 程序可以逐步获得途中每一路由器的地址，并最终探测到目的主机的可达性。

如图 5-12 所示为在路由器 R1 上执行 tracert 192.168.3.1 命令的工作过程（tracert 实现原理）。

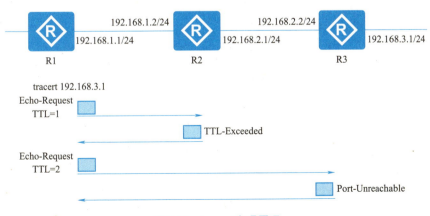

图 5-12　tracert 实现原理

125

① 源设备 R1 会向目的设备的某个较大的端口发送一个 TTL 为 1 的 UDP 报文。

② 由于网络设备处理 IP 报文中的 TTL 值时，将其逐跳递减，因此，该报文到达第一跳 R2 后，TTL 将变为 0，R2 于是回应一个 TTL 超时的 ICMP 报文，该报文中含有第一跳的 IP 地址，这样源设备就得到了第一跳路由器 R2 的地址。

③ 接下来，源设备 R1 重新发送一个 TTL 值为 2 的 UDP 报文给目的设备。

④ 该 TTL 值为 2 的 UDP 报文首先传递给 R2，TTL 递减为 1，该 UDP 报文到达 R3 后，TTL 将递减为 0，由于 R3 是 ICMP 的目的地，R3 将回应给 R1 一个端口不可达的 ICMP 消息，R1 收到该消息后，知道已经跟踪到了目的地，因此，将停止向外发送报文。

⑤ 如果 R1 距离 R3 有多跳，以上过程将不断进行，直到最终到达目的设备，源设备就得到了从它到目的设备所经过的所有路由器的地址。

tracert 的过程同样涉及双向的消息传递，只有在双向都可以成功传输时才能正确探测路径。另外主机安装了防火墙等因素也可能会造成路径探测部分或完全失败的情况发生。

5.3.4 IP 路由基础

1. 路由和路由表

（1）路由的基本过程

如图 5-13 所示，这是一种最简单的网络拓扑，它所表现的是连接在同一台路由器上的两个网段。下面以这个拓扑图为例，讲解数据包被路由的过程。

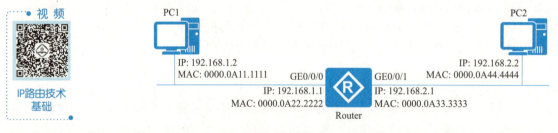

图5-13 连接在同一台路由器上的两个网段

假设 PC1（其 IP 地址是 192.168.1.2）要发一个数据包（为了下文表述方便，我们称该数据包为数据包 1）到 PC2（其 IP 地址是 192.168.2.2）。由于这两台主机分别属于网段 192.168.1.0 和网段 192.168.2.0，它们之间的通信必须通过路由器才能实现。

以下是数据包 1 被路由的过程。

① 在 PC1 上的封装过程。

首先，在 PC1 的应用层上向 PC2 发出一个数据流，该数据流在 PC1 的传输层上被分成了数据段。然后这些数据段从传输层向下进入到网络层，准备在这里封装成为数据包。在这里，我们只描述其中一个数据包——数据包 1 的路由过程，其他数据包的路由过程与之相同。

在网络层上，将数据段封装成为数据包的一个主要工作，就是为数据段加上 IP 包头，而 IP 包头中主要的一部分，就是源 IP 地址和目的 IP 地址。数据包 1 的源 IP 地址和目的 IP 地址分别是 PC1 和 PC2 的 IP 地址。

在网络层封装完成后，PC1 将数据包向下送到数据链路层进行数据帧的封装。在数据链路层要为数据包 1 封装上帧头和尾部的校验码，而帧头中主要的一部分就是源 MAC 地址和目的

MAC 地址。在这里，被封装后的数据包 1 变成数据帧 1。

那么，数据帧 1 的源 MAC 地址和目的 MAC 地址是什么呢？源 MAC 地址当然还是 PC1 的 MAC 地址，但是，目的 MAC 地址并不是 PC2 的 MAC 地址，而是路由器的 GE0/0/0 接口的 MAC 地址，为什么呢？

原因在于，PC1 和 PC2 不在同一个 IP 网段，它们之间的通信必须经过路由器。当 PC1 发现数据包 1 的目的 IP 地址不在本地时，它会把该数据包发送到默认网关，由默认网关把这个数据包转发到它的目的 IP 网段。在这里，PC1 的默认网关就是路由器的 GE0/0/0 接口。

在 PC1 上默认网关 IP 地址的配置如图 5-14 所示，PC1 可以通过 ARP 地址解析得到自己的默认网关的 MAC 地址，并将它缓存起来以备使用。一旦出现数据包的目的 IP 地址不在本网段的情况，就以默认网关的 MAC 地址作为目的 MAC 地址封装数据帧，将该数据帧发往默认网关(具有路由功能的设备)，由网关负责寻找目的 IP 地址所对应的 MAC 地址或可以到达目的网段的下一个网关的 MAC 地址。

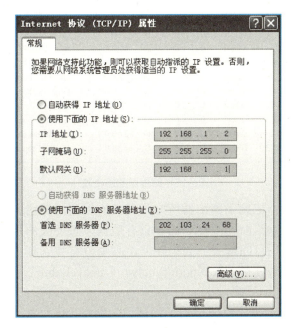

图5-14　在PC1上配置默认网关IP地址

从图 5-14 可以看到，PC1 上配置的默认网关的 IP 地址是路由器上 GE0/0/0 接口的 IP 地址。至此，我们在 PC1 上得到一个封装完整的数据帧 1，它所携带的地址信息如图 5-15 所示，此图省略了帧头和 IP 包头的其他部分。

PC1 将这个数据帧 1 放到物理层，发送给目的 MAC 地址所标明的设备——默认网关。

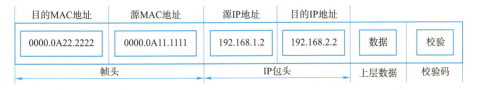

图5-15　数据帧1所携带的地址信息

② 路由器的工作过程。

当数据帧到达路由器的 GE0/0/0 接口之后，首先被存放在接口的缓存里进行校验以确定数据帧在传输过程中没有损坏，然后路由器会把数据帧 1 的帧头和尾部校验码拆掉，取出其中的数据包 1。

路由器将数据包 1 的包头送往路由处理器，路由处理器会读取其中的目的 IP 地址，然后在自己的路由表里查找是否存在该 IP 地址所在网段的路由。如图 5-16 所示为路由器的路由表。

```
[Router]display ip routing-table
Route Flags:R-relay,D-download to fib
------------------------------------------------
Routing Tables:Public
        Destinations:10    Routes :10

Destination/Mask      Proto    Pre   Cost   Flags NextHop      Interface
    127.0.0.0/8       Direct   0     0      D     127.0.0.1    InLoopBack0
    127.0.0.1/32      Direct   0     0      D     127.0.0.1    InLoopBack0
127.255.255.255/32    Direct   0     0      D     127.0.0.1    InLoopBack0
  192.168.1.0/24      Direct   0     0      D     192.168.1.1  GigabitEthernet0/0/0
  192.168.1.1/32      Direct   0     0      D     127.0.0.1    GigabitEthernet0/0/0
192.168.1.255/32      Direct   0     0      D     127.0.0.1    GigabitEthernet0/0/0
  192.168.2.0/24      Direct   0     0      D     192.168.2.1  GigabitEthernet0/0/1  ←
  192.168.2.1/32      Direct   0     0      D     127.0.0.1    GigabitEthernet0/0/1
192.168.2.255/32      Direct   0     0      D     127.0.0.1    GigabitEthernet0/0/1
```

图5-16　路由器的路由表

在路由器的路由表里，记载了路由器所知道的所有网段的路由，路由器之所以能够把数据包传递到目的地，就是依靠路由表来实现的。只有数据包想要去的目的网段存在于路由表中，这个数据包才可以被发送到目的地去。如果在路由表里没有找到相关的路由，路由器会丢弃这个数据包，并向它的源设备发送"destination network unavailable"的 ICMP 消息，通知该设备目的网络不可达。

在图 5-16 所示的路由表里，箭头标明了到达目的网络 192.168.2.0 要通过路由器的 GE0/0/1 接口，路由处理器根据路由表里的信息，对数据包 1 重新进行帧的封装。

由于这次是把数据包 1 从路由器的 GE0/0/1 接口发出去，所以源 MAC 地址是该接口的 MAC 地址，目的 MAC 地址则是 PC2 的 MAC 地址，这个地址是路由器由 ARP 解析得来的。

路由器又重新建立了数据帧 2，其包含的地址信息如图 5-17 所示。路由器将数据帧 2 从 GE0/0/1 接口发送给 PC2。

图5-17　数据帧2所携带的地址信息

③ 在 PC2 上的拆封过程。

数据帧 2 到达 PC2 后，PC2 首先核对帧头的目的 MAC 地址与自己的 MAC 地址是否一致，如不一致 PC2 就会把该帧丢弃。核对无误之后，PC2 会检查帧尾的校验，看数据帧是否损坏。证明数据是完整的之后，PC2 会拆掉帧的封装，把里面的数据包 1 拿出来，向上送给网络层处理。

网络层核对目的 IP 地址无误后会拆掉 IP 包头，将数据段向上送给传输层处理。至此，数据包 1 的路由过程结束。PC2 会在传输层按顺序将数据段重组成数据流。

PC2 向 PC1 发送数据包的路由过程和以上过程类似，只不过源地址和目的地址与上面的过程正好相反。

由此可以看出，数据在从一台主机传向另一台主机时，数据包本身没有变化，源 IP 地址和目的 IP 地址也没有变化，路由器就是依靠识别数据包中的 IP 地址来确定数据包的路由的，而 MAC 地址却在每经过一台路由器时都发生变化。

（2）路由表

路由器转发数据包的关键是路由表，路由表的构成见表 5-2。每个路由器中都保存着一张路由表，表中每条路由项都指明数据到某个网段应通过路由器的哪个物理接口发送，然后就可以到达该路径的下一跳路由器，或者不再经过别的路由器而传送到直接相连的网络中的目的主机。

表 5-2 路由表的构成

目的地址 / 网络掩码	下一跳地址	出接口	度量值
10.0.0.0/24	10.0.0.1	GE0/0/1	0
20.0.0.0/24	20.0.0.1	GE0/0/2	0
30.0.0.0/24	20.0.0.1	GE0/0/2	2
40.0.0.0/24	20.0.0.1	GE0/0/2	3
0.0.0.0/0	50.0.0.1	S0/0/1/0	10

如果数据包是可以被路由的，那么路由器将会检查路由表获得一个正确的路径。如果数据包的目标地址不能匹配到任何一条路由表项，那么数据包将被丢弃，同时一个"目标不可达"的 ICMP 消息将会被发送给源地址。在数据库中的每个路由表项包含了下列要素。

- 目的地址：这是路由器可以到达的网络地址，路由器可能会有多条路径到达同一目的地址，但在路由表中只会存在到达这一地址的最佳路径。
- 出接口：指明 IP 包将从该路由器的哪个接口转发。
- 下一跳地址：更接近目的网络的下一台路由器的地址。如果只配置了出接口，那么下一跳地址是出接口的 IP 地址。
- 度量值：说明 IP 包到达目标需要花费的代价。主要作用是当网络中存在到达目的网络的多条路径时，路由器可依据度量值来选择一条最优的路径发送 IP 数据包，从而保证 IP 数据包能更好更快地到达目的地。

根据掩码长度的不同，可以把路由表中的路由表项分为以下几个类型。

- 主机路由：掩码长度是 32 位的路由，表明此路由匹配单一 IP 地址。
- 子网路由：掩码长度小于 32 位但大于 0 位的路由，表明此路由匹配一个子网。
- 默认路由：掩码长度为 0 位的路由，表明此路由匹配全部 IP 地址。

当路由表中存在多个路由表项可以同时匹配目的 IP 地址时,路由查找进程会选择其中掩码长度最长的路由项进行转发,此为最长匹配原则。

(3)路由表来源

路由表的来源主要有如下三种。

① 直连路由。

直连路由不需要配置,当接口配置了 IP 地址并且状态正常时,由路由进程自动生成。它的特点是开销小,配置简单,无须人工维护,但只能发现本路由器接口所属网段的路由。

② 手工配置的静态路由。

由管理员手动配置的路由称为静态路由。通过静态路由的配置可建立一个互通的网络,但这种配置的问题在于:当一个网络发生故障后,静态路由不会自动修正,必须由管理员修改配置。静态路由无开销,配置简单,适合简单拓扑结构的网络。

③ 动态路由协议发现的路由。

当网络拓扑结构十分复杂时,手动配置静态路由的工作量大而且容易出现错误,这时就可以用动态路由协议(如 RIP、OSPF 等),让其自动发现和修改路由,避免人工维护。但动态路由协议开销大,配置复杂。

2. 路由器的工作原理

路由器提供了将异构网络互联起来的机制,从而实现将一个数据包从一个网络发送到另一个网络。在互联网中进行路由选择要使用路由器,路由器只是根据所收到的数据包头的目的地址选择一个合适的路径,将数据包传送到下一跳路由器,路径上最后的路由器负责将数据包交送给目的主机。因此,路由器的特点是逐跳转发。如图 5-18 所示为路由报文示意图,当路由器 R1 收到 PC1 发往 PC2 的数据包后,将数据包转发给 R2,R1 并不负责指导 R2 如何转发数据包。所以,R2 必须自己将数据包发送给 R3,R3 再转发给 R4,以此类推。这就是路由逐跳性,即路由只指导本地转发行为,不会影响其他设备的转发行为,设备之间的转发是相互独立的。

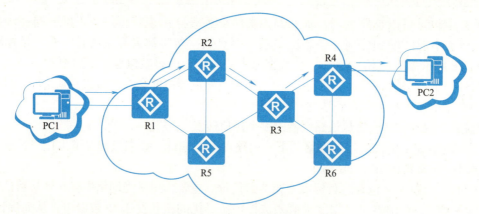

图5-18 路由报文示意图

当网络中所有的路由器通过动态路由协议相互学习到了关于这个网络的路由信息,并且根据这些路由信息计算出了去往各个网络的最优路由时,就可以称这个网络进入了收敛状态。在一个处于收敛状态的网络中,当一台路由器接收到了一个数据包,它就会执行下面的四个操作步骤。

（1）对数据包执行解封装

当路由器接收到一个数据包时，它会通过解封装数据链路层封装，来查看数据包的网络层头部封装信息，以便获得数据包的目的 IP 地址。

（2）在路由表中查找匹配路由

在查看到数据包的目的 IP 地址之后，路由器会用数据包的目的 IP 地址和路由表中各个条目的网络地址依次执行二进制 AND（与）运算，然后将运算的结果与路由表中对应路由条目的目的网络地址进行比较，如果一致表示该条目与目的地址相匹配。之所以在这里使用 AND 运算，是因为以某个网络中的终端设备作为目的的数据包，其目的地址一定会比路由表中指向该网络的目的网络地址更加具体，因此也拥有更多的非 0 位，所以这两者执行 AND 计算的结果也就应该同路由表中指向该网络的目的网络地址相同。例如，某数据包的目的 IP 地址为 172.16.1.10，路由器中有一条路由的目标网络为 172.16.1.0/24，那么这两个地址执行 AND 运算的结果为 172.16.1.0，这说明该路由条目匹配这个数据包，如图 5-19 所示。

图5-19　匹配路由条目

（3）从多个匹配项中选择掩码最长的路由条目

如果路由表中有多条路由都匹配数据包的目的 IP 地址，则路由器会选择掩码长度最长的路由条目，这种匹配方式称为最长匹配原则。这种设计有利于提升网络转发效率的理由在于，掩码越长，代表这条路由与数据包的目的 IP 地址匹配的位数越长，这也就代表这条路由与数据包目的 IP 地址的匹配度越高，如图 5-20 所示。

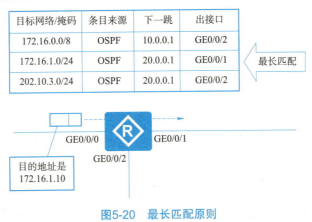

图5-20　最长匹配原则

（4）将数据包按照相应路由条目的指示发送出去

路由条目中都包含了转发数据包的下一跳地址和转发接口。当路由器找到了最终用来转发数据包的那条路由后，它会根据那条路由提供的对应接口和下一跳地址，将数据包从相应的接口转发给下一跳设备。图5-20中虚线所示即为路由器根据最长匹配原则选定路由条目后，按照对应路由条目转发数据包。

3. 静态路由

静态路由是由网络管理员手动配置在路由器的路由表里的路由。在早期的网络中，网络规模不大，路由器的数量很少，路由表也相应较小，通常采用手动的方法对每台路由器的路由表进行配置，即静态路由。这种方法适合于在规模较小、路由表也相对简单的网络中使用。它较简单，容易实现，沿用了很长一段时间。

但随着网络规模的增长，在大规模网络中路由器的数量很多，因此路由表的表项也较多，较为复杂。在这样的网络中对路由表进行手动配置，除配置复杂外，还有一个更明显的问题就是不能适应网络拓扑结构的变化。对大规模网络而言，如果网络拓扑结构改变或网络链路发生故障，那么路由器上指导数据转发的路由表就应该相应变化。如果还采用静态路由，用手动的方法配置及修改路由表，对管理员会形成很大的压力。

但在小规模的网络中，静态路由也有它的一些优点。
- 手动配置，可以精确控制路由选择，改进网络的性能。
- 不需要动态路由协议参与，这将会减少路由器的开销，为重要的应用保障带宽。

静态路由的配置在系统视图下进行，命令如下：

```
ip route-static network {mask | mask-length} { ip-address | interface-id }
[ preference preference-value ]
```

其中各参数及其描述见表5-3。

表5-3 ip route-static 命令参数及其描述

参数	描述
network	目标网络地址
mask	目的IP地址掩码
mask-length	掩码长度，取值范围为0~32
ip-address	下一跳IP地址
interface-id	本路由器的出站接口号
preference-value	指定静态路由的优先级，取值范围1~255，默认值为60

在配置静态路由时，可以指定出接口，也可指定下一跳。一般情况下，配置静态路由时都会指定路由的下一跳，系统会根据下一跳地址查找到出接口。但如果在某些情况下无法知道下一跳地址（如拨号线路在拨通前是可能不知道对方甚至自己的 IP 地址的），则必须指定出接口。另外，如果出接口是广播类型接口（如以太网接口，VLAN 接口等），则不能指定出接口，必须指定下一跳地址。

4. 路由协议基础

（1）动态路由协议概述

路由协议是用来计算、维护路由信息的协议。路由协议通常采用一定的算法来产生路由，并用一定的方法确定路由的有效性来维护路由。

使用路由协议后，各路由器间会通过相互连接的网络，动态地相互交换所知道的路由信息。通过这种机制，网络上的路由器会知道网络中其他网段的信息，并动态地生成、维护相应的路由表。如果存在到目的网络有多条路径，而且其中的一个路由器由于故障而无法工作时，到远程网络的路由可以自动重新配置。

路由协议自动发现路径如图 5-21 所示，为了从网段 192.168.1.0 到达 192.168.2.0，可以在 R1 上配置静态路由指向 R4，通过 R4 最后到达 192.168.2.0。如果 R4 出现了故障，就必须由网络管理员手动修改路由表，由 R2 到达 192.168.2.0 网段，以此来保证网络畅通。如果运行了路由协议，情况就不一样了，当 R4 出现故障后，路由器之间会通过动态路由协议来自动发现另外一条到达目的网络的路径，并修改路由表，保证网络畅通。

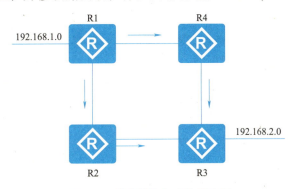

图5-21　路由协议自动发现路径

使用路由协议后，路由表的维护不再是由网络管理员手动进行，而是由路由协议来自动管理。采用路由协议管理路由表在大规模的网络中是十分有效的，它可以大大减少管理员的工作量。由于每台路由器上的路由表都是由路由协议通过互相交换路由信息自动生成的，管理员就不需要去维护每台路由器上的路由表，而只需要在路由器上配置路由协议。另外，采用路由协议后，网络对拓扑结构变化的响应速度会大大提高。无论是网络正常的增减，还是异常的网络链路损坏，相邻的路由器都会检测到它的变化，会把网络拓扑的变化通知给网络中的其他路由器，使它们的路由表也产生相应的变化。这样的过程比手动对路由的修改要快得多、准确得多。

由于路由协议的这些特点，在当今的网络中，动态路由是组建网络的主要选择方案。在路由器少于 10 台的网络中，可能会采用静态路由，如果网络规模进一步增大，人们一定会采用路由协议来管理路由表。

（2）自治系统、IGP 和 EGP

互联网是由世界上许多个电信运营商的网络互联起来组成的，这些电信运营商所服务的范围一般是一个国家或地区，他们各自可能使用不同的动态路由协议，或者在一个电信运营商内部的不同地区之间，也可能使用不同的动态路由协议。为了让这些使用不同路由协议的网络内部及网络之间可以正常地工作，也为了使这些分属于不同机构的网络边界不至于混乱，互联网的管理者使用了自治系统。

所谓自治系统（autonomous system,AS）就是处在一个统一管理域下的一组网络的集合。在一般情况下，从协议的方面来看，我们可以把运行同一种路由协议的网络看作是一个 AS；从地理区域方面来看，一个电信运营商或者具有大规模网络的企业也可以被分配一个或者多个 AS。AS、IGP 和 EGP 如图 5-22 所示。

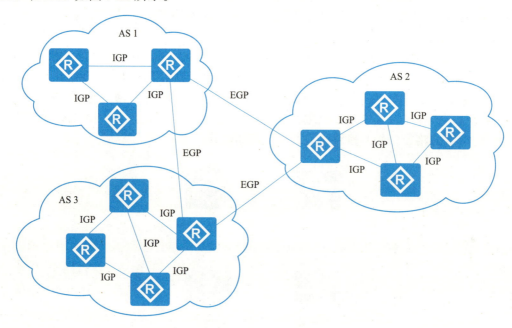

图5-22 AS、IGP和EGP

IGP（interior gateway protocol），即内部网关协议，是指工作在自治系统内部的动态路由协议。RIP、OSPF 都属于 IGP。

EGP（exterior gateway protocol），即外部网关协议，是指在自治系统之间负责路由的路由协议，如 BGP。各个运行不同 IGP 的自治系统就是由 EGP 连接起来的。

（3）动态路由协议分类

路由协议的分类有很多参考因素，因而就会有不同的分类标准，这里介绍三种主要的分类。

① 按路由学习的算法分类。

根据路由器学习路由和维护路由表的算法，把路由协议大体上分为以下 3 类。

- 距离矢量路由协议：根据距离矢量算法，确定网络中节点的方向与距离。属于距离矢量类型的路由协议有 RIPv1、RIPv2 等路由协议。
- 链路状态路由协议：根据链路状态算法，计算生成网络的拓扑。属于链路状态类型的路由协议有 OSPF、IS-IS 等路由协议。
- 混合型路由协议：既具有距离矢量路由协议的特点，又具有链路状态路由协议的特点。混合型路由协议的代表是 EIGRP，它是 Cisco 公司自己开发的路由协议。

② 按运行的区域范围分类。
根据路由协议是否运行在同一个自治系统内部,我们把路由协议分为以下两类。
- IGP:内部网关协议,用来在同一个自治系统内部交换路由信息。如 RIP、OSPF 和 EIGRP 等都属于 IGP。
- EGP:外部网关协议,用来在不同的自治系统之间交换路由信息。

③ 按能否学习到子网分类。
按能否学习到子网可以把路由协议分为有类路由协议和无类路由协议两种。
- 有类路由协议不支持可变长子网掩码,不能从邻居那里学习到子网,所以关于子网的路由在被学到时都会被自动变成子网的主类网。
- 无类路由协议支持可变长子网掩码,能够从邻居那里学习到子网,所以关于子网的路由在被学到时不会被变成子网的主类网,而是以子网的形式进入路由表。

5.4 【任务1】分析 IP 及 IP 分片

5.4.1 任务描述

IP 分片攻击是一种常见的网络攻击,为了防御这种攻击,小明和小飞通过实验分析,加深了对 IP 和 IP 分片原理的理解,并由此掌握了防范这种攻击的有效方法。

5.4.2 任务分析

为了深入分析 IP,小明使用 eNSP 搭建了如图 5-23 所示的简单网络,在该网络中,R1 与 R2 通过以太网接口相连。小明要在 R1 上发送一个 4 000 字节大小的数据包到 R2,并使用 Wireshark 捕获该报文进行分析。具体转换步骤如以下任务实施。

图5-23　数据包分片实训拓扑

5.4.3 任务实施

1. 配置路由器主机名称为 R1、接口 IP 地址

```
<Huawei>system-view
[Huawei]sysname R1
[R1]interface GigabitEthernet 0/0/0
[R1-GigabitEthernet0/0/0]ip address 10.0.0.1 24


<Huawei>system-view
[Huawei]sysname R2
[R2]interface GigabitEthernet 0/0/0
[R2-GigabitEthernet0/0/0]ip address 10.0.0.2 24
```

2. 在 R1 上运行 Wireshark，开始抓包，如图 5-24 所示

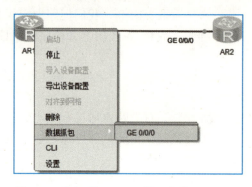

图5-24　在R1的GE0/0/0接口启动Wireshark

3. 在 R1 上发送一个超过 MTU 的 IP 包到 R2

在路由器上使用 ping 命令构造的数据包默认是 56 字节。使用 -s 参数可以指定数据包的大小为 4 000 字节，使用 -c 参数指定只发一个 ICMP 请求报文。

```
[R1]ping -s 4000 -c 1 10.0.0.2
  PING 10.0.0.2: 4000  data bytes, press CTRL_C to break
    Reply from 10.0.0.2: bytes=4000 Sequence=1 ttl=255 time=40 ms

  --- 10.0.0.2 ping statistics ---
    1 packet(s) transmitted
    1 packet(s) received
    0.00% packet loss
    round-trip min/avg/max = 40/40/40 ms
```

4. 观察 ICMP 数据包分片

R1 发送了一个大小为 4 000 字节的 ICMP 请求数据包，这个数据包会被分成三个分片，如图 5-25 所示。第一个分片、第二个分片都有 Fragmented 标记，第三个分片没有 Fragmented 标记，表明这是一个数据包的最后一个分片。

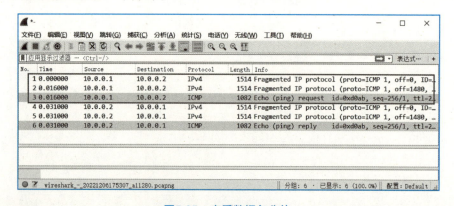

图5-25　查看数据包分片

下面观察如图 5-26（a）～（c）所示的三个数据包分片，注意这三个分片的标识都是 11，第

一个分片的标志位 MF 为 1，片偏移为 0；第二个分片的标志位 MF 为 1，片偏移为 185；第三个分片的标志位 MF 为 0，这意味着该分片是数据包的最后一个分片，片偏移为 370。

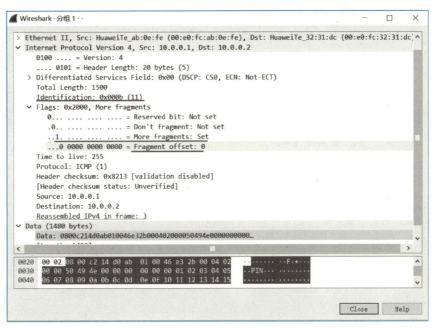

（a）数据包的第一个分片

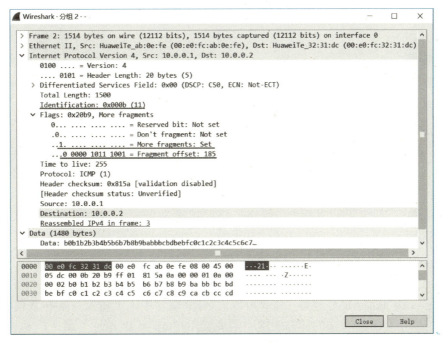

（b）数据包的第二个分片

图 5-26　数据包的三个分片

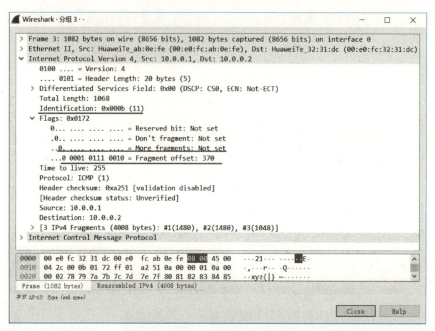

（c）数据包的第三个分片

图 5-26　数据包的三个分片（续）

5.5 【任务 2】分析 ARP

5.5.1 任务描述

ARP 攻击是一种常见的网络攻击，为了防御这种攻击，小明和小飞通过实验分析，加深了对 ARP 协议原理的理解，并由此掌握了防范这种攻击的有效方法。

5.5.2 任务分析

为了深入理解 ARP 原理、防御 ARP 攻击，公司网络管理员在主机上查看 ARP 缓存表中 IP 地址和 MAC 地址对应表，并根据需要静态添加和删除某些表项。最后使用 Wireshark 捕获 ARP 数据包并进行分析。具体转换步骤如以下任务实施。

5.5.3 任务实施

1. 在计算机上查看并维护 ARP 缓存

在 Windows 系统中运行 arp -a 命令可以查看本机缓存中存的 IP 地址和 MAC 地址对应表，如图 5-27 所示。

使用"arp -s IP 地址 MAC 地址"命令可以向 ARP 缓存中人工输入一条静态表项。如图 5-28 所示。如果要删除 ARP 缓存中的静态表项，需要使用"arp -d IP 地址"命令。

2. 利用 Wireshark 捕获 ARP 数据包并进行分析

使用 Wireshark 捕获的 ARP 数据包如图 5-29 所示，第 2 791 帧是计算机 192.168.31.217 解析 192.168.31.1 发送的 ARP 请求包。注意观察目标 MAC 地址为 ff：ff：ff：ff：ff：ff。其中

Opcode 是选项代码,用来指示当前包是请求报文还是应答报文,值为 1 表示是请求报文,值为 2 则表示是应答报文。

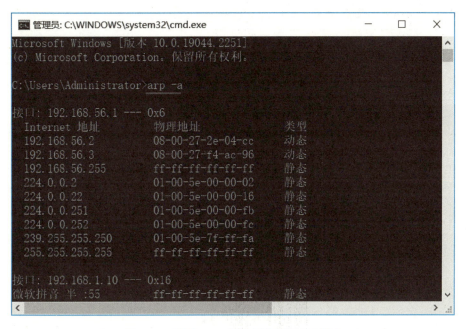

图5-27　使用arp -a命令查看主机ARP缓存

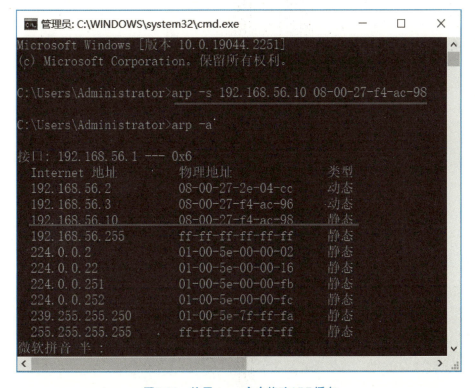

图5-28　使用arp -s命令修改APR缓存

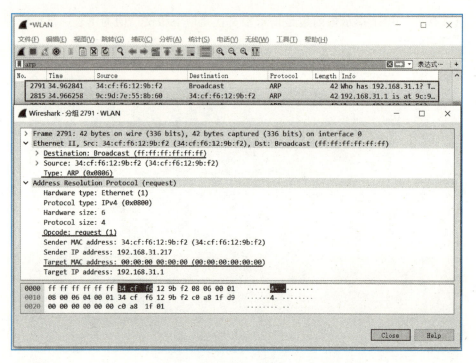

图5-29　ARP请求报文

计算机 192.168.31.1 收到 ARP 请求报文后，发送 ARP 应答报文给 192.168.31.217，该报文格式如图 5-30 所示。

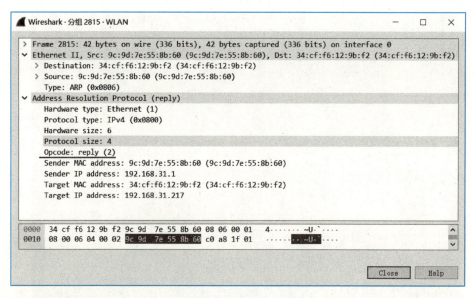

图5-30　ARP应答报文格式

5.6 【任务 3】配置静态路由

5.6.1 任务描述

公司承接了某高校的校园网改造项目,其中有项任务是在华为路由器上配置静态路由,项目组安排小飞来完成这项任务。小飞入职不久,之前是锐捷网络工程师,主要负责锐捷网络设备的管理和维护。为了能够胜任工作,顺利完成任务,小飞在去现场施工前使用 eNSP 模拟了在华为路由器上配置静态路由的过程。

5.6.2 任务分析

为了顺利完成静态路由的配置任务,小飞使用 eNSP 搭建了如图 5-31 所示的网络拓扑。这是一个由三台路由器所组成的简单网络,R1 与 R3 各自连接着一台主机,现在要求通过配置基本的静态路由实现主机 PC1 与 PC2 之间的正常通信。具体转换步骤如以下任务实施。

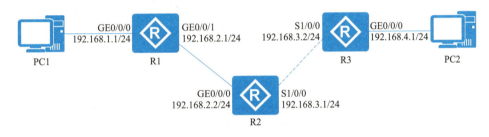

图 5-31 静态路由基本配置的拓扑

实验编址见表 5-4。

表 5-4 实验编址

设备	接口	IP 地址 / 子网掩码	默认网关
R1	GE0/0/0	192.168.1.1 255.255.255.0	N/A
	GE0/0/1	192.168.2.1 255.255.255.0	N/A
R2	GE0/0/0	192.168.2.2 255.255.255.0	N/A
	Serial1/0/0	192.168.3.1 255.255.255.0	N/A
R3	Serial1/0/0	192.168.3.2 255.255.255.0	N/A
	GE0/0/0	192.168.4.1 255.255.255.0	N/A
PC1	Ethernet0/0/0	192.168.1.10 255.255.255.0	192.168.1.1
PC2	Ethernet0/0/0	192.168.4.10 255.255.255.0	192.168.4.1

5.6.3 任务实施

1. 基本配置

基本配置包括为每台路由器配置主机名、接口 IP 地址 / 子网掩码,为每台 PC 配置 IP 地址/子网掩码和默认网关。R1、R1 和 R3 的基本配置如下：

```
<Huawei>system-view
[Huawei]sysname R1
[R1]interface GigabitEthernet 0/0/0
[R1-GigabitEthernet0/0/0]ip address 192.168.1.1 24
[R1-GigabitEthernet0/0/0]quit
[R1]interface GigabitEthernet 0/0/1
[R1-GigabitEthernet0/0/1]quit


<Huawei>system-view
[Huawei]sysname R2
[R2]interface GigabitEthernet 0/0/0
[R2-GigabitEthernet0/0/0]ip address 192.168.2.2 24
[R2-GigabitEthernet0/0/0]quit
[R2]interface Serial 1/0/0
[R2-Serial1/0/0]ip address 192.168.3.1 24
[R2-Serial1/0/0]quit


<Huawei>system-view
[Huawei]sysname R3
[R3]interface Serial 1/0/0
[R3-Serial1/0/0]ip addrss 192.168.3.2 24
[R3-Serial1/0/0]quit
[R3]interface GigabitEthernet 0/0/0
[R3-GigabitEthernet0/0/0]ip address 192.168.4.1 24
[R3-GigabitEthernet0/0/0]quit
```

PC1 的基本配置如图 5-32 所示。

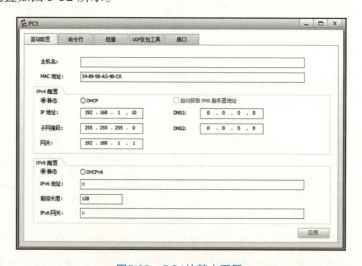

图5-32　PC1的基本配置

PC2 的基本配置和 PC1 类似，此处省略。

完成设备的基本配置后，要使用 ping 命令检测各直联链路的连通性。

```
[R2]ping -c 1 192.168.2.1
  PING 192.168.2.1: 56  data bytes, press CTRL_C to break
    Reply from 192.168.2.1: bytes=56 Sequence=1 ttl=255 time=20 ms

  --- 192.168.2.1 ping statistics ---
    1 packet(s) transmitted
    1 packet(s) received
    0.00% packet loss
    round-trip min/avg/max = 20/20/20 ms

[R2]ping -c 1 192.168.3.2
  PING 192.168.3.2: 56  data bytes, press CTRL_C to break
    Reply from 192.168.3.2: bytes=56 Sequence=1 ttl=255 time=30 ms

  --- 192.168.3.2 ping statistics ---
    1 packet(s) transmitted
    1 packet(s) received
    0.00% packet loss
    round-trip min/avg/max = 30/30/30 ms
```

其余直连网段的连通性测试省略。

各直连链路间的 IP 连通性测试完成后，尝试在主机 PC1 上直接 ping 主机 PC2。

```
PC>ping 192.168.4.10

Ping 192.168.4.10: 32 data bytes, Press Ctrl_C to break
Request timeout!
Request timeout!
Request timeout!
Request timeout!
Request timeout!

--- 192.168.4.10 ping statistics ---
  5 packet(s) transmitted
  0 packet(s) received
  100.00% packet loss
```

发现无法连通，请思考：是什么问题导致了它们之间无法通信？

2. 查看 R1 的路由表

基本配置完成并测试完各直连网段的连通性后，在路由器 R1 上查看路由表。

```
[R1]display ip routing-table
Route Flags: R - relay, D - download to fib
------------------------------------------------------------------------------
Routing Tables: Public
         Destinations : 10      Routes : 10

Destination/Mask        Proto   Pre   Cost    Flags   NextHop         Interface

    127.0.0.0/8         Direct   0     0        D     127.0.0.1       InLoopBack0
    127.0.0.1/32        Direct   0     0        D     127.0.0.1       InLoopBack0
127.255.255.255/32      Direct   0     0        D     127.0.0.1       InLoopBack0
  192.168.1.0/24        Direct   0     0        D     192.168.1.1     GigabitEthernet0/0/0
  192.168.1.1/32        Direct   0     0        D     127.0.0.1       GigabitEthernet0/0/0
192.168.1.255/32        Direct   0     0        D     127.0.0.1       GigabitEthernet0/0/0
  192.168.2.0/24        Direct   0     0        D     192.168.2.1     GigabitEthernet0/0/1
  192.168.2.1/32        Direct   0     0        D     127.0.0.1       GigabitEthernet0/0/1
192.168.2.255/32        Direct   0     0        D     127.0.0.1       GigabitEthernet0/0/1
255.255.255.255/32      Direct   0     0        D     127.0.0.1
```

可以看出，在路由器的接口上配置 IP 地址且该接口的物理层和链路层状态均为 UP 的前提下，此接口的相关直连路由将会被加入到 IP 路由表中。路由器 R1 与两个网络 192.168.1.0/24 和 192.168.2.0/24 直接相连，因此在其 IP 路由表中有这两个目的 IP 地址、下一跳和出接口的直连路由。非直连网段的路由不会自动生成，因此 R1 的路由表中没有到达网段 192.168.3.0/24 和 192.168.4.0/24 的路由，这也是 PC1 不能和 PC2 通信的原因。

同理，我们可以查看 R2 和 R3 的路由表，观察其直连路由情况。

3. 在每台路由器上配置静态路由

由于主机 PC1 与 PC2 之间跨越了若干个不同网段，因此要实现它们之间的通信，只通过简单的 IP 地址等基本配置是无法实现的，必须在三台路由器上添加相应的路由信息，可以通过配置静态路由来实现。

实施静态路由选择的过程有如下三个步骤。
- 为网络中的每个数据链路确定子网或网络地址。
- 为每台路由器标识所有非直连的数据链路。
- 为每台路由器写出关于每个非直连数据链路的路由语句。

配置静态路由有两种方式：一种是在配置中采取指定下一跳 IP 地址的方式，另一种是指定出接口的方式。注意：如果出接口是点到点类型接口（如串行接口），则可以指定出接口，也可以指定下一跳；如果出接口是广播类型接口（如以太网接口、VLAN 接口等），则不能指定出接口，必须指定下一跳地址。

本拓扑图共有四个网络，地址分别为：192.168.1.0/24、192.168.2.0/24、192.168.3.0/24 和 192.168.4.0/24。

为了在 R1 上配置静态路由，标识出该路由器上非直连的网络。这些非直连的网络为：

192.168.3.0/24、192.168.4.0/24。

在 R1 上配置这些非直连的网络的路由。

```
[R1]ip route-static 192.168.3.0 24 192.168.2.2
[R1]ip route-static 192.168.4.0 24 192.168.2.2
//由于出接口是以太网接口，所以必须采用指定下一跳的方式来配置静态路由
```

路由器 R2、R3 也采用同样步骤来配置静态路由。

```
[R2]ip route-static 192.168.1.0 24 192.168.2.1
[R2]ip route-static 192.168.4.0 24 Serial 1/0/0

[R3]ip route-static 192.168.1.0 24 192.168.3.1
[R3]ip route-static 192.168.2.0 24 Serial 1/0/0
//由于出接口是串行接口，所以可以采用指定下一跳或出接口的方式来配置静态路由
```

配置好静态路由后，可以在路由器 R1、R2 和 R3 上查看 IP 路由表，以验证配置结果。

```
[R1]display ip routing-table
Route Flags: R - relay, D - download to fib
------------------------------------------------------------------
Routing Tables: Public
         Destinations : 12       Routes : 12

Destination/Mask    Proto   Pre  Cost     Flags NextHop         Interface

       127.0.0.0/8  Direct  0    0        D     127.0.0.1       InLoopBack0
      127.0.0.1/32  Direct  0    0        D     127.0.0.1       InLoopBack0
127.255.255.255/32  Direct  0    0        D     127.0.0.1       InLoopBack0
     192.168.1.0/24 Direct  0    0        D     192.168.1.1     GigabitEthernet0/0/0
     192.168.1.1/32 Direct  0    0        D     127.0.0.1       GigabitEthernet0/0/0
   192.168.1.255/32 Direct  0    0        D     127.0.0.1       GigabitEthernet0/0/0
     192.168.2.0/24 Direct  0    0        D     192.168.2.1     GigabitEthernet0/0/1
     192.168.2.1/32 Direct  0    0        D     127.0.0.1       GigabitEthernet0/0/1
   192.168.2.255/32 Direct  0    0        D     127.0.0.1       GigabitEthernet0/0/1
     192.168.3.0/24 Static  60   0        RD    192.168.2.2     GigabitEthernet0/0/1
     192.168.4.0/24 Static  60   0        RD    192.168.2.2     GigabitEthernet0/0/1
255.255.255.255/32  Direct  0    0        D     127.0.0.1       InLoopBack0

[R2]display ip routing-table
Route Flags: R - relay, D - download to fib
------------------------------------------------------------------
Routing Tables: Public
         Destinations : 13       Routes : 13
```

```
Destination/Mask        Proto   Pre  Cost       Flags NextHop        Interface

      127.0.0.0/8       Direct  0    0          D     127.0.0.1      InLoopBack0
      127.0.0.1/32      Direct  0    0          D     127.0.0.1      InLoopBack0
127.255.255.255/32      Direct  0    0          D     127.0.0.1      InLoopBack0
    192.168.1.0/24      Static  60   0          RD    192.168.2.1    GigabitEthernet0/0/0
    192.168.2.0/24      Direct  0    0          D     192.168.2.2    GigabitEthernet0/0/0
    192.168.2.2/32      Direct  0    0          D     127.0.0.1      GigabitEthernet0/0/0
  192.168.2.255/32      Direct  0    0          D     127.0.0.1      GigabitEthernet0/0/0
    192.168.3.0/24      Direct  0    0          D     192.168.3.1    Serial1/0/0
    192.168.3.1/32      Direct  0    0          D     127.0.0.1      Serial1/0/0
    192.168.3.2/32      Direct  0    0          D     192.168.3.2    Serial1/0/0
  192.168.3.255/32      Direct  0    0          D     127.0.0.1      Serial1/0/0
    192.168.4.0/24      Static  60   0          RD    192.168.3.2    Serial1/0/0
255.255.255.255/32      Direct  0    0          D     127.0.0.1      InLoopBack0
```

[R3]display ip routing-table
Route Flags: R - relay, D - download to fib

Routing Tables: Public
         Destinations : 13   Routes : 13

```
Destination/Mask        Proto   Pre  Cost       Flags NextHop        Interface

      127.0.0.0/8       Direct  0    0          D     127.0.0.1      InLoopBack0
      127.0.0.1/32      Direct  0    0          D     127.0.0.1      InLoopBack0
127.255.255.255/32      Direct  0    0          D     127.0.0.1      InLoopBack0
    192.168.1.0/24      Static  60   0          RD    192.168.3.1    Serial1/0/0
    192.168.2.0/24      Static  60   0          D     192.168.3.2    Serial1/0/0
    192.168.3.0/24      Direct  0    0          D     192.168.3.2    Serial1/0/0
    192.168.3.1/32      Direct  0    0          D     192.168.3.1    Serial1/0/0
    192.168.3.2/32      Direct  0    0          D     127.0.0.1      Serial1/0/0
  192.168.3.255/32      Direct  0    0          D     127.0.0.1      Serial1/0/0
    192.168.5.0/24      Direct  0    0          D     192.168.5.1    GigabitEthernet0/0/0
    192.168.5.1/32      Direct  0    0          D     127.0.0.1      GigabitEthernet0/0/0
  192.168.5.255/32      Direct  0    0          D     127.0.0.1      GigabitEthernet0/0/0
255.255.255.255/32      Direct  0    0          D     127.0.0.1      InLoopBack0
```

从中可以看出，路由器的 IP 路由表中已经有两条静态路由，其他均为直连路由。现在每台路由器的路由表中均有到达 PC1 和 PC2 所在网段的路由。

4. 测试网络的连通性

可以用 ping 命令来测试 PC1 和 PC2 间的连通性。

```
PC>ping 192.168.4.10

Ping 192.168.4.10: 32 data bytes, Press Ctrl_C to break
From 192.168.4.10: bytes=32 seq=1 ttl=125 time=16 ms
From 192.168.4.10: bytes=32 seq=2 ttl=125 time=31 ms
From 192.168.4.10: bytes=32 seq=3 ttl=125 time=31 ms
From 192.168.4.10: bytes=32 seq=4 ttl=125 time=31 ms
From 192.168.4.10: bytes=32 seq=5 ttl=125 time=32 ms

--- 192.168.4.10 ping statistics ---
  5 packet(s) transmitted
  5 packet(s) received
  0.00% packet loss
  round-trip min/avg/max = 16/28/32 ms
```

也可以用 tracert 命令来测试 PC1 和 PC2 间的连通性。

```
PC>tracert 192.168.4.10

traceroute to 192.168.4.10, 8 hops max
(ICMP), press Ctrl+C to stop
 1  192.168.1.1    <1 ms   16 ms   16 ms
 2  192.168.2.2    15 ms   31 ms   16 ms
 3  192.168.3.2    31 ms   16 ms   31 ms
 4  192.168.4.10   16 ms   31 ms   16 ms
```

以上测试结果显示，PC1 和 PC2 可以正常通信。

5. 任务补充
- 静态路由一旦创建，若想删除，则可以通过在静态路由之前使用 undo 命令来删除。
- 若静态路由数量太多，想一次性删除所有静态路由，则可以使用命令操作：delete static-routes all。
- 如果 IP 路由表条目较多，可以通过 display ip routing-table protocol static 命令实现只查看路由表中的静态路由表项。

项目小结

本项目讲述了网络层协议 IP、ARP 和 ICMP，并对路由器的工作原理、路由表的来源以及静态路由的配置进行了详细介绍。本项目的内容是重点中的重点，包括以下几个方面。
- TCP/IP 体系中的网络层向上只提供简单灵活的、无连接的、尽最大努力通信的数据报服务。网络层不提供服务质量的承诺，不保证分组通信的时限，所传送的分组可能出错、丢失、重复和失序。进程之间通信的可靠性由传输层负责。
- IP头部中的生存时间字段给出了IP数据报在互联网中所能经过的最大路由器数,可防止IP数据报在互联网中无限制地兜圈子。
- 在互联网上的通信有两种:在本网络上的直接通信(不经过路由器)和到其他网络的间接通信(经过至少一个路由器,但最后一次一定是直接通信)。
- ARP把IP地址解析为硬件地址,它解决了同一个局域网上的主机或路由器的IP地址和硬件地址的映射问题。ARP的高速缓存可以大大减少网络上的通信量。
- ICMP定义了网络层控制和传递消息的功能。ping使用ICMP回显请求与应答检测网络连通性,tracert使用TTL超时机制检测网络连通性。
- 路由器转发数据包的关键是路由表,每台路由器中都保存着一张路由表,表中每条路由项都指明数据到某个网段应通过路由器的哪个物理接口发送,然后就可以到达该路径的下一跳路由器,或者不再经过别的路由器而传送到直接相连的网络中的目的主机。
- 路由表的来源主要有直连路由、静态路由和动态路由三种。直连路由不需要配置,当接口配置了IP地址并且状态正常时,由路由进程自动生成。静态路由是由管理员手动配置的。动态路由是由路由协议采用一定的算法计算产生的。

拓展阅读
网络层协议之间的分工合作

习 题

1. 单选题

(1)下列关于IPv4的说法错误的是( )。
  A. IPv4的地址长度为32位
  B. IPv4协议的封装格式中只有1个字段与数据包分片有关
  C. IPv4的头部长度是可变的
  D. IPv4数据包头部封装的版本字段取值皆为4

(2)下列关于IPv4头部大小的说法正确的是( )。
  A. IPv4的头部长度最小为20位
  B. IPv4的头部长度为20位
  C. IPv4的头部长度最小为20字节
  D. IPv4的头部长度为20字节

(3)ARP实现的功能是( )。
  A. 域名地址到IP地址的解析   B. IP地址到域名地址的解析
  C. IP地址到物理地址的解析   D. 物理地址到IP地址的解析

(4)查看计算机ARP缓存的命令是( )。
  A. arp-a   B. arp-s   C. arp-d   D. arp/a

(5)ARP请求报文和ARP应答报文分别属于( )。
  A. 单播,广播   B. 广播,单播
  C. 组播,广播   D. 广播,广播

（6）下面情况应该使用 tracert 命令的是（　　）。
　　A. 要查看本到某主机的 IP 通信路径　　B. 网络无法连通
　　C. 要测试到其他主机的连通性　　D. 机器无法正常启动时
（7）路由器进行选路和转发数据包是根据（　　）。
　　A. 访问控制列表　　B. MAC 地址表
　　C. 路由表　　D. ARP 缓存表
（8）当路由器接收数据的 IP 地址在路由表中找不到对应路由时，会（　　）。
　　A. 丢弃数据　　B. 分片数据　　C. 转发数据　　D. 泛洪数据
（9）关于路由来源，以下说法不正确的是（　　）。
　　A. 设备自动发现的直连路由　　B. 手工配置的静态路由
　　C. 路由协议发现的路由　　D. 以上都不是
（10）以下 4 条路由都以静态路由的形式存在于某路由的 IP 路由表中，那么该路由器对于目的 IP 地址为 8.1.1.1 的 IP 报文进行转发的路由根据是（　　）。
　　A. 0.0.0.0/0　　B. 8.0.0.0/8　　C. 8.1.0.0/16　　D. 18.0.0.0/16

2. 问答题

（1）IP 数据包头部包含哪些内容？与分段重组有关的字段是哪些？
（2）主机 PC1 发送 IP 数据包给主机 PC2，途中经过了 4 台路由器。试问在 IP 数据包的发送过程中总共使用了几次 ARP？
（3）简述路由表的产生方式。
（4）路由表中需要保存哪些信息？
（5）简述静态路由的配置步骤。

项目 6

传输层协议与应用

6.1 项目背景

网络层实现了不同终端设备之间的跨网络通信,而传输层则可以实现运行在不同终端设备上的应用程序之间的通信,它在为应用层提供服务的同时,既依赖于网络层提供的服务,也受限于网络层提供的服务。

为了满足不同应用进程的不同要求,传输层提供了面向连接的传输控制协议 TCP (transmission control protocol)和无连接的用户数据报协议 UDP (user datagram protocol)。

6.2 学习目标

知识目标
◎ 理解进程之间逻辑通信的概念
◎ 理解端口和套接字的意义
◎ 理解面向连接的 TCP 的特点
◎ 掌握 TCP 的工作流程
◎ 理解在不可靠的网络上实现可靠通信的工作原理
◎ 掌握 TCP 的滑动窗口、流量控制、拥塞控制和连接管理
◎ 理解无连接的 UDP 的特点

能力目标
◎ 能查看计算机上开放的端口号
◎ 能通过扫描工具判断远程计算机上开启的服务

◎会使用 Wireshark 捕获和分析 TCP 报文

素质目标

◎培养职业精神，养成良好的职业习惯
◎培养友善、互助、协作的精神

6.3 相关知识

传输层是 TCP/IP 模型中非常重要的层次，负责提供端到端的数据传输服务，将任意数据通过网络从发送方传输到接收方。传输层有 TCP 和 UDP 两种协议，TCP 提供的是可靠的、可控制的传输服务，适用于各种网络环境；UDP 提供的服务轻便但不可靠，适用于可靠性较高的网络环境。大部分 Internet 应用都使用 TCP，因为它能够确保数据不会丢失和被破坏。

6.3.1 传输层功能及协议

介于应用层和网络层之间的传输层是分层网络体系结构的中心部分。它的重要任务就是直接给运行在不同主机上的应用程序提供通信服务。在为应用层提供服务的同时，传输层既依赖于网络层提供的服务，也受限于网络层所提供的服务。比如网络层提供的带宽和延迟如果达不到应用进程对于带宽和延迟的要求，传输层协议对此也无能为力。但是除此之外，传输层能够为应用层提供一些其他服务，来弥补网络层服务在其他方面的不足。比如在使用不可靠的 IP 时，数据会面临收发失序和丢失等问题，传输层可以针对这些方面作出努力，在底层协议并不可靠的环境中，为应用层提供可靠的传输服务。

为了满足不同应用进程的不同要求，可以把应用进程按照传输需求分为两大类：一类强调数据的可靠传输，对于延迟的要求并不严苛；另一类重视数据的传输延迟，宁可丢掉少量报文，也要及时传输数据。传输层的 TCP 和 UDP 则分别针对这两类应用进程提供服务。在这两个协议当中，TCP 是可靠传输协议，它能够保证接收方接收到所有数据，适合对丢包率有要求的应用进程；而 UDP 是不可靠的传输协议，优点是开销少、协议简单，适合对延迟有要求的应用进程。TCP 和 UDP 在 TCP/IP 协议栈中的位置以及使用 TCP 和 UDP 的各种应用层协议如图 6-1 所示。

图6-1 TCP/IP协议栈中的传输层协议和使用TCP和UDP的各种应用层协议

1. 进程之间的通信

传输层协议为不同主机上的应用程序进程提供逻辑通信。逻辑通信的意思就是尽管通信的应用进程之间不是物理连接的（实际上，它们可能是在不同的位置，通过各种各样的路由器和各种连接类型连在一起），但从应用程序的角度来看，它们就像是物理连接的一样。应用程序通过使用传输层提供的逻辑通信互相传输信息，而不用考虑用来传送这些信息的物理基础设施。如图6-2所示，传输层在两个应用程序之间提供逻辑通信。

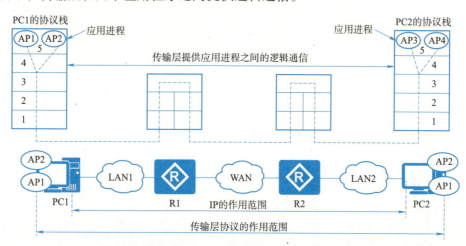

图6-2　传输层在两个应用程序之间提供逻辑通信

在图 6-2 中，设局域网 LAN1 上的 PC1 和局域网 LAN2 上的 PC2 通过互联的广域网 WAN 进行通信。我们知道，IP 能够把源 PC1 发送出的分组，按照头部中的目的地址，送交到目的 PC2，那么，为什么还需要传输层呢？从 IP 层来说，通信的两端是两台主机。IP 数据报的头部明确地标志了这两台主机的 IP 地址。但是网络中真正进行通信的实体是在主机中的进程，是这台主机中的一个进程和另一台主机中的一个进程在交换数据（即通信）。因此严格地讲，两台主机进行通信就是两台主机中的应用进程互相通信。IP 虽然能把分组送到目的主机，但是这个分组还停留在主机的网络层而没有交付主机中的应用进程。从传输层的角度看，通信的真正端点并不是主机而是主机中的进程。也就是说，端到端的通信是应用进程之间的通信。在一台主机中经常有多个应用进程同时分别和另一台主机中的多个应用进程通信。例如，某用户在使用浏览器查找某网站的信息时，其主机的应用层运行浏览器客户进程。如果在浏览网页的同时，还要用电子邮件给网站发送反馈意见，那么主机的应用层就还要运行电子邮件的客户进程。

从这里可以看出网络层和传输层有明显的区别。网络层为主机之间提供逻辑通信，而传输层为应用进程之间提供端到端的逻辑通信。

2. 传输层的端口

应用层协议有很多，而传输层就两个协议。通常传输层协议加一个端口号就可以确定一个应用层协议，如图 6-3 所示。

图6-3　传输层协议加一个端口号就可以确定一个应用层协议

除此之外，还有一些常见的应用层协议和传输层协议，它们之间的关系如下：
（1）HTTPS 默认使用 TCP 的 443 端口。
（2）RIP 默认使用 UDP 的 520 端口。
（3）Windows 访问共享资源使用 TCP 的 445 端口。
（4）微软 SQL 数据库默认使用 TCP 的 1433 端口。
（5）MySQL 数据库默认使用 TCP 的 3306 端口。

以上列出的都是默认端口，应用层协议使用的端口是可以更改的，如果不使用默认端口，客户端需要指明所使用的端口。

端口的作用如图 6-4 所示，服务器运行了 Web 服务和 SSH 服务，这两个服务分别使用 HTTP 和 SSH 协议与客户端通信。现在网络中 PC1 和 PC2 分别打算访问服务器的 Web 服务和 SSH 服务，于是发送了如图所示的报文 1 和报文 2，这两个报文的目的端口分别是 80 和 22，服务器收到这两个报文后，就根据目的端口号将报文提交给不同的服务。

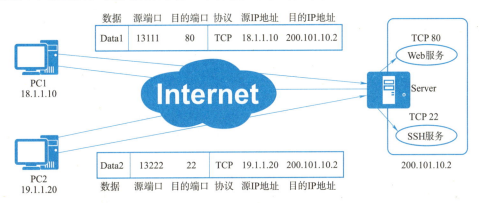

图6-4　端口的作用

报文的目的 IP 地址是用来在网络中定位某一个服务器，而目的端口用来定位服务器上的某个服务。

图 6-4 中所示的 PC1、PC2 访问服务器的报文中包含了目的端口和源端口，其中的源端口是计算机临时为客户端程序分配的，服务器向 PC1、PC2 发送应答报文，源端口就变成了目的端口。

TCP/IP 的传输层用一个 16 位二进制数来标识一个端口。16 位的端口号可允许有 65 535 个不同的端口号，这个数目对一个计算机来说是足够用的。

端口号分为两大类：服务器端使用的端口号和客户端使用的端口号。

（1）服务器端使用的端口号

服务器端使用的端口号又分为两类，最重要的一类叫作熟知端口号（well-known port number）或系统端口号，数值为 0~1 023。IANA 把这些端口号指派给了 TCP/IP 最重要的一些应用程序，让所有的用户都知道。当一种新的应用程序出现后，IANA 必须为它指派一个熟知端口，否则互联网上的其他应用进程就无法和它进行通信。常用的熟知端口号见表 6-1。

表 6-1 常用的熟知端口号

基于传输层协议	应用层协议	熟知端口号
TCP	FTP	20、21
	SSH	22
	Telnet	23
	SMTP	25
	DNS	53
	HTTP	80
	POP3	110
	BGP	179
	HTTPS	443
UDP	DNS	53
	BOOTP	67、68
	TFTP	69
	NTP	123
	SNMP	161
	RIP	520

另一类叫作登记端口号，数值为 1 024~49 151。这类端口号是为没有熟知端口号的应用程序使用的。使用这类端口号必须在 IANA 按照规定的手续登记，以防止重复。

（2）客户端使用的端口号

由于这类端口号仅在客户进程运行时才动态选择，因此又叫作短暂端口号。这类端口号留给客户进程选择暂时使用，数值为 49 152~65 535。当服务器进程收到客户进程的报文时，就知道了客户进程所使用的端口号，因而可以把数据发送给客户进程。通信结束后，刚才已使用过的客户端口号就不复存在，这个端口号就可以供其他客户进程使用。

客户端端口的作用如图 6-5 所示，计算机使用浏览器打开两个窗口，一个窗口访问 www.baidu.com，一个窗口访问 www.hubstc.com.cn，这就需要建立两个 TCP 连接。计算机给每个窗口临时分配一个客户端端口（要求本地唯一），从 hubstc 返回的报文目的端口就会是 13111，从 baidu 返回的报文目的端口就会是 13222，这样计算机就知道这些报文是来自哪个网站、应提交给哪一个窗口。

⚠️ **注意：**

端口号只具有本地意义，它只是为了标志本计算机应用层中的各个进程在和传输层交互时的层间接口。在互联网不同计算机中，相同的端口号是没有关联的。

项目 6　传输层协议与应用

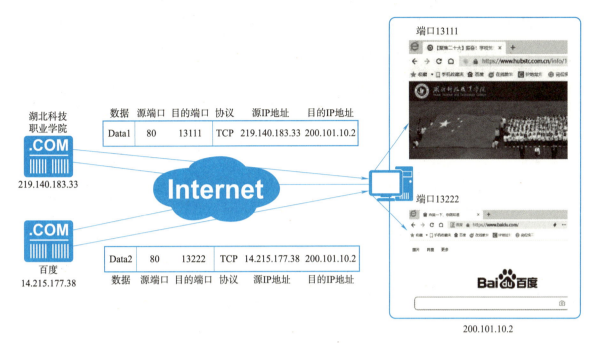

图6-5　客户端端口的作用

3. 套接字

区分不同应用程序（进程）之间的网络通信和连接，需要传输层协议（TCP/UDP）、IP地址和端口号这三个参数进行标识。将这三个参数结合起来，就成为套接字（Socket），又称插座。

应用层可以与传输层通过套接字接口区分来自不同应用程序或网络连接的通信。套接字代表TCP/IP网络中唯一的网络进程，通过源主机的一个套接字与目的主机的一个套接字，就可以在两个主机之间建立一个连接。

套接字提供了进程通信的端点，利用客户/服务器模式解决进程之间建立通信连接的问题，通常用于客户端与服务器端之间的交互。套接字之间的连接过程包括如下三个步骤：

① 服务器监听。服务器端套接字处于等待连接的状态，实时监控网络状态。
② 客户端请求。客户端套接字提出连接请求，要连接的目标是服务器端的套接字。
③ 连接确认。当服务器端套接字监听到或者接收到客户端套接字的连接请求时，它就响应客户端套接字的请求，建立一个新的线程，把服务器端套接字的描述发给客户端，一旦客户端确认了此描述，连接就建立好了。

服务器端套接字继续处于监听状态，继续接收其他客户端套接字的连接请求。

套接字也是系统提供的进程通信编程接口，分为两种类型。流式Socket（SOCK_STREAM）是面向连接的Socket，对应于面向连接的TCP服务应用；数据包式Socket（SOCK_DGRAM）是面向无连接的Socket，对应于无连接的UDP服务应用。

6.3.2　传输控制协议（TCP）的基本原理

当两个应用程序之间想要进行可靠通信时，需要建立一条连接，通过这条连接发送和接收数据。TCP为需要可靠通信的应用程序提供了点对点的通信。

视频

TCP原理及应用

1. TCP 的特点

TCP 是 TCP/IP 体系中非常复杂的一个协议。下面介绍 TCP 最主要的特点。

① TCP 是面向连接的传输层协议。应用程序在使用 TCP 之前，必须先建立 TCP 连接。在传送数据完毕后，必须释放已经建立的 TCP 连接。也就是说，应用进程之间的通信好像在"打电话"：通话前要先拨号建立连接，通话结束后要挂机释放连接。

② 每一条 TCP 连接只能有两个端点，每一条 TCP 连接只能是点对点的（一对一）。

③ TCP 提供可靠交付的服务。通过 TCP 连接传送的数据，无差错、不丢失、不重复，并且按序到达。

④ TCP 提供全双工通信。TCP 允许通信双方的应用进程在任何时候都能发送数据。TCP 连接的两端都设有发送缓存和接收缓存，用来临时存放双向通信的数据。在发送时，应用程序在把数据传送给 TCP 的缓存后，就可以做自己的事，由 TCP 在合适的时候把数据发送出去。在接收时，TCP 把收到的数据放入缓存，由上层的应用进程在合适的时候读取缓存中的数据。

⑤ 面向字节流。TCP 中的"流"（stream）指的是流入到进程或从进程流出的字节序列。"面向字节流"的含义是：虽然应用程序和 TCP 的交互是一次一个数据块（大小不等），但 TCP 把应用程序交下来的数据仅仅看成是一连串的无结构的字节流。TCP 并不知道所传送的字节流的含义。TCP 不保证接收方应用程序所收到的数据块和发送方应用程序所发出的数据块具有对应大小的关系（例如，发送方应用程序交给发送方的 TCP 共 10 个数据块，但接收方的 TCP 可能只用了四个数据块就把收到的字节流交付给予上层的应用程序），但接收方应用程序收到的字节流必须和发送方应用程序发出的字节流完全一样。当然，接收方的应用程序必须有能力识别收到的字节流，把它还原成有意义的应用层数据。TCP 面向字节流的概念如图 6-6 所示。

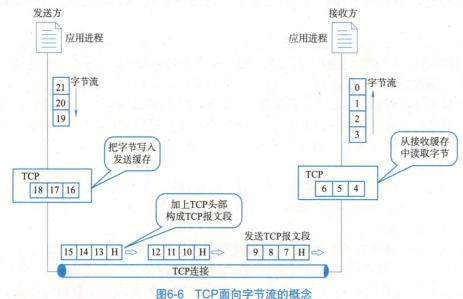

图6-6 TCP面向字节流的概念

2. TCP 段的格式

在传输层，TCP 收到应用层提交的数据后，将一些字节划分到一个报文中，称作段，并在每个分段前封装一个 TCP 头部。如图 6-7 所示为 TCP 头部的格式。TCP 头部由一个 20 字节的固定长度部分加上变长的选项字段组成。

项目 6　传输层协议与应用

图6-7　TCP头部的格式

TCP 头部各字段的含义如下：
- 源端口号（source port）：16 位的源端口号指明发送数据的进程。在需要对方回信时选用，不需要时可用全 0。
- 目的端口号（destination port）：16 位的目的端口号指明目的主机接收数据的进程。
- 序列号（sequence number）：32 位的序列号，表示数据部分第一字节的序列号，32 位长度的序列号可以将 TCP 流中的每一个数据字节进行编号。
- 确认号（acknowledgement number）：32 位的确认号由接收端计算机使用，如果设置了 ACK 控制位，这个值表示下一个期望接收到的字节（而不是已经正确接收到的最后一个字节），隐含意义是序号小于确认号的数据都已正确地被接收。
- 数据偏移量（data offset）：4 位，指示数据从何处开始，实际上是指出 TCP 头的大小。数据偏移量以 4 字节长的字为单位计算。
- 保留（reserved）：6 位值域。这些位必须是 0，它们是为了将来定义新的用途所保留的。
- 控制位（control bits）：6 位标志域。按照顺序排列是：URG、ACK、PSH、RST、SYN、FIN，它们的含义见表 6-2。

表 6-2　TCP 控制位及其含义

控 制 位	含 义
URG	紧急标志位，说明紧急指针有效
ACK	仅当ACK=1时确认号字段才有效。当ACK=0时，确认号无效。TCP规定，在建立连接后所有传送的报文段都必须把ACK置1
PSH	该标志置位时，接收端在收到数据后应立即请求将数据递交给应用程序，而不是将它缓冲起来直到缓冲区接收满为止。在处理Telnet或Login等交互模式的连接时，该标志总是置位的
RST	复位标志，用于重置一个已经混乱（可能由于主机崩溃或其他的原因）的连接。该位也可以被用来拒绝一个无效的数据段，或者拒绝一个连接请求
SYN	在连接建立时用来同步序号。当SYN=1而ACK=0时，表明这是一个连接请求报文段。若对方同意建立连接，则应在响应的报文段中使SYN=1和ACK=1。因此SYN置1就表示这是一个连接请求或连接受报文
FIN	用来释放一个连接。当FIN=1时，表明此报文段的发送方的数据已发送完毕，并要求释放连接

- 窗口值（window size）：16 位，指明了从被确认的字节算起可以发送多少字节。当窗口大小为 0 时，表示接收缓冲区已满，要求发送方暂停发送数据。
- 校验和（checksum）：TCP 头部包括 16 位的校验和字段用于错误检查。校验和字段检验的范围包括头部和数据两部分。源端计算一个校验和数值，如果数据报在传输过程中被第三方篡改或者由于线路噪声等原因受到损坏，发送和接收方的校验计算值将不会相符，由此 TCP 可以检测是否出错。
- 紧急指针（urgent pointer）：16 位，指向数据中优先部分的最后一个字节，通知接收方紧急数据共有多长，在 URG=1 时才有效。
- 选项（option）：长度可变，最长可达 40 字节。TCP 最初只规定了一种选项，即最大报文段长度（maximum segment size, MSS），随着因特网的发展，又陆续增加了几个选项，如窗口扩大因子、时间戳选项等。
- 填充（padding）：这个字段中加入额外的 0，以保证 TCP 头部长度是 32 位的整数倍。

3. TCP 的工作流程

TCP 是一个面向连接的可靠的传输控制协议，在每次数据传输之前需要首先建立连接，当连接建立成功后才开始传输数据，数据传输结束后还要断开连接。

（1）TCP 连接建立

TCP 使用三次握手的方式来建立可靠的连接，如图 6-8 所示。TCP 为传输每个字段分配了一个序号，并期望从接收端的 TCP 得到一个肯定的确认（ACK）。如果在一个规定的时间间隔内没有收到一个 ACK，则数据会被重传。因为数据按块（TCP 报文段）的形式进行传输，所以 TCP 报文段中的每一个数据段的序列号被发送到目的主机。当报文段无序到达时，接收端 TCP 使用序列号来重排 TCP 报文段，并删除重复发送的报文段。

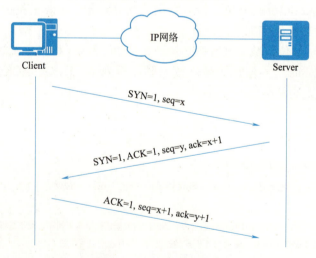

图 6-8　TCP 连接建立

TCP 三次握手建立连接的过程如下：

① 客户端向服务器发送 TCP 连接请求（又称 SYN 段），其中标志 SYN=1，ACK=0；序列号为客户端初始序列号；目的端口号为所请求的服务对应的端口；还包括最大段长度（MSS）选项。这个 SYN 段不携带任何数据，但是它消耗一个序列号。这一步客户端执行主动打开（Active Open）。

② 服务器在指定的端口等待连接，收到 TCP 连接请求后，将回应一个 TCP 连接应答（又称 SYN/ACK 段），其中标志 SYN=1，ACK=1；序列号为服务器初始序列号；确认号为客户端初始序列号加 1；目的端口号为客户端的源端口号。这个 SYN/ACK 段不携带数据，但消耗一个序列号。这一步服务器执行被动打开（passive open）。

③ 客户端再向服务器发送一个 TCP 连接确认报文（又称 ACK 段），其中标志 SYN=0，ACK=1；序列号为客户端初始序列号加 1；确认号为服务器的初始序列号加 1。一般来说，这个 ACK 段不携带数据，因而不消耗序列号。但在某些实现中，该段可以携带客户端的第 1 个数据块，此时必须有一个新的序列号来表示数据中的第 1 个字节的编号。

经过上述三次握手后，TCP 连接正式建立。双方都置 ACK 标志，交换并确认了对方的初始序列号，可以通过连接互相传输数据。

由于客户对 TCP 段进行了编号，它知道哪些序列号是期待的，哪些序列号是过时的。当客户发现段的序列号是一个过时的序列号时，就会拒绝该段，这样就不会造成重复连接。

（2）TCP 半开连接

按照三次握手协议，TCP 客户端要向 TCP 服务器发起 TCP 连接，需要首先发送 SYN 段到服务器，服务器收到后发送一个 SYN/ACK 段回来，客户端再发送 ACK 段给对方，这样三次握手就结束了。需要注意的是，当服务器收到 SYN 请求时，在发送 SYN/ACK 给客户端之前，服务器要先分配一个数据区以服务于这个即将形成的 TCP 连接。一般将收到 SYN 而还未收到客户端的 ACK 时的连接状态称为半开连接（half-open connection）或半打开连接。TCP 半开连接的通信发生顺序如图 6-9 所示。

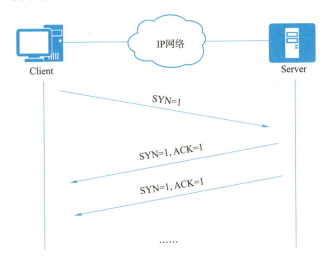

图6-9　TCP半开连接的通信发生顺序

出现这种状态的情形是客户端丢失了网络连接或者发生了死机，由于并不知道客户端状态，服务器会不断发送 SYN/ACK 段，试图完成握手过程，这样会大量消耗服务器资源。如果人为利用这一点，就可以对服务器实施攻击。一种拒绝服务攻击（DoS）——SYN 洪泛（SYN flood）攻击就是利用了这一握手过程。

（3）TCP 数据传输

在 TCP 连接建立后，双向的数据传输就可以进行了。

① 数据传输过程。

客户端和服务器都可以在两个方向进行数据传输和确认。客户端和服务器分别记录对方的序列号，序列号的作用是为了同步数据。客户端向服务器发送数据报文，服务器收到后会回复一个有 ACK 标志的确认报文段。客户端收到该确认报文段，就知道数据已经成功发送，否则，报文会被重发。接着客户端继续向服务器发送报文。

实际上 TCP 并不是每发送一个报文段就要等标有 ACK 标志的确认报文到达才能发送下一段报文的。通常是连续发送几段报文，然后等待服务器的回应；接着再发送几段报文，再等待回应。至于每次应该发送多少段报文，需要由双方协调。

接收方通知发送方它可以接收多少字节的报文，这个数目的大小就是窗口。窗口越大，发送方一次可以传送的字节就越多，反之越少。窗口大小是会动态调整的。

TCP 数据传输的过程如图 6-10 所示。数据可以双向传送，并且在同一个报文段中可以携带确认，即确认是由数据捎带上的。图中客户端用两个报文段发送若干字节的数据，服务器接着用一个报文段发送若干字节的数据。这三个报文段既有数据又有确认，但最后一个报文段只有确认而没有数据，这是因为没有数据要发送了。如果发送的数据带有 PSH（推送）标志，对方在收到这些数据后要尽可能快地交付给相应的进程。

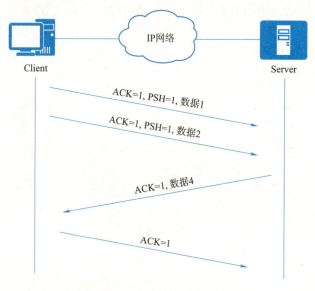

图6-10　TCP数据传输的过程

② 推送数据。

通常 TCP 向应用程序延迟传送和延迟交付数据以提高效率。发送方 TCP 使用缓冲区来存储由发送应用程序提交的数据流，并且可以选择报文段的长度。接收方 TCP 在数据到达时也要将其进行缓存，当应用程序就绪或者接收方 TCP 方便时，才将这些数据交付。

希望对方立即收到就不能采用这种延迟方式，而需要发送方应用程序请求推送（PUSH）操作。发送方 TCP 设置推送标志（PSH）以告诉接收方 TCP 该报文段所包括的数据必须尽快地交付给接收应用程序，而不要等待更多数据的到来。这样每创建一个报文段就立即发送。不过，目前大多数实现中都忽略推送操作请求，TCP 可以选择是否使用推送操作。

③ 紧急数据传输。

TCP 是一种面向流的协议，这就意味着从应用程序到 TCP 的数据被表示成一串字节流。数据的每一个字节在字节流中占有一个位置。但是，在某些情况下应用程序需要发送紧急数据，希望该数据由接收应用程序不按顺序依次读出，这可通过发送带有 URG 标志的报文段来实现。具体方法是发送应用程序通知发送方 TCP 某些数据需要紧急发送。发送方 TCP 创建报文段，并将紧急数据放在报文段的开头，其余部分可以包括来自缓冲区的正常数据。TCP 头部中的紧急指针字段定义了紧急数据的结束和正常数据的开始位置。当接收方 TCP 收到 URG 置位的报文段时，它就利用紧急指针的值从报文段中提取出紧急数据，并且优先将它交付给接收应用程序。

（4）TCP 连接关闭

建立一个连接需要三次握手，而终止一个连接要经过四次握手。这是由于 TCP 的半关闭造成的。由于一个 TCP 连接是全双工的（即数据在两个方向上能同时传递），因此每个方向必须单独进行关闭，当一方完成它的数据发送任务后就能发送一个 FIN 段（应用层关闭连接就要求 TCP 发送 FIN 段）来终止该方向的连接。当一方收到一个 FIN 段，它必须通知应用层对方已经终止了该方向的数据传送，此时它自己仍然能够向对方发送数据。首先进行关闭一方的整个连接的关闭过程如图 6-11 所示，具体说明如下：

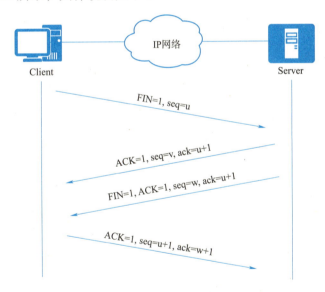

图6-11　TCP连接的关闭过程

① 客户端发送一个 FIN 段，主动关闭客户端到服务器的数据传送。

② 服务器收到这个 FIN 段后就向应用程序传送一个文件结束符，再给客户端发回一个 ACK 段，确认号为所收到的序列号加 1。与 SYN 一样，一个 FIN 将占用一个序列号。

③ 服务器被动关闭与客户端的连接，发送一个 FIN 段给客户端。

④ 当客户端收到服务端发送的 FIN 段，就必须发回一个确认（ACK 段）以证实从服务器收到了 FIN 段，并将确认号设置为所收到的序列号加 1。

FIN 段可以包含客户端发送的最后一块数据，也可以是仅仅提供标志位的报文段。如果不携带数据，那么 FIN 报文段消耗一个序列号。

> **提示:**
> 目前的实现中也有使用三次握手关闭 TCP 连接的情况。在这种情况下，收到第 1 个 FIN 段的一方要发送 FIN/ACK 段，即合并使用四次握手中的 FIN 和 ACK 段，以证实从客户端收到了 FIN 段，同时宣布在另一个方向的连接关闭了，也就是将四次握手中的第二次和第三次并作一次。

（5）TCP 连接复位

除使用 FIN 标志正常关闭 TCP 连接外，还可以使用 RST 标志非正常关闭连接。TCP 头部中的 RST 标志是用于复位的，复位主要用于快速结束连接。一般来说，一个报文段发往指定的连接无论何时出现错误，TCP 都会发出一个复位报文段。TCP 连接复位主要有以下几种情形。

① 拒绝连接请求。

假定一方 TCP 向另一方并不存在的端口（或者目的端口没有打开，没有进程正在监听）发出连接请求，另一方 TCP 就发送 RST 置位的报文段来取消这个请求。而对于 UDP 来说，当一个数据报到达没有打开的目的端口时，它将产生一个 ICMP 端口不可达的信息。

② 异常关闭连接。

由于出现了异常情况，某一方的 TCP 可能希望异常关闭连接。关闭连接的正常方式是发送 FIN 段，正常情况下没有任何数据丢失，因为在所有排队数据都已发送之后才发送 FIN 段。异常关闭是发送一个 RST 段来中途释放一个连接，这有两个优点，一是丢弃任何待发数据并立即复位，二是收到 RST 段的一方能够区分另一方执行的是异常关闭还是正常关闭。当然应用程序必须提供产生异常关闭的手段。

③ 终止空闲的连接。

一方 TCP 可能发现在另一方 TCP 已经空闲了很长时间，就可以发送 RST 段来撤销这个连接。这个过程与异常关闭一条连接一样。

TCP 连接复位都是用 RST 标志来实现的，可以抓取相应的报文来验证。这里以浏览器浏览网页后关闭为例，浏览器端将向服务器发送 RST 段，TCP 连接复位的报文分析如图 6-12 所示。

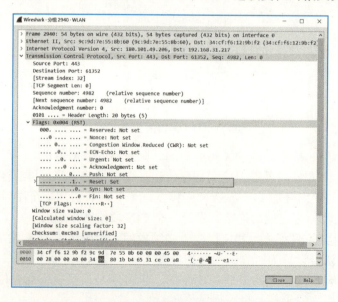

图6-12　TCP连接复位的报文分析

（6）传输控制块

一个 TCP 连接可以打开很长一段时间。为了控制连接，TCP 使用一种称为传输控制块（Transmision Control Block，TCB）的结构来保持每一条连接的有关信息。任何时候都可能有好几个连接，TCP 就以表的形式存储 TCB 数组。

每一个 TCB 都包括许多字段。例如，"状态"字段指定连接状态；"进程"字段定义在主机上使用这个连接的进程（作为客户端或服务器）；常用的字段还有本地 IP 地址、本地端口、远程 IP 地址、远程端口、接口、本地窗口、远程窗口、发送序列号、接收序列号、发送确认号、往返时间、超时值、缓冲区大小、缓冲区指针等。

4. TCP 的状态转换

TCP 建立连接、传输数据和断开连接是一个复杂的过程。为了准确地描述这一过程，可以采用有限状态机。有限状态机包含有限个状态，在某一时刻，机器必然处于某一特定状态，当在一个状态下发生特定事件时，机器会进入一个新的状态。在进行状态转换时，机器可以执行一些动作。TCP 的有限状态机如图 6-13 所示，图中每一个方框即 TCP 可能具有的状态，状态之间的箭头表示可能发生的状态变迁，箭头旁边的字，表明引起这种变迁的原因，或表明发生状态变迁后又出现什么动作。请注意图中有三种不同的箭头：粗实线箭头表示对客户进程的正常变迁；粗虚线箭头表示对服务器进程的正常变迁；细线箭头表示异常变迁。

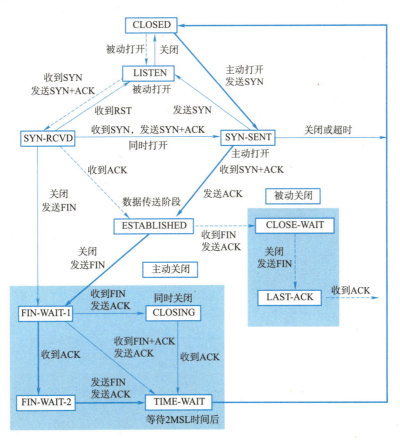

图 6-13 TCP 的有限状态机

图 6-13 中各状态的含义如下：
- CLOSED：无连接状态。
- LISTEN：侦听状态，等待连接请求 SYN。
- SYN-SENT：已发送连接请求 SYN 状态，等待确认 ACK。
- SYN-RCVD：已收到连接请求 SYN 状态。
- ESTABLISHED：已建立连接状态。
- FIN-WAIT-1：应用程序要求关闭连接，断开请求 FIN 已经发出状态。
- FIN-WAIT-2：已关闭半连接状态，等待对方关闭另一个半连接。
- CLOSING：双方同时决定关闭连接状态。
- TIME-WAIT：等待超时状态。
- CLOSE-WAIT：等待关闭连接状态，等待来自应用程序的关闭要求。
- LAST-ACK：等待关闭确认状态。

图 6-13 包含了客户和服务器的状态和转移，如果将客户端和服务器的状态转换图分开，再加入一些交互式的报文描述，就可以更清楚地看到通信双方连接的建立、使用和关闭过程。TCP 连接建立、数据传输和连接关闭状态转换如图 6-14 所示，该图给出了一种正常操作时客户端和服务器各自的状态转换。从图中可以清楚地看出服务器被动打开，客户端主动打开，经过三次握手建立连接，然后交换数据，最后经过四次握手断开连接的完整过程。

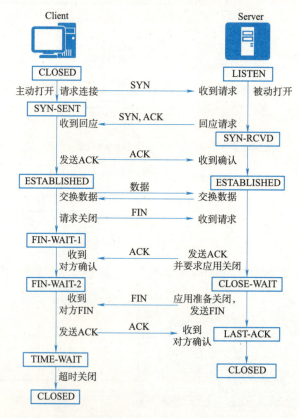

图6-14　TCP连接建立、数据传输和连接关闭状态转换

6.3.3 TCP 可靠性原理

TCP 除提供进程通信能力外，还具有高可靠性。TCP 采用的可靠性技术主要包括差错控制、流量控制和拥塞控制。

1. TCP 差错控制

TCP 差错控制包括检测损坏的报文段、丢失的报文段、失序的报文段和重复的报文段，并进行纠正。应用程序将数据流交付给 TCP 后，就依靠 TCP 将整个数据流按序且没有损坏、没有部分丢失、没有重复地交付给另一端的应用程序。TCP 中的差错检测和差错纠正的方法有校验和、确认和重传。

（1）校验和

数据损坏可以通过 TCP 的校验和检测出来。每一个报文段都包括校验和字段，用来检查受损的报文段。若报文段遭到破坏，就由接收方 TCP 将其丢弃，并且被认为丢失了。

（2）确认

TCP 采用确认来证实收到了报文段。控制报文段不携带数据，但消耗一个序列号。控制报文段也需要被确认。只有 ACK 报文段永远不需要被确认。目前 ACK 的确认机制最常用的规则有以下几种：

- ACK 报文段不需要确认，也不消耗序列号。
- 发送数据时尽量包含（捎带）确认，给出对方所期望接收的下一个序列号，以减少通信量。
- 如果接收方没有数据要发送，并且收到了按序到达的报文段，同时前一个报文段也已经确认了，那么接收端就推迟发送确认报文段，直到另一个报文段到达，或再经过了一段时间（通常是 500 ms）。
- 当具有所期望的序列号的报文段到达时，同时前一个按序到达的报文段还没有被确认，那么接收端就要立即发送 ACK 报文段。任何时候不能有两个以上的按序的未被确认的报文段，以避免不必要的重传而导致网络的拥塞。
- 当收到一个序列号比期望序列号还大的报文段时，立即发送 ACK 报文段，让对方快速重传任何丢失的报文段。
- 当收到丢失的报文段时，立即发送 ACK 报文段，告知对方已经收到了丢失的报文段。
- 当收到重复的报文段时，立即发送 ACK 报文段进行确认。这就解决了 ACK 报文段丢失所带来的问题。

（3）重传

差错控制机制的核心就是报文段的重传。当一个报文段损坏、丢失或者被延迟了，就要重传。目前的 TCP 实现中，有以下两种报文段重传机制。

① 超时重传。

TCP 为每一个发送的报文段都设置了一个超时重传(Retransmision Time Out, RTO)计时器。计时器时间一到，就认为相应的报文段损坏或者丢失，需要重传。注意仅携带 ACK 的报文段不设置超时计时器，因而也就不重传这种报文段。

在 TCP 中 RTO 的值根据报文段的往返时间（Round Trip Time，RTT）动态更新。RTT 是一个报文段到达终点和收到对该报文段的确认所需的时间。由于在 Internet 中传输延迟变化范围很大，因此从发出数据到收到确认所需的往返时间是动态变化的，很难确定。TCP 的重传定时值也要不断调整，并通过测试连接的往返时间对重传定时值进行修正。

② 快重传。

如果 RTO 值不是太大，上述超时重传比较可行。但是，有时一个报文段丢失了，而接收方会收到很多的失序报文段以致无法保存它们（缓冲区空间有限）。要解决这个问题，现在一般采用三个重复的 ACK 报文段之后重传的规则。也就是说，发送方收到了三个重复的 ACK 报文段之后，会立即重传这个丢失的报文段。

需要注意的是，不消耗序列号的报文段不进行重传，特别是对 ACK 段不进行重传。

（4）失序报文段的处置

当一个报文段推迟到达、丢失或被丢弃，在这个报文段后面的几个报文段就是失序到达。最初的 TCP 设计是丢弃所有的失序报文段，这就导致重传丢失的报文段和后续的一些报文段。现在大多数的实现是不丢弃这些失序的报文段，而是把这些报文段暂时存储下来，并把它们标志为失序报文段，直到丢失的报文段到达。注意失序的报文段并不交付到进程，而 TCP 保证数据必须接序交付到进程。

（5）重复报文段的处置

重复的报文段一般是由超时重传造成的，接收方可以根据序列号判断是否是重复报文段，对于重复报文段只需要简单丢弃即可。TCP 的确认和重传技术对每一个报文段都有唯一的序列号，这样当对方收到了重复的报文段后很容易区分，报文段丢失后也容易定位重传的报文段的序列号。

（6）选择确认（SACK）

TCP 最初只使用累积确认（ACK），接收方忽略所有收到的失序报文段（包括被丢弃的、丢失的或重复的报文段），只报告收到了最后一个连续的字节，并通告它期望接收的下一个字节的序列号。在 TCP 头部中的 32 位 ACK 字段用于累积确认，而它的值仅在 ACK 标志为 1 时才有效。现在一些新的 TCP 实现中支持选择确认（SACK），报告失序和重复的报文段，将其作为 TCP 头部选项字段的一部分。SACK 并不是代替 ACK，而是向发送方报告附加的信息。

SACK 在 TCP 头部的后面作为选项来实现，具体来说有以下两个选项。

允许 SACK 选项：只用在连接建立阶段，发送 SYN 段的主机增加这个选项以说明它能够支持 SACK 选项。如果另一方在它的 SYN/ACK 段中也包含了这个选项，那么双方在数据传输阶段就都可以使用 SACK 选项。这个选项是不能在数据传输阶段使用的。该选项格式为：种类为 4，长度为 2 字节。

SACK 选项：只用在数据传输阶段，前提是双方已在连接建立阶段交换了允许 SACK 选项，都已同意使用 SACK 选项。它的种类为 5，具有可变长度。该选项包括失序到达的块（block）的列表。每一个块用两个 32 位数定义块的开始和结束。由于 TCP 所允许的选项大小仅有 40 字节，因此一个 SACK 选项能够定义的块不能超过四个。如果 SACK 选项和其他选项一起使用，那么块的数目还要减少。

2. TCP 流量控制

在面向连接的传输过程中，收发双方在发送和接收报文时要协调一致。如果发送方不考虑对方是否确认，一味地发送数据，则有可能造成网络拥塞或因接收方来不及处理而丢失数据，从而影响数据传输的可靠性。如果发送方每发出一个报文（极端的情况下甚至只发送一个字节的数据）都要等待对方的确认，则又造成效率低下，网络资源得不到充分利用。

滑动窗口协议是解决上述问题的理想方案。采用滑动窗口协议既能够保证可靠性，又可以充分利用网络的传输能力。这种方案允许连续传输多个报文而不必等待各个报文的确认，能够连续发送的报文数受到窗口大小的限制。

滑动窗口协议通过发送方窗口和接收方窗口的配合来完成传输控制，发送方的缓存和窗口如图 6-15 所示。

图6-15　TCP连接发送方的缓存与窗口

在发送方的发送缓存中是一组按顺序编号的字节数据，这些数据的一部分在发送窗口中，另一部分在发送窗口外。图中发送方缓存左端和右端空白处表示可以填入数据的空闲缓存，实际上可以将缓存视为左端和右端相连的环。窗口前面是已经发送而且收到确认的数据，因此，缓存被释放。在发送窗口中，左边是已经发送但尚未得到确认的数据，右边是尚未发送但可以连续发送的数据。窗口外的数据是暂不能发送的数据。

一旦窗口内的部分数据得到确认，窗口便向右滑动，将已确认的数据移到窗口的外面。这些数据所对应的缓冲单元成为空闲单元。窗口右边界的移动使新的数据又落入到窗口中，成为可以连续发送的数据的一部分。

接收方的窗口反映当前能够接收的数据的数量。接收方的缓存与窗口如图 6-16 所示。

图6-16　TCP连接接收方的缓存与窗口

接收方窗口的大小 W 对应接收方缓存可以继续接收的数据量，它等于接收方缓存大小 M 减去缓存中尚未提交的数据字节数 N，即 W=M-N。

接收方窗口的大小取决于接收方处理数据的速度和发送方发送数据的速度，当从缓存中取出数据的速度低于数据进入缓存的速度时，接收窗口逐渐缩小，反之则逐渐扩大。接收方将当前窗口大小通告给发送方（利用 TCP 段头部的窗口大小字段），发送方根据接收窗口调整其发送窗口，使发送方窗口始终小于或等于接收方窗口的大小。

通过使用滑动窗口协议限制发送方一次可以发送的数据量，就可以实现流量控制的目的。这里的关键是要保证发送方窗口小于或等于接收方窗口的大小。当发送方窗口大小为 1 时，每发送一个字节的数据都要等待对方的确认，这便是简单的停止等待协议。

流量控制可以在网络协议的不同层次上实现，TCP 的流量控制是在传输层上实现的端到端的流量控制。

> **注意:**
> 滑动窗口机制为端到端设备间的数据传输提供了可靠的流量控制机制。然而，它只能在源端设备和目的端设备起作用，当网络中间设备（如路由器等）发生拥塞时，滑动窗口机制将不起作用。

3. TCP 拥塞控制

网络拥塞往往是由许多因素引起的。例如，当某个节点缓存的容量太小时，到达该节点的分组因无存储空间暂存而不得不被丢弃。现在设想将该节点缓存的容量扩展到非常大，于是凡到达该节点的分组均可在节点的缓存队列中排队，不受任何限制。由于输出链路的容量和处理机的速度并未提高，因此在这队列中的绝大多数分组的排队等待时间将会大大增加，结果上层软件因为超时只好把它们进行重传。由此可见，简单地扩大缓存的存储空间同样会造成网络资源的严重浪费，而解决不了网络拥塞的问题。

又如，处理机处理的速率太慢可能引起网络的拥塞。简单地将处理机的速率提高，可能会使上述情况缓解一些，但往往又会将瓶颈转移到其他地方。问题的实质往往是整个系统的各个部分不匹配。只有所有的部分都平衡了，问题才会得到解决。

拥塞常常趋于恶化。如果一个路由器没有足够的缓存空间，它就会丢弃一些新到的分组。但当分组被丢弃时，发送这一分组的源点就会重传这一分组，甚至可能还要重传多次。这样会引起更多的分组流入网络和被网络中的路由器丢弃。可见拥塞引起的重传并不会缓解网络的拥塞，反而会加剧网络的拥塞。

TCP 进行拥塞控制的算法有四种，即慢开始（slow-start）、拥塞避免（congestion avoidance）、快重传（fast retransmit）和快恢复（fast recovery）。

（1）拥塞窗口

在 TCP 的拥塞控制中，仍然是利用发送方的窗口来控制注入网络的数据流的速度。减缓注入网络的数据流后，拥塞就会自然被解除。

发送窗口的大小取决于两个方面的因素：一个是接收方的处理能力，另一个是网络的处理能力。接收方的处理能力由确认报文所通告的窗口大小（即可用的接收缓存的大小）来表示；网络的处理能力由发送方所设置的变量——拥塞窗口来表示。发送窗口的大小取通告窗口和拥塞窗口中较小的一个。

和接收窗口一样，拥塞窗口也处于不断地调整中。一旦发现拥塞，TCP 将减小拥塞窗口，进而控制发送窗口。

（2）慢启动

首先使用慢启动策略在建立连接时将拥塞窗口设置为一个最大段（MSS）大小。对于每一个报文段的确认都会使拥塞窗口增加到原来的两倍，此算法开始很慢，但按指数规律增长。例如，开始时只能发送 1 个报文段，当收到该段的确认后拥塞窗口加大到两个 MSS，发送方接着发送 2 个报文段，收到这 2 个报文段的确认后，拥塞窗口加大到四个 MSS，接下来发送四个报文段，依此类推。

慢启动不能无限制地继续下去，当以字节计的窗口大小到达慢启动阈值（一般为 65 535 字节）时就停止了，转而进入下一个阶段，即拥塞避免。

（3）拥塞避免

TCP 拥塞避免使拥塞窗口按照加法规律增长，而不是按照指数规律。当拥塞窗口的大小达到慢启动阀值时,就进入此阶段了。在这种策略中,每当窗口中的所有报文段都被确认,则拥塞窗口的大小增加1个MSS,即使确认是针对多个报文段的,拥塞窗口也只加大1个MSS,这在一定程度上减缓了拥塞窗口的增长。但在此阶段,拥塞窗口仍在增长,直到拥塞被检测到。

（4）拥塞检测

如果拥塞发生了,拥塞窗口的大小就必须减小。发送方判断拥塞已经发生的唯一方法是它必须重传一个报文段。但是,重传发生在两种情形之——RTO计时器超时或者收到了3个重复的ACK,阈值就下降到原来的一半（乘法减小）。大多数TCP实现有下面这两种反应。

- 如果发生超时,那么出现拥塞的可能性就很大,某个报文段可能在网络中的某处丢失了,而后续的一些报文段也没有消息。遇到这种情况,TCP的反应比较强烈,将阈值设置为当前窗口值的一半,将拥塞窗口设置为一个报文段,再开始一个新的慢启动阶段。
- 如果收到了三个ACK段,那么出现拥塞的可能性就较小,一个报文段可能已经丢失了,但因为收到了三个ACK,所以以后的几个报文段又安全地到达了,这就是所谓的快重传和快恢复。遇到这种情况,TCP的反应不够强烈,将阈值设置为当前窗口值的一半,将拥塞窗口设置为阈值（某些实现在阈值上增加三个报文段）,再开始一个新的拥塞避免阶段。

拥塞控制与流量控制的关系密切,它们之间也存在着一些差别。所谓拥塞控制就是防止过多的数据注入网络中,这样可以使网络中的路由器或链路不致过载。拥塞控制所要做的都有一个前提,就是网络能够承受现有的网络负荷。拥塞控制是一个全局性的过程,涉及所有的主机、所有的路由器,以及与降低网络传输性能有关的所有因素。但TCP连接的端点只要迟迟不能收到对方的确认信息,就猜想在当前网络中的某处很可能发生了拥塞,但这时却无法知道拥塞到底发生在网络的何处,也无法知道发生拥塞的具体原因。相反,流量控制往往是指点对点通信量的控制,是个端到端的问题（接收端控制发送端）。流量控制所要做的就是抑制发送端发送数据的速率,以便使接收端来得及接收。

6.3.4 用户数据报协议（UDP）原理及应用

UDP是最简单的传输层协议,和IP一样提供面向无连接的、不可靠的数据报传输服务,唯一与IP不同的是UDP提供协议端口号,以保证进程间的通信。基于UDP的应用程序必须自己解决诸如报文丢失、报文重复、报文失序和流量控制等问题。这些问题可由高层或低层提供,UDP只充当数据报的发送者或接收者。

视频
UDP原理及应用

因为UDP没有连接建立、释放连接的过程和确认机制,因此数据传输速率较高,具有更高的优越性,被广泛应用于如IP电话、网络会议、可视电话、现场直播、视频点播等传输语音或影像等多媒体信息的场合。

1. UDP的特点

UDP只在IP的数据报服务之上增加了很少的功能:复用、分用的功能以及差错检测的功能。UDP的主要特点有几个方面。

① UDP是无连接的,即发送数据之前不需要建立连接（当然,发送数据结束时也没有连接可释放）,因此减少了开销和发送数据之前的时延。

② UDP是用尽最大努力交付,即不保证可靠交付,因此主机不需要维持复杂的连接状态表（这里面有许多参数）。

③ UDP是面向报文的,如图6-17所示。发送方的UDP对应用程序交下来的报文,在添加

头部后就向下交付 IP 层。UDP 对应用层交下来的报文，既不合并，也不拆分，而是保留这些报文的边界。这就是说，应用层交给 UDP 多长的报文，UDP 就照样发送，即一次发送一个报文。在接收方的 UDP 对 IP 层交上来的 UDP 用户数据报，在去除头部后就原封不动地交付给上层的应用进程。也就是说，UDP 一次交付一个完整的报文。因此，应用程序必须选择合适大小的报文。若报文太长，UDP 把它交给 IP 层后，IP 层在传送时可能要进行分片，这会降低 IP 层的效率。反之，若报文太短，UDP 把它交给 IP 层后，会使 IP 数据报头部的相对长度太长，这也会降低 IP 层的效率。

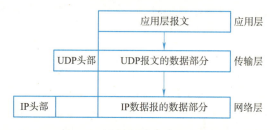

图6-17　UDP是面向报文的

④ UDP 没有拥塞控制，因此网络出现的拥塞不会使源主机的发送速率降低。这对某些实时应用是很重要的。很多实时应用（如 IP 电话、实时视频会议等）要求源主机以恒定的速率发送数据，并且允许在网络发生拥塞时丢失一些数据，但却不允许数据有太大的时延。UDP 正好适合这种要求。

⑤ UDP 支持一对一、一对多、多对一和多对多的交互通信。

⑥ UDP 的头部开销小，只有 8 字节，比 TCP 的 20 字节的头部要短。

虽然某些实时应用需要使用没有拥塞控制的 UDP，但当很多源主机同时都向网络发送高速率的实时视频流时，网络就有可能发生拥塞，导致大家都无法正常接收。因此，不使用拥塞控制功能的 UDP 有可能会引起网络产生严重的拥塞问题。

还有一些使用 UDP 的实时应用，需要对 UDP 不可靠的传输进行适当的改进，以减少数据的丢失。在这种情况下，应用进程本身可以在不影响应用的实时性的前提下，增加一些提高可靠性的措施，如采用前向纠错或重传已丢失的报文。

2. UDP 数据报格式

UDP 有两个字段：数据字段和头部字段。头部字段只有 8 字节，由 4 个字段组成，每个字段的长度都是 2 字节，如图 6-18 所示。

图6-18　UDP数据报的头部

UDP 头部各字段的意义如下：

- 源端口和目的端口号（source and destination port）：UDP 同 TCP 一样，使用端口号为不用的应用进程保留其各自的数据传输通道。数据发送方将 UDP 数据报通过源端口发送出去，而数据接收方则通过目标端口接收数据。不需要时可用全 0。
- 长度（length）：是指包括报头和数据部分在内的总的字节数。

- 校验和（checksum）：校验和计算的内容超出了 UDP 数据报文本身的范围，实际上，它的值是通过计算 UDP 数据报及一个伪头部而得到的。同 TCP 一样，UDP 使用报头中的校验和来保证数据的安全。

域名解析协议（DNS）在传输层使用 UDP，因此可以使用抓包工具捕获一个 DNS 的报文来进一步理解 UDP 的头部格式，如图 6-19 所示。

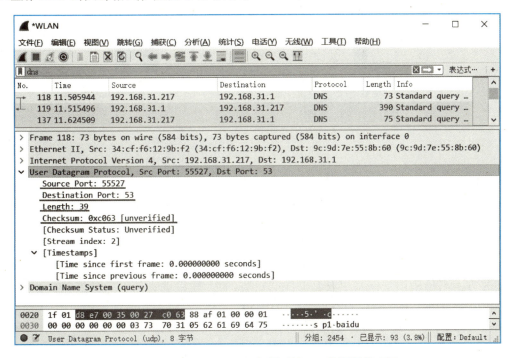

图6-19　使用Wireshark抓包得到的UDP数据报的头部

3. UDP 伪头部

UDP 数据报的校验和是一个可选的字段，用于实现有限的差错控制。UDP 校验和的计算与 TCP 相同，计算校验和时，除 UDP 数据报本身外，它还加上了一个伪头部。伪头部不是 UDP 数据报的有效成分，只是用于验证 UDP 数据报是否传到正确的目的主机的手段。

UDP 伪头部格式如图 6-20 所示。

图6-20　UDP伪头部格式

UDP 伪头部的信息来自 IP 数据报的头部，UDP 校验和的计算方法与 IP 数据报头部校验和的计算方法完全相同。在计算 UDP 校验和之前，UDP 首先必须从 IP 层获取有关信息。

UDP 数据报的发送方和接收方在计算校验和时都加上伪头部信息。若接收方验证校验和是正确的，则说明数据到达了正确主机上正确协议的正确端口。

8 比特全 0 字段起填充作用，目的是使伪头部的长度为 16 比特的整数倍。

协议字段指明当前协议为 UDP，UDP 的值为 17。

UDP 总长度字段以字节为单位指明 UDP 数据报的长度，该长度不包括伪头部在内。

4. UDP 的工作流程

虽然 TCP 和 UDP 之间有很多不同之处，但是它们也有一个重要的相似点，那就是它们都使用端口号来区分主机上的不同应用，UDP 报文的传输如图 6-21 所示。

图6-21　UDP报文的传输

在发送方，UDP 的任务是将上层消息封装到 UDP 报文的数据字段中，并填充 UDP 报文的头部，其中包括将数据发送给 UDP 应用的源端口、接收者的目的端口，以及计算校验和的结果。然后将 UDP 报文向下传递给网络层进行传输。

在接收方，当传输层从网络层收到 UDP 数据报时，就根据头部中的目的端口，把 UDP 数据报通过相应的端口，上交最后的终点——应用进程。

如果接收方 UDP 发现收到的报文中的目的端口号不正确（即不存在对应于该端口号的应用进程），就丢弃该报文，并由 ICMP 发送"端口不可达"差错报文给发送方。我们在 5.3.3 节"2. ICMP 的应用"中讨论 tracert 命令时，就是让发送的 UDP 用户数据报故意使用一个非法的 UDP 端口，结果 ICMP 就返回"端口不可达"差错报文，因而达到了测试的目的。

5. TCP 与 UDP 的对比

TCP 与 UDP 的功能对比见表 6-3。

表 6-3　TCP 与 UDP 的功能对比

功 能 项	TCP	UDP
连接服务的类型	面向连接	无连接
维护连接状态	维持端到端的连接状态	不维持连接状态
对应用层数据的封装	对应用层数据进行分段和封装，用端口号标识应用程序	对应用层数据直接封装为数据报，用端口号标识应用程序
数据传输	通过序列号和应答机制确保可靠传输	不确保可靠传输
流量控制	使用滑动窗口机制控制流量	无流量控制机制

可见，相对于 TCP，UDP 缺乏可靠性保证机制。UDP 段没有序列号、确认、超时重传和滑动窗口，其传输没有任何可靠性保证。

使用 UDP 作为传输层协议也有独特的优势。

① 实现简单，占用资源少。由于抛弃了复杂的机制，不需要维护连接状态，也省却了发送缓存，UDP 可以很容易地运行在处理能力低、资源少的节点上。例如，无盘工作站在获得 OS 软件之前不可能实现复杂的传输机制，但系统的传递恰恰需要基于传输层协议，这时就可以使用基于 UDP 的 BOOTP 获取引导信息。

② 带宽浪费小，传输效率高。UDP 头比 TCP 头的尺寸小，而且 UDP 节约了 TCP 用于确认的带宽消耗，因此提高了带宽利用率。

③ 延迟小。由于不需要等待确认和超时，也不需要考虑窗口的大小，因此 UDP 发送方可以持续而快速地发送数据。对于很多应用而言，特别是实时应用，重新传输实际上没有意义。例如，对 VoIP 来说，如果丢失了一个语音包，通话质量立即会受到影响，但重新传递这个语音包也已经没有必要了，因为通话者不会等重建了语音之后再听。因此在这种情况下 UDP 比 TCP 更加合适。

UDP 适用于不需要可靠传输的情形，例如当高层协议或应用程序自己可以提供错误和流控制功能时，或错误重传没有意义时。另外，UDP 也适用于对传输效率或延迟较敏感的应用。UDP 服务于很多知名的应用，包括 NFS（网络文件系统）、SNMP（简单网络管理协议）、DNS（域名系统）、TFTP（简单文件传输协议）、DHCP（动态主机配置协议）、RIP（路由信息协议）和语音视频流媒体传输等。

6.4 【任务1】查看计算机上开放的端口

6.4.1 任务描述

腾飞网络公司安排网络管理员对公司所有部门的终端设备和服务器开展全面的安全排查，以保障员工计算机和服务器不受攻击。介于应用层和网络层之间的传输层可以直接给运行在不同主机上的应用程序提供通信服务，管理员使用在主机上查看开放端口和探测远程主机开放端口的方式进行安全排查。

6.4.2 任务分析

有些程序是以服务的形式运行的，在 Linux 和 Windows 操作系统上都有很多服务，这些服务不像普通程序那样需要用户单击后才会运行，而是开机时就自动运行，因此我们说服务是后台运行的。

有些服务为本地计算机提供服务，有些服务为网络中的计算机提供服务。因此需要掌握查看为本地计算机提供服务的方法，以及判断远程主机开启了什么服务的方法。

6.4.3 任务实施

1. 在 Windows 系统中查看该计算机侦听的端口

在 Windows 系统中，打开命令提示符，输入 netstat -an 可以查看该计算机侦听的端口，如图 6-22 所示。

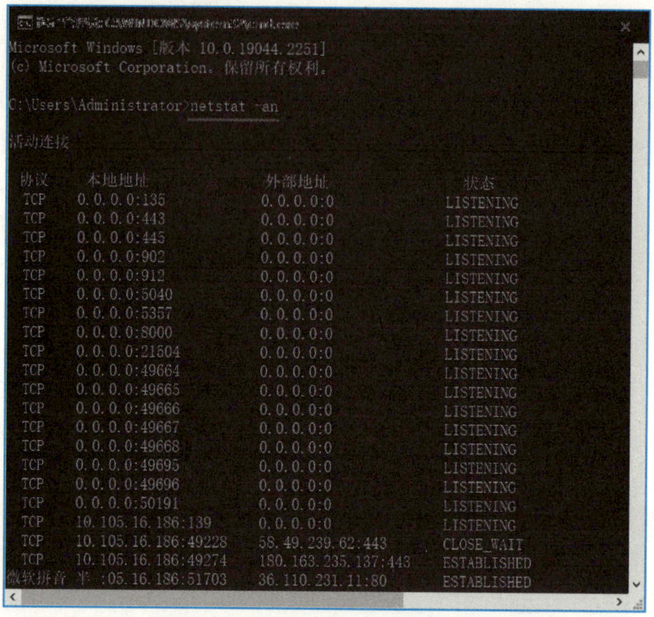

图6-22 查看该计算机侦听的端口

2. 使用 telnet 命令探测远程计算机打开的 TCP 端口

使用 telnet 命令或端口扫描工具扫描远程计算机打开的 TCP 端口，就能判断远程计算机开启了什么服务。Windows 10 操作系统默认没有启用 Telnet 客户端，因此需要在 Windows 功能窗口找到 Telnet 客户端，在其前面的小方框中打钩，单击"确定"按钮，然后才能在命令提示符下输入 telnet 命令，如图 6-23 所示。

图6-23 在Windows操作系统中启用Telnet客户端

测试远程服务器打开的端口如图 6-24 所示，在命令提示符下输入 telnet www.taobao.com，默认探测目标服务器的 23 端口，提示连接失败，说明 www.taobao.com 服务器上没有服务侦听 23 端口或该服务器上的防火墙不允许访问其 23 端口；而 telnet www.taobao.com 80 端口没有连接失败的提示，说明能够访问该地址的 TCP 80 端口对应的服务。

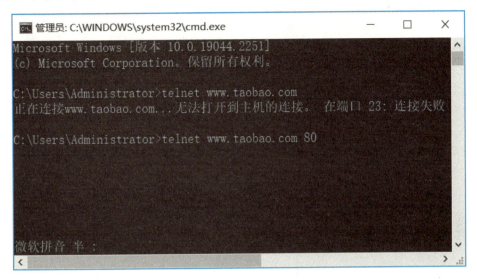

图6-24　测试远程服务器打开的端口

6.5 【任务 2】抓包分析 TCP 连接管理

6.5.1　任务描述

公司官网每天都有大量的访问流量进出，因此也面临着大量潜在威胁。针对 Web 服务器的攻击类型中包括 TCP 攻击。为了抵御 TCP 攻击和探查潜在的风险，网络管理员小明选择通过 Wireshark 软件对 Web 服务器进行抓包分析检测，以深入理解 TCP 工作原理，找到针对 TCP 攻击的相应防御方法。

6.5.2　任务分析

为了深入理解 TCP 工作原理、防御针对 TCP 的攻击，小明开启 Wireshark 工具，然后在客户端主机上访问 Web 服务器，通过访问网页来捕获 TCP 报文，并对捕获的报文进行分析。具体转换步骤如下任务实施。

6.5.3　任务实施

1. 利用 eNSP 搭建如图 6-25 所示的 TCP 报文分析网络拓扑

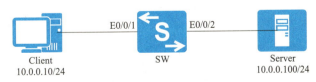

图6-25　TCP报文分析网络拓扑

2. 配置客户端和服务器的 IP 地址，并在服务器端开启 HTTP 服务

配置方式如图 6-26（a）~（c）所示。

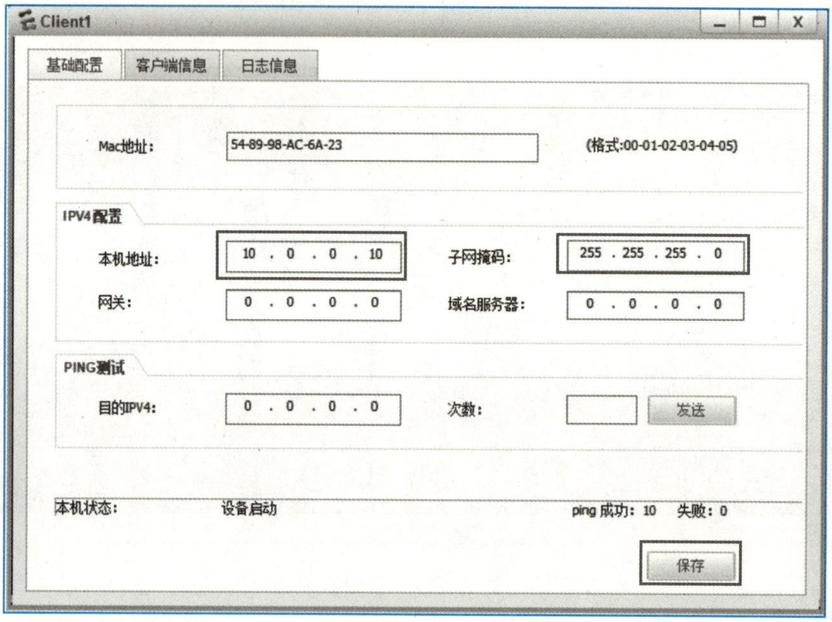

（a）客户端 IP 地址配置

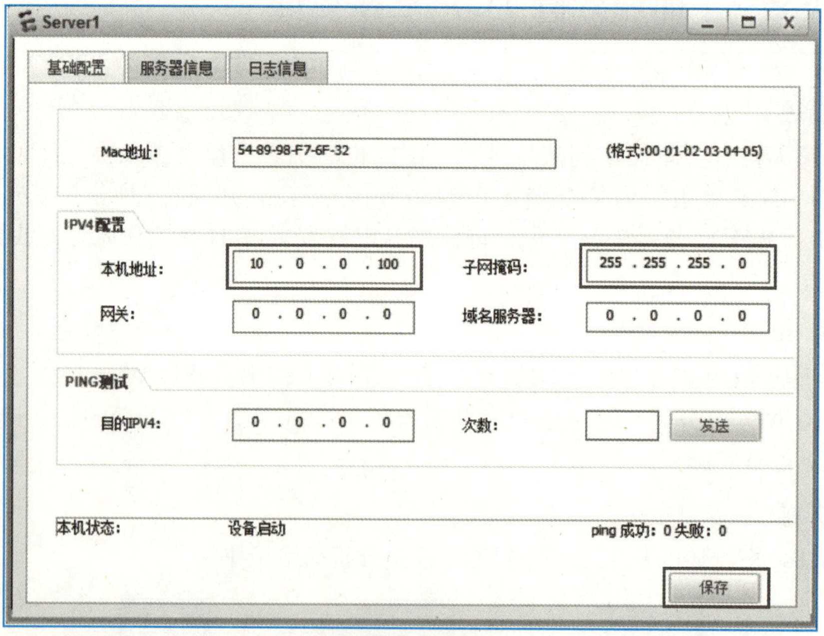

（b）服务器端 IP 地址配置

图6-26　配置客户端和服务器端的IP地址，并在服务器端开启HTTP服务

项目 6　传输层协议与应用

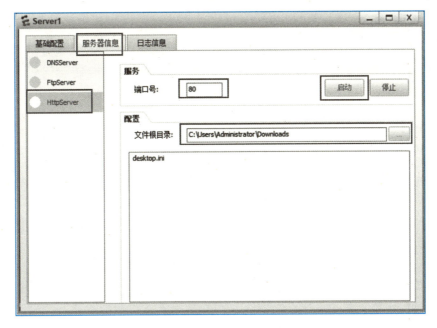

（b）服务器端开启 HTTP 服务

图6-26　配置客户端和服务器端的IP地址，并在服务器端开启HTTP服务（续）

3. 启动 Wireshark 准备捕获 TCP 报文

在交换机上启动 Wireshark 工具，并在 E0/0/1 接口开启捕获，如图 6-27 所示。

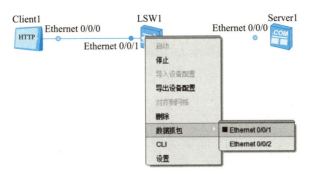

图6-27　在交换机的E0/0/1接口启动Wireshark

4. 在客户端通过浏览器访问服务器

在客户端，使用浏览器访问 Web 服务器 10.0.0.100，如图 6-28 所示。访问完后，关闭浏览器。

5. 分析 TCP 连接建立使用的报文

客户端访问 Web 服务器使用应用层的 HTTP，该协议运行在 TCP 之上，因此可以捕获到 TCP 三次握手建立连接的报文，如图 6-29 所示。在该图中，第 21、22 和 23 个 TCP 报文分别是客户端向服务器发出的请求建立 TCP 连接的报文、服务器返回的确认报文和客户端给服务器返回的确认报文。这三个报文用于建立 TCP 连接。

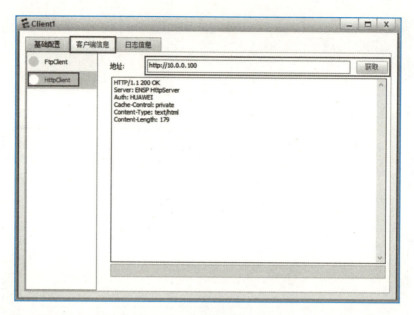

图6-28 客户端访问Web服务器

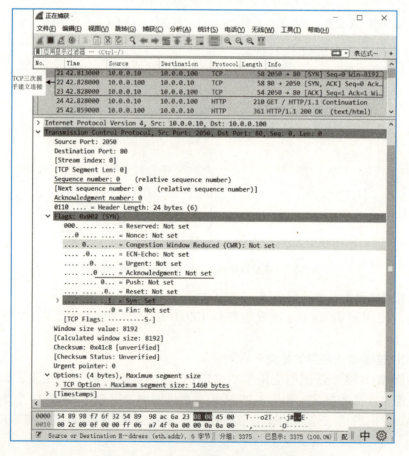

图6-29 TCP三次握手建立连接的报文

图 6-29 选中的报文是客户端向服务器发送的第 1 个报文。从这个报文中可以看到：SYN 标记位为 1；ACK 标记位为 0（说明确认号 ack 无效，即 ack 也为 0）；序号为 0（seq=0），表示这是客户端向服务器发送的第 1 个报文；TCP 头部的选项部分中的 MSS 为 1 460，表示客户端支持的最大报文段长度为 1 460 字节；该请求连接报文没有数据部分。

服务器收到客户端的连接请求，就会发送确认连接报文，选中图 6-29 中的第 22 个报文后，就可以看到该报文的信息，如图 6-30 所示。

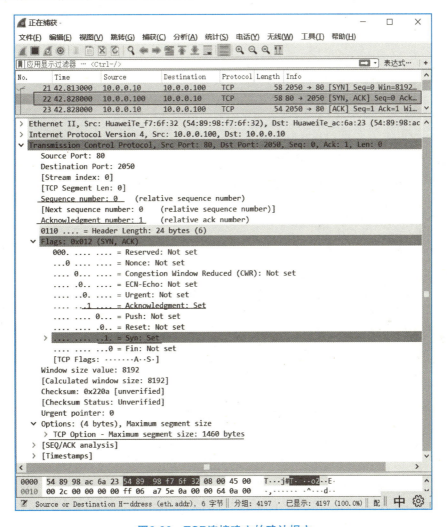

图6-30 TCP连接建立的确认报文

由图 6-30 可以看到：SYN 标记位为 1；ACK 标记位为 1；seq=0，表示这是服务器向客户端发送的第 1 个报文；服务器收到了客户端的 seq 为 0 的请求，应向客户端确认已经收到的报文，因此会向客户端发送确认号 ack=0+1=1，意思是说，我已收到了你的序号为 0 的报文；选项部分的 MSS=1 460，指明服务器支持的最大报文段长度为 1 460 字节。

客户端收到服务器的确认后，还需再向服务器发送一个确认，称之为确认的确认，如图 6-31 所示。这个确认报文和以后通信的报文，ACK 标记位为 1，SYN 标记位为 0。

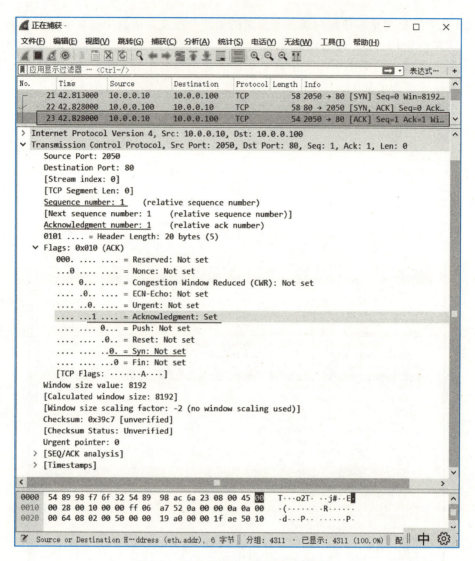

图6-31 TCP连接建立的再次确认报文

> **注意：**
> 在计算机上启用 Wireshark 后，如果没有捕获到任何报文，说明当前系统中没有运行任何 TCP 的数据报。这时候，可以通过访问一个 Web 服务器（如 www.baidu.com、www.qq.com 等）以产生 TCP 的报文。

6. 分析 TCP 连接释放使用的报文

手动关闭 Web 页面，断开客户端与 Web 服务器的连接，这样就可以捕获到 TCP 四次握手关闭连接的报文了，如图 6-32 所示。在该图中，第 27 个报文是客户端发送的释放连接的报文段，第 28 个报文是服务器发送的释放连接确认的报文段，第 29 个报文是服务器发送的释放连接的报文段，第 30 个报文是客户端发送的释放连接确认的报文段，这四个报文用于 TCP 连接释放。

项目6 传输层协议与应用

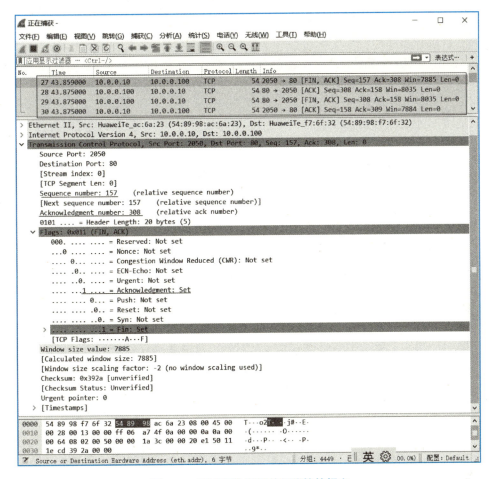

图6-32 TCP四次握手关闭连接的报文

通过观察这四个报文的 TCP 头部的 FIN 标记位,可知道哪个报文是连接释放报文;通过观察报文的序号和确认号,可知道该报文是对哪个报文的确认。

项目小结

本项目讲述了传输层协议的特点、进程之间的通信和端口等重要概念,并重点讨论了传输层协议 TCP 和 UDP 的工作原理,主要内容包括以下几个方面。

- 传输层提供应用进程间的逻辑通信,也就是说,传输层之间的通信并不是真正在两个传输层之间直接传送数据。传输层向应用层屏蔽了下面网络的细节(如网络拓扑、所采用的路由选择协议等),它使应用进程看见的是好像在两个传输层实体之间有一条端到端的逻辑通信信道。
- 网络层为主机之间提供逻辑通信,而传输层为应用进程之间提供端到端的逻辑通信。
- 传输层有两个主要协议:TCP 和 UDP。它们都有复用、分用以及检错的功能。当传输层采用面向连接的 TCP 时,尽管下面的网络是不可靠的(只提供尽最大努力服务),但这种逻

- 辑通信信道就相当于一条全双工通信的可靠信道。当传输层采用无连接的 UDP 时，这种逻辑通信信道仍然是一条不可靠信道。
- 传输层用一个 16 位端口号来标志一个端口。端口号只具有本地意义，它只是为了标志本计算机应用层中的各个进程在和传输层交互时的层间接口。在互联网的不同计算机中，相同的端口号是没有关联的。
- 两台计算机中的进程要互相通信，不仅要知道对方的 IP 地址（为了找到对方的计算机），而且还要知道对方的端口号（为了找到对方计算机中的应用进程）。
- 传输层的端口号分为服务器端使用的端口号（0~1 023 指派给熟知端口，1 024~49 151 是登记端口号）和客户端暂时使用的端口号（49 152~65 535）。
- TCP 的主要特点是：① 面向连接；② 每一条 TCP 连接只能是点对点的（一对一）；③ 提供可靠交付的服务；④ 提供全双工通信；⑤ 面向字节流。
- TCP 用主机的 IP 地址加上主机上的端口号作为 TCP 连接的端点。这样的端点叫作套接字（Socket）或插口。套接字用（IP 地址:端口号）来表示。
- TCP 头部中的确认号是期望收到对方下一个报文段的第一个数据字节的序号。若确认号为 N，则表明：到序号 N-1 为止的所有数据都已正确收到。
- TCP 头部中的窗口字段指出了现在允许对方发送的数据量。窗口值是动态变化的。
- TCP 使用滑动窗口机制。发送窗口里面的序号表示允许发送的序号。发送窗口后沿的后面部分表示已发送且已收到了确认，而发送窗口前沿的前面部分表示不允许发送。发送窗口后沿的变化情况有两种可能，即不动（没有收到新的确认）和前移（收到了新的确认）。发送窗口前沿通常是不断向前移动的。
- 流量控制就是让发送方的发送速度不要太快，要让接收方来得及接收。流量控制是一个端到端的问题，是接收端抑制发送端发送数据的速率，以便使接收端来得及接收。拥塞控制是一个全局性的过程，涉及所有的主机、所有的路由器，以及与降低网络传输性能有关的所有因素。
- 为了进行拥塞控制，TCP 的发送方要维持一个拥塞窗口状态变量。拥塞窗口的大小取决于网络的拥塞程度，并且动态地变化。发送方让自己的发送窗口取为拥塞窗口和接收方的接收窗口中较小的一个。
- TCP 的拥塞控制采用了四种算法，即慢开始、拥塞避免、快重传和快恢复。
- 传输连接有三个阶段，即：连接建立、数据传送和连接释放。
- 主动发起 TCP 连接建立的应用进程叫作客户，而被动等待连接建立的应用进程叫作服务器。TCP 的连接建立采用三次握手机制。服务器要确认客户的连接请求，然后客户要对服务器的确认进行确认。
- TCP 的连接释放采用四次握手机制。任何一方都可以在数据传送结束后发出连接释放的通知，待对方确认后就进入半关闭状态。当另一方也没有数据再发送时，则发送连接释放通知，对方确认后就完全关闭了 TCP 连接。
- UDP 的主要特点是：① 无连接；② 尽最大努力交付；③ 面向报文；④ 无拥塞控制；⑤ 支持一对一、一对多、多对一和多对多的交互通信；⑥ 头部开销小（只有四个字段：源端口、目的端口、长度、检验和）。

拓展阅读
TCP是怎样实现可靠传输的

习 题

1. 单选题

（1）TCP 为保证连接建立得可靠，采用了（　　）。
  A. 二次握手 B. 三次握手 C. 四次握手 D. 五次握手

（2）TCP 端口号区分上层应用，端口号小于（　　）的定义为常用端口。
  A. 128 B. 256 C. 1 024 D. 4 096

（3）下列字段没有包含于 TCP 头中的是（　　）。
  A. 协议号 B. 源端口 C. 确认号 D. 目的端口

（4）HTTP 默认使用的端口号是（　　）。
  A. 10 B. 21 C. 80 D. 8 080

（5）FTP 默认使用的端口号是（　　）。
  A. 10 B. 21 C. 80 D. 8 080

（6）准确定义了半开连接的是（　　）。
  A. 握手过程没有以最终的 SYN 结束
  B. 握手过程没有以最终的 ACK 结束
  C. 握手过程没有以最终的 FIN 结束
  D. 握手过程没有以最终的 RST 结束

（7）动态端口对应的范围是（　　）。
  A. 0~1 023
  B. 1 024~49 151
  C. 49 152~65 535
  D. 49 152~64 000

（8）使得 TCP 成为可靠传输需求更偏爱的协议的是（　　）。
  A. 序列化
  B. 出错恢复
  C. 端到端的可靠性
  D. 握手过程的运用

（9）UDP 为保证连接建立得可靠，采用了（　　）。
  A. 二次握手
  B. 三次握手
  C. 四次握手
  D. 以上都不对，UDP 不建立连接

（10）UDP 头部有（　　）字节。
  A. 8 B. 16 C. 20 D. 32

（11）UDP 提供的服务是（　　）。
  A. 分段
  B. 源端口和目的端口地址标识
  C. 明确的传输确认
  D. 重组

（12）UDP 端口号区分上层应用，端口号小于（　　）的定义为常用端口。
  A. 128 B. 256 C. 1 024 D. 4 096

（13）下列字段包含于 TCP 头而不包含于 UDP 头中的是（　　）。

  A．序列号   B．源端口   C．校验和   D．目的端口

（14）以下关于 UDP 的描述正确的是（　　）。

  A．UDP 不维护连接状态，但可以实现差错重传

  B．UDP 维护连接状态，但不确保可靠传输

  C．UDP 无流量控制机制，但可以实现差错重传

  D．UDP 无流量控制机制，也不能实现可靠传输

（15）熟知端口对应的范围是（　　）。

  A．0~1023   B．1 024~49 151

  C．49 152~65 535   D．49 152~64 000

2. 问答题

（1）传输层在协议栈中的地位和作用是什么？传输层的通信和网络层的通信有什么重要的区别？为什么传输层是必不可少的？

（2）端口的作用是什么？为什么端口号要划分为三种？

（3）比较 TCP 和 UDP 的头部，为什么 UDP 比较简单？

（4）简述 TCP 连接建立的三次握手过程和 TCP 连接关闭的四次握手过程。

（5）简述 TCP 序列号与确认号的机制。

（6）什么是拥塞窗口？它与接收窗口有何不同？

（7）主机 A 向主机 B 发送 TCP 报文段，头部中的源端口是 X 而目的端口是 Y。当主机 B 向主机 A 发送回信时，其 TCP 报文段的头部中的源端口和目的端口分别是什么？

（8）流量控制和拥塞控制最主要的区别是什么？发送窗口的大小取决于流量控制还是拥塞控制？

（9）什么是 UDP 伪头部？它有什么作用？

（10）一个 UDP 用户数据报的头部的十六进制表示是：06 32 00 45 00 1C E2 17。试求源端口、目的端口、用户数据报的总长度、数据部分长度。这个用户数据报是从客户端发送给服务器还是从服务器发送给客户端？使用 UDP 的这个服务器程序是什么？

项目 7

应用层协议与服务器搭建

7.1 项目背景

腾飞网络公司正处于快速成长期,人员规模从原先仅 100 人的团队,迅速扩张为现在的 800 人规模。随着公司规模的扩张,公司加快了信息化建设及管理的步伐,先后购置了多台服务器。为了更好地进行集中化管理,公司决定在这些服务器上部署 Windows Server 2016 操作系统,并搭建 DNS 服务器、DHCP 服务器、FTP 服务器和 Web 服务器。同时公司还新采购了一批网络设备,为了保障整体网络信息安全,公司决定采用 SSH 协议替换原来的 Telnet 协议进行网络设备的远程管理。

7.2 学习目标

知识目标
- 理解 Telnet 和 SSH 协议原理
- 理解 DNS 协议原理
- 理解 DHCP 原理
- 理解 FTP 原理
- 理解 WWW 和 HTTP 原理
- 理解 SMTP/POP3/IMAP 原理

能力目标
- 会使用 Telnet 和 SSH 协议远程管理网络设备
- 会搭建 DNS 服务器

◎会搭建 DHCP 服务器
◎会搭建 FTP 服务器
◎会搭建 Web 服务器

素质目标

◎树立节约信息网络资源的观念
◎培养责任担当意识和树立团队协作精神
◎明白核心技术必须自力更生、自主创新

7.3 相关知识

虽然 TCP 与 IP 在 TCP/IP 协议族中具有举足轻重的地位，但是应用层直接与用户打交道，因此离开了应用层协议，TCP/IP 也无法发挥作用。应用层协议总是与某种类型的服务相关联，各种网络服务都要依赖这些协议。目前应用层协议多达数百种，每一种协议都有一个相应的服务，这些协议都在相应的 RFC 文档中定义。

7.3.1 应用层协议的定义和功能

在上一项目，我们已学习了传输层为应用进程提供端到端的通信服务，但不同网络应用的应用进程之间还需要有不同的通信规则，因此在传输层协议之上，还需要有应用层协议（application layer protocol）。这是因为，每个应用层协议都是为了解决某一类应用问题，而问题的解决又必须通过位于不同主机中的多个应用进程之间的通信和协同工作来完成。应用进程之间的这种通信必须遵循严格的规则，应用层协议的具体内容就是精确定义这些通信规则。具体来说，应用层协议应当定义以下几个方面。

- 应用进程交换的报文类型，如请求报文和响应报文。
- 各种报文类型的语法，如报文中的各个字段及其详细描述。
- 字段的语义，即包含在字段中的信息的含义。
- 进程何时发送、如何发送报文，以及对报文进行响应的规则。

应用层的许多协议都是基于客户服务器方式。即使是 P2P 对等通信方式，实质上也是一种特殊的客户服务器方式。客户端与服务器通信关系的建立如图 7-1 所示，客户端首先发起连接建立请求，而服务器接受连接建立请求；客户端与服务器的通信关系一旦建立，通信就可以是双向的，即客户和服务器都可以发送和接收信息。这里再明确一下，客户（client）和服务器（server）

图7-1 客户端与服务器通信关系的建立

都是指通信中所涉及的两个应用进程。客户服务器方式所描述的是进程之间服务和被服务的关系，其最主要特征是：客户是服务请求方，服务器是服务提供方。

Internet 的核心是服务，通过为用户提供多种服务的方式来满足 Internet 用户的多种需求。Internet 本就是一个庞大的客户/服务器体系，每一种服务都需要通过相应的客户来访问。Internet 客户/服务器体系如图 7-2 所示。

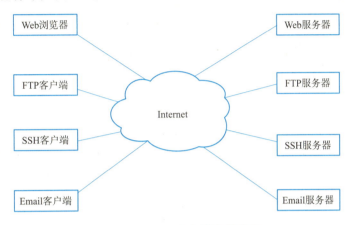

图7-2　Internet客户/服务器体系

注意：

应用层协议与网络应用并不是同一个概念。应用层协议只是网络应用的一部分。例如，万维网应用是一种基于客户/服务器体系结构的网络应用。万维网应用包含很多部件，有万维网浏览器、万维网服务器、万维网文档的格式标准，以及一个应用层协议。万维网的应用层协议是 HTTP，它定义了在万维网浏览器和万维网服务器之间传送的报文类型、格式和序列等规则。而万维网浏览器如何显示一个万维网页面，万维网服务器是用多线程还是用多进程来实现，则都不是 HTTP 所定义的内容。

7.3.2　Telnet 和 SSH

在网络中网络设备的管理方式分为本地管理和远程管理两种，远程管理可以穿越数据网络向网络设备的数据接口发送管理数据，以实现对其管理。在实际工作中，除了个别无法远程管理设备（如设备处于出厂设置）的情形外，大多会采用远程管理的方式来管理设备的配置文件和系统文件。相比于在本地对设备进行管理，远程管理设备的优势显而易见，它不仅可以省去人们的通勤之需，让任何一位可以连接到 IP 网络的人员都能对处于几千千米外的设备进行操控，还可以省去管理员在同时管理多台设备时频繁插拔线缆、设置终端之烦恼，让每位工程技术人员可以通过一个窗口同时管理大量的网络设备。

1. Telnet 协议原理

Telnet 协议定义了一台终端设备穿越 IP 网络向远程设备发起明文管理连接的通信标准，管理员可以在一台设备上通过 Telnet 协议与一台远程设备建立管理连接，并对那台设备实施配置和监测，而这种管理方式带来的体验与管理员在本地登录设备别无二致。在上述环境中，发起管理的设备即为 Telnet 客户端，而被管理设备则为 Telnet 服务器。因此，Telnet 协议也是一个典型的客户/服务器模型的应用层协议。

Telnet 协议使用 TCP 23 号端口，这表示客户端在发起 Telnet 连接时，会默认连接服务器的 23 号端口。在通信的过程中，Telnet 协议只需要在客户端和服务器之间建立一条 TCP 连接，无论用户名、密码还是命令均通过这条连接进行发送。

Telnet 的工作原理如图 7-3 所示。

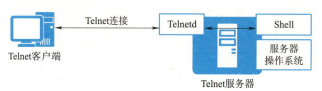

图7-3　Telnet的工作原理

当管理员在 Telnet 客户端中输入命令后，这些命令会通过此前建立的端到端连接发送给在 23 号端口监听客户端请求的守护进程，守护进程再将命令发送给操作系统提供给用户操作设备的接口（即 Shell），由 Shell 将命令以操作系统可以执行的方式对操作系统提供解释，然后操作系统就会执行最初由管理员在远端通过 Telnet 客户端发出的命令。接下来，操作系统会将命令执行的结果发回给 Telnet 客户端，管理员也就看到了命令执行后的提示信息。

通过上面的操作方法可以看出，客户端与服务器是如何通过 Telnet 协议让管理员能够跨越公共网络直接对服务器操作系统的 Shell 下达命令的。

Telnet 协议实现了远程命令传输，让管理员可以跨越网络，对不在本地的设备进行管理。但 Telnet 客户端和 Telnet 服务器之间需要跨越的公共网络却是一个不可靠的环境，这个公共网络中的其他用户完全可以在命令传输的过程中截获包含 Telnet 用户名和密码在内的通信数据，然后通过截获的用户名和密码来通过 Telnet 服务器的身份认证，并登录到这台设备上对其配置文件进行修改，Telnet 的安全隐患如图 7-4 所示。

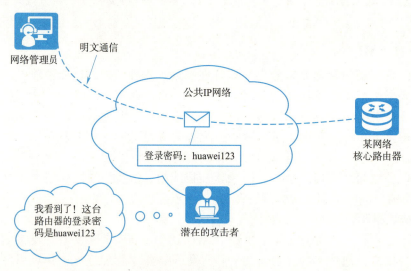

图7-4　Telnet的安全隐患

由图 7-4 可知，Telnet 协议在安全性方面存在重大隐患。因此，不推荐在实验室之外的环境中通过 Telnet 协议来远程管理设备。如果需要通过公共 IP 网络远程管理设备，应尽量借助一种定义了终端设备与被管理设备之间如何通过加密数据完成管理通信的规则。

2. SSH 协议原理

SSH（secure shell）是加密的远程登录系统，定义这个协议的目的就是为了取代缺乏机密性保障的远程管理协议，SSH 通过对通信内容进行加密的方式，为管理员提供了更加安全的远程登录服务。显然，由于 SSH 客户端和服务器之间传输的通信内容是密文而非明文，因此即使信息在传输过程中遭到中间人截取，由于无法解密，对方还是无法了解通信的真正内容，SSH 协议的安全保护如图 7-5 所示。

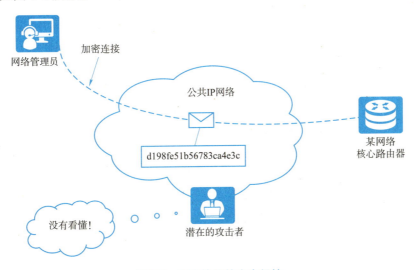

图7-5　SSH协议的安全保护

最新版本的 SSH 协议是 SSHv2，当一台客户端希望通过 SSH 协议远程登录被管理设备时，它需要首先与那台设备，也就是 SSHv2 服务器之间建立一条基于 TCP 的加密信道，建立这条安全信道的方式是让客户端用服务器的 RSA 公钥来验证 SSH 服务器的身份。因此，在客户端向服务器发起 SSH 连接之前，SSH 服务器上需要生成可以供客户端进行认证的公钥。在下面的 7.4.3 小节中，我们会演示如何在华为设备上创建 RSA 密钥对，以供 SSH 客户端向这台网络设备发起安全的 SSH 管理连接。

当客户端需要通过 RSA 公钥验证服务器的身份时，它有两种方式可以获得这个 RSA 公钥：首先，RSA 公钥可以由服务器在客户端第一次向自己发送 SSH 连接时提供给客户端；其次，管理员可以在 SSH 客户端上使用命令 ssh client assign 来手动指定 SSH 服务器的公钥名称，并指定该公钥与 SSH 服务器的对应关系。这样一来，SSH 客户端在首次连接服务器并进行认证时，能够依据管理员的配置，认为这台服务器是能够信赖的服务器，并且根据公钥与 SSH 服务器的对应关系使用正确的公钥对服务器进行认证。

如果客户端成功验证了服务器的身份，它们之间就会创建出一个会话密钥，并且用它们双方在加密信道中协商出来的加密算法和这个会话密钥，来对使用这个信道传输的数据进行加密。至此，两台设备之间就建立起了一条安全的信道，当客户端登录服务器时，就可以通过这条安全信道来发送自己的密码，让服务器认证自己的身份。此时，远程管理员已经不必担心不可靠网络中的用户获取到自己登录 SSH 服务器的密码，因为这些密码都是在安全信道中以密文的形式进行传输的。SSH 协议就是通过这种方式建立加密信道，确保 SSH 服务器的 Shell 免遭不速之客操作的。

7.3.3 域名系统（DNS）

1. 域名系统（DNS）概述

DNS协议原理及应用

域名系统（domain name system,DNS）是互联网使用的命名系统，用来把便于人们使用的主机名字转换为 IP 地址。域名系统其实就是名字系统。为什么不叫"名字"而叫"域名"呢？这是因为在互联网的命名系统中使用了许多的"域"（domain），因此就出现了"域名"这个名词。"域名系统"很明确地指明这种系统是用在互联网中的。

许多应用层软件经常直接使用 DNS。虽然计算机的用户只是间接而不是直接使用域名系统，但 DNS 却为互联网的各种网络应用提供了核心服务。

用户与互联网上某台主机通信时，必须要知道对方的 IP 地址。然而用户很难记住长达 32 位的二进制主机地址，即使是点分十进制的 IP 地址也并不太容易记忆。应用层为了便于用户记忆各种网络应用，连接在互联网上的主机不仅有 IP 地址，还有便于用户记忆的主机名字。DNS 能够把互联网上的主机名字转换为 IP 地址。

为什么机器在处理 IP 数据报时要使用 IP 地址而不使用域名呢？这是因为 IP 地址的长度是固定的 32 位（如果是 IPv6 地址，那就是 128 位，也是定长的），而域名的长度并不是固定的，机器处理起来比较困难。

从理论上讲，整个互联网可以只使用一个域名服务器，使它装入互联网上所有的主机名，并回答所有对 IP 地址的查询。然而这种做法并不可取。因为互联网规模很大，这样的域名服务器肯定会因过负荷而无法正常工作，而且一旦域名服务器出现故障，整个互联网就会瘫痪。因此，早在 1983 年互联网就开始采用层次树状结构的命名方法，并使用分布式的域名系统。

互联网的域名系统被设计成为一个联机分布式数据库系统，并采用客户服务器方式。DNS 使大多数名字都在本地进行解析（resolve），仅少量解析需要在互联网上通信，因此 DNS 的效率很高。由于 DNS 是分布式系统，即使单个 DNS 服务器出了故障，也不会妨碍整个 DNS 的正常运行。

域名到 IP 地址的解析是由分布在互联网上的许多域名服务器程序共同完成的。域名服务器程序在专设的节点上运行，而人们也常把运行域名服务器程序的机器称为域名服务器。

域名到 IP 地址的解析过程的要点如下：当某一个应用进程需要把主机名解析为 IP 地址时，该应用进程就调用解析程序，并成为 DNS 的一个客户，把待解析的域名放在 DNS 请求报文中，以 UDP 用户数据报方式发给本地域名服务器（使用 UDP 是为了减少开销）。本地域名服务器在查找域名后，把对应的 IP 地址放在应答报文中返回。应用进程获得目的主机的 IP 地址后即可进行通信。若本地域名服务器不能应答该请求，则此域名服务器就暂时成为 DNS 中的另一个客户，并向其他域名服务器发出查询请求。这种过程直至找到能够应答该请求的域名服务器为止。上述这种查找过程，后面还要进一步讨论。

整个域名系统包括以下四个组成部分。
- 名称空间：指定用于组织名称的域的层次结构。
- 资源记录（resource record,RR）：将域名映射到特定类型地址的资源信息，注册或解析名称时使用。资源记录以特定的记录形式存储在 DNS 服务器中的区域文件（或数据库）中。

- DNS 服务器：存储资源记录并提供名称查询服务的程序。
- DNS 客户端：也称解析程序，用来查询服务器获取名称解析信息。

2. 互联网的域名结构

DNS 域的本质是因特网中一种管理范围的划分，最大的域是根域，向下可以划分为顶级域、二级域、三级域、四级域等。相对应的域名是根域名、顶级域名、二级域名、三级域名、四级域名等。不同等级的域名之间使用点号分隔，级别最低的域名写在最左边，而级别最高的域名则写在最右边。如域名 www.xyz.com 中，com 为顶级域名，xyz 为二级域名，而 www 则表示主机。

每一级的域名都由英文字母和数字组成，域名不区分大小写，但是长度不能超过 63 字节，一个完整的域名不能超过 255 字节。根域名用"."（点）表示。如果一个域名以点结尾，那么这种域名称为完全合格域名（full qualified domain name,FQDN）。接入因特网的主机、服务器或其他网络设备都可以拥有一个唯一的完全合格域名。

因特网的域名空间结构像是一棵倒置的树，如图 7-6 所示。根域名就是树根，用点号表示。

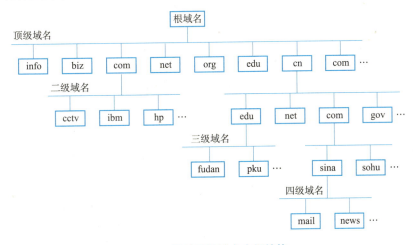

图7-6　因特网的域名空间结构

根域名下属的顶级域名包括如下三大类。
- 国家和地区顶级域名：国家和地区顶级域名采用 ISO 3166 的规定。例如，cn 表示中国，us 表示美国，uk 表示英国等。现在使用的国家和地区顶级域名大约有 200 个。
- 国际顶级域名：国际顶级域名使用 int。国际性的组织可以在 int 下注册。
- 通用顶级域名：最早的顶级域名共有 6 个，分别为 com（表示公司和企业）、net（表示网络服务机构）、org（表示非营利组织）、edu（表示教育机构）、gov（表示政府部门）、mil（表示军事部门）。随着因特网用户不断增加，从 2000 年 11 月起，因特网的域名管理机构 ICANN 又增加了 7 个通用顶级域名，分别为 aero、biz、coop、info、museum、name 和 pro。

在顶级域名下面注册的是二级域名，如在图 7-6 中顶级域名 com 下有二级域名 cctv、sina 等。国家和地区顶级域名下注册的二级域名均由该国家和地区自行确定。我国将二级域名划分为类别域名和行政域名两大类，类别域名如 com，edu，gov 等分别代表不同的机构；行政域名代表我国的各省、自治区及直辖市等，如 bj 表示北京，sh 表示上海。二级域名下面是三级域名、四级域名等。命名树上任何一个节点的域名就是将从该节点到最高层的域名串起来，中间以"."分隔。

在域名结构中，节点在所属域中的标识可以相同，但域名必须唯一。例如图 7-6 中搜狐公司和新浪公司下都有一台主机的标识是 mail，但是两者的域名却是不同的，前者为 mail.sohu.com.cn，而后者为 mail.sina.com.cn。

3. DNS 域名解析

（1）DNS 域名解析过程

DNS 域名解析是按照 DNS 分层结构的特点自上而下进行的。然而，如果每一个域名解析都从根服务器开始，那么根服务器有可能无法承载因特网中大量的信息交互流量。在实际应用中，大多数域名解析都是由本地域名服务器在本地解析完成的。通过合理设定本地域名服务器，由本地域名服务器负责大部分的域名解析请求，可以在很大程度上提高域名解析的效率。

一个完整的 DNS 域名解析过程如图 7-7 所示。

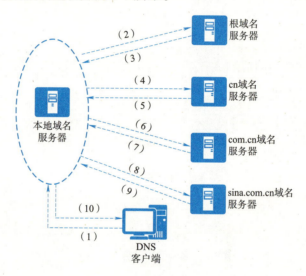

图7-7　DNS域名的完整解析过程

在图 7-7 中，DNS 客户端进行域名 www.sina.com.cn 的解析过程如下：

① DNS 客户端向本地域名服务器发送请求，查询 www.sina.com.cn 主机的 IP 地址。

② 本地域名服务器检查其数据库，发现数据库中没有域名为 www.sina.com.cn 的主机，于是将此请求发送给根域名服务器。

③ 根域名服务器查询其数据库，发现没有该主机记录，但是根域名服务器知道能够解析该域名的 cn 域名服务器的地址，于是将 cn 域名服务器的地址返回给本地域名服务器。

④ 本地域名服务器向 cn 域名服务器发送查询 www.sina.com.cn 主机的 IP 地址的请求。

⑤ cn 域名服务器查询其数据库，发现没有该主机记录，但是 cn 域名服务器知道能够解析该域名的 com.cn 域名服务器的地址，于是将 com.cn 的域名服务器的地址返回给本地域名服务器。

⑥ 本地域名服务器再向com.cn域名服务器发送查询www.sina.com.cn主机的IP地址的请求。

⑦ com.cn 域名服务器查询其数据库，发现没有该主机记录，但是 com.cn 域名服务器知道能够解析该域名的 sina.com.cn 域名服务器的 IP 地址，于是将 sina.com.cn 的域名服务器的 IP 地址返回给本地域名服务器。

⑧ 本地域名服务器向 sina.com.cn 域名服务器发送查询 www.sina.com.cn 主机的 IP 地址请求。

⑨ sina.com.cn 域名服务器查询其数据库，发现有该主机记录，于是给本地域名服务器返回 www.sina.com.cn 所对应的 IP 地址。

⑩ 最后本地域名服务器将 www.sina.com.cn 的 IP 地址返回给客户端。至此，整个解析过程完成。

（2）DNS 查询方式

DNS 域名解析包括两种查询方式：一种为递归查询；另一种为迭代查询。递归查询通常发生在主机发送查询请求到本地域名服务器时，而迭代查询通常发生在主机发送查询请求到根域名服务器时。

对于一个递归查询，DNS 服务器如果不能直接回应解析请求，它将以 DNS 客户端的方式继续请求其他 DNS 服务器，直到查询到该主机的域名解析结果。回复结果可以是该主机的 IP 地址或者是该域名无法解析。不论是哪种结果，DNS 服务器都将把结果返回给客户端。一个递归查询很好的例子是，当本地域名服务器接收了客户端的查询请求时，本地域名服务器将力图代表客户端来找到答案，而在本地域名服务器执行所有工作的时候，客户端只是等待，直到本地域名服务器将最终查询结果返回该客户端，DNS 递归查询如图 7-8 所示。

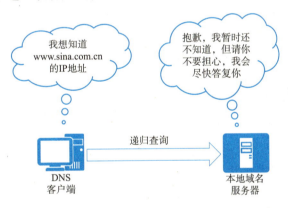

图7-8　DNS递归查询

在迭代查询方式中，如果服务器查不到相应的记录，会向客户端返回一个可能知道结果的域名服务器地址，由客户端继续向新的服务器发送查询请求。一个迭代查询很好的例子是，当某个企业的本地域名服务器向根域名服务器提出查询，根域名服务器不会代表本地域名服务器来担当起回答查询的责任，它会指引本地域名服务器到另一台域名服务器进行查询。例如，当根域名服务器被要求查询 www.sina.com.cn 的地址时，根域名服务器不会到 sina.com.cn 域名服务器查询 www 主机的地址，它只是给本地域名服务器返回一个提示，告诉本地域名服务器到 cn 域名服务器去继续查询和得到结果。所以，对域名服务器的迭代查询只能得到一个提示，然后再继续查询，DNS 迭代查询如图 7-9 所示。

图7-9　DNS迭代查询

（3）DNS反向查询

在 DNS 查询中，客户端希望知道域名所对应的 IP 地址，这种查询称为正向查询。大部分的 DNS 查询都是正向查询。与正向查询相对应，有一种查询是反向查询。它允许 DNS 客户端根据已知的 IP 地址查找主机所对应的域名。DNS 反向查询采取问答形式进行，如图 7-10 所示。

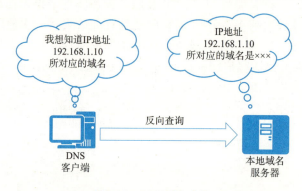

图7-10　DNS反向查询

为了实现反向查询，在 DNS 标准中定义了特殊域 in-addr.arpa 域，并保留在 Internet 域名空间中，以便提供切实可靠的方式执行反向查询。为了创建反向域名空间，in-addr.arpa 域中的子域是按照点分十进制表示法编号的 IP 地址的相反顺序构造的。

为什么不能使用正向的 IP 地址顺序构造 in-addr.arpa 域呢？这主要与 DNS 域名构成的层级关系有关。在 DNS 域名空间树结构中，根域是域名树的树根，最接近树根的是顶级域，向下依次是二级域、三级域、四级域等。可以看出，越靠近树根域的范围越大，越远离树根域的范围越小，越小也就是越具体。因此对于域名 www.abc.com.cn，从左往右看时呈现了一种范围从小到大，逐层包容的关系。

对于 IP 地址的构成方式，从左向右看，首先是网络地址部分，然后才是具体的主机部分，包容关系与域名的构成方式恰恰相反。在反向查询中，其实也是把 IP 地址作为特殊的域名对待，因此需要把 IP 地址的 4 个 8 位字节倒置排列形成特殊的 in-addr.arpa 域。

在 DNS 中建立的 in-addr.arpa 域中使用一种称为指针类型的资源记录。这种资源记录用于在反向查询区域中创建映射，它一般对应于其正向查询区域中某一主机的 DNS 主机名。与正向查询一样，如果所查询的反向名称不能从 DNS 服务器应答，则同样的 DNS 查询（递归或迭代）

过程可用来查找对反向查询区域具有绝对权威且包含查询名称的 DNS 服务器。

7.3.4 动态主机配置协议（DHCP）

网络中计算机的 IP 地址、子网掩码、网关和 DNS 等设置可以人工指定，也可以设置成"自动获得"。设置成"自动获得"就需要使用动态主机配置协议（dynamic host configuration protocol,DHCP），从 DHCP 服务器请求 IP 地址。

视频 ● DHCP原理

1. 计算机 IP 地址的配置方式

配置计算机 IP 地址有两种方式：自动获得 IP 地址（动态地址）和使用下面的 IP 地址（静态地址），如图 7-11 所示。当我们选择"自动获得 IP 地址"时，DNS 可以人工指定，也可以自动获得。

图7-11 静态配置地址和动态获得地址

自动获得 IP 地址就需要网络中有 DHCP 服务器为网络中的计算机分配 IP 地址、子网掩码、网关和 DNS 服务器。那些设置成自动获得 IP 地址的计算机就是 DHCP 客户端。DHCP 服务器为 DHCP 客户端分配 IP 地址使用的协议就是 DHCP。

那么什么情况下使用静态地址，什么情况下使用动态地址呢？

IP 地址不经常更改的设备使用静态地址。比如企业中服务器会单独在一个网段，很少更改 IP 地址或移动到其他网段，这些服务器通常使用静态地址，使用静态地址还可以方便企业员工使用地址访问这些服务器。

网络中不固定的计算机、无线设备、ADSL 拨号上网通常使用动态地址。比如家里部署了无线路由器，笔记本计算机、iPAD、智能手机接入无线，默认是自动获得的地址，可以简化无线设备联网的设置。联通、电信、移动这些运营商为拨号上网的用户自动分配上网使用的公网 IP 地址、网关和 DNS 等设置，网民不知道这些运营商使用哪些网段的地址，也不知道哪些地址没有被其他用户使用。

2. DHCP 地址自动分配原理

DHCP 客户端会在以下几种情况下，从 DHCP 服务器获取一个新的 IP 地址。
- 该客户端计算机是第一次从 DHCP 服务器获取 IP 地址。
- 该客户端计算机原先所租用的 IP 地址已经被 DHCP 服务器收回，而且已经又租给其他计算机了，因此该客户端需要重新从 DHCP 服务器租用一个新的 IP 地址。
- 该客户端自己释放原先所租用的 IP 地址，并要求租用一个新的 IP 地址。
- 客户端计算机更换了网卡。
- 客户端计算机转移到另一个网段。

以上几种情况下，DHCP 客户端和 DHCP 服务器的信息交互过程一共经历了四个阶段：发现阶段、提供阶段、选择阶段和确认阶段。DHCP 客户端从 DHCP 服务器获取 IP 地址如图 7-12 所示。

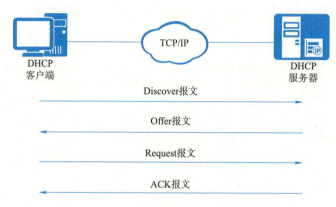

图7-12　DHCP客户端从DHCP服务器获取IP地址

（1）发现阶段

即 DHCP 客户端获取网络中 DHCP 服务器信息的阶段。DHCP 客户端在它所在的本地物理子网中广播一个 DHCP Discover 报文，目的是寻找能够分配 IP 地址的 DHCP 服务器。此报文可以包含 IP 地址和 IP 地址租期的建议值。

（2）提供阶段

即 DHCP 服务器向 DHCP 客户端提供预分配 IP 地址的阶段。本地物理子网中的所有 DHCP 服务器都将通过 DHCP Offer 报文来回应 DHCP Discover 报文。DHCP Offer 报文包含了可用网络地址和其他 DHCP 配置参数。当 DHCP 服务器分配新的地址时，应该确认提供的网络地址没有被其他 DHCP 客户端使用（DHCP 服务器可以通过发送指向被分配地址的 ICMP Echo Request 来确认被分配的地址没有被使用）。然后 DHCP 服务器发送 DHCP Offer 报文给 DHCP 客户端。

（3）选择阶段

即 DHCP 客户端选择 IP 地址的阶段。DHCP 客户端收到一个或多个 DHCP 服务器发送的 DHCP Offer 报文后将从多个 DHCP 服务器中选择一个，并且广播 DHCP Request 报文来表明哪个 DHCP 服务器被选择，同时也可以包括其他配置参数的期望值。如果 DHCP 客户端在一定时间后依然没有收到 DHCP Offer 报文，那么它就会重新发送 DHCP Discover 报文。

（4）确认阶段

即 DHCP 服务器确认分配给 DHCP 客户端 IP 地址的阶段。DHCP 服务器在收到 DHCP 客户端发来的 DHCP Request 报文后，只有 DHCP 客户端选择的服务器会发送 DHCP ACK 报文作为回应，其中包含 DHCP 客户端的配置参数。DHCP ACK 报文中的配置参数不能和以前相应 DHCP 客户端的 DHCP Offer 报文中的配置参数有冲突。如果因请求的地址已经被分配等情况导致被选择的 DHCP 服务器不能满足需求，那么 DHCP 服务器会回应 DHCP NAK 报文。

3. DHCP 地址租约更新原理

当 DHCP 客户端从 DHCP 服务器获取到相应的 IP 地址后，同时也获得了这个 IP 地址的租期。所谓租期就是 DHCP 客户端可以使用相应 IP 地址的有效期，租期到期后 DHCP 客户端必须放弃该 IP 地址的使用权并重新进行申请。为了避免上述情况，DHCP 客户端必须在租期到期前重新进行更新，以延长该 IP 地址的使用期限。

租约更新有两种方法：自动更新和手动更新。

（1）自动更新

在 DHCP 中，租期的自动更新同下面两个状态密切相关，如图 7-13 所示。

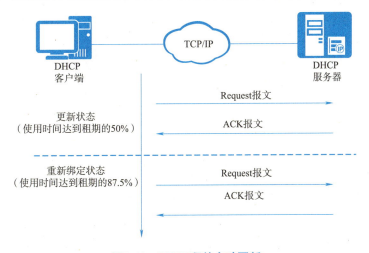

图7-13　DHCP租约自动更新

当 DHCP 客户端所使用的 IP 地址时间到达有效租期的 50% 的时候，DHCP 客户端将进入更新（renewing）状态。此时，DHCP 客户端将通过单播的方式向 DHCP 服务器发送 DHCP Request 报文，用来请求 DHCP 服务器对它的有效租期进行更新。当 DHCP 服务器收到该请求报文后，如果确认客户端可以继续使用此 IP 地址，则 DHCP 服务器回应 DHCP ACK 报文，通知 DHCP 客户端已经获得新 IP 租约；如果此 IP 地址不可以再分配给该客户端，则 DHCP 服务器回应 DHCP NAK 报文，通知 DHCP 客户端不能获得新的租约。

当 DHCP 客户端所使用的 IP 地址时间到达有效期的 87.5% 的时候，DHCP 客户端将进入重新绑定状态（rebinding）。到达这个状态的原因很有可能是在更新状态时 DHCP 客户端没有收到 DHCP 服务器回应的 DHCP ACK/NAK 报文导致租期更新失败。这时 DHCP 客户端将通过单播的方式向 DHCP 服务器发送 DHCP Request 报文，用来继续请求 DHCP 服务器对它的有效租期进行更新。DHCP 服务器的处理方式同上，不再赘述。

当 DHCP 客户端处于 Renewing 和 Rebinding 状态时，如果 DHCP 客户端发送的 DHCP Request 报文没有被 DHCP 服务器回应，那么 DHCP 客户端将在一定时间后重传 DHCP Request 报文。如果一直到租期到期，DHCP 客户端仍没有收到响应报文，那么 DHCP 客户端将被迫放弃所拥有的 IP 地址。

（2）手动更新

如果需要立即更新 DHCP 配置信息，可以通过在客户端的命令提示符下执行 ipconfig/renew 命令对 IP 地址租约进行手动续租操作。

7.3.5 文件传输协议（FTP）

文件传输协议（file transfer protocol,FTP）是在两个相连的计算机之间进行文件传输时使用的协议。用户连接到 FTP 服务器，可以进行文件或目录的复制、移动、创建和删除等操作。FTP 工作在 TCP/IP 模型的应用层，其下层传输协议是 TCP，为数据传输提供可靠的保证。FTP 客户端需要登录 FTP 服务器才能进行相应的操作。

1. FTP 的工作机制

FTP 基于客户/服务器模式运行。FTP 的工作过程就是一个利用 TCP 建立 FTP 会话并传输文件的过程。与一般的应用层协议不同，一个 FTP 会话中需要建立两个独立的网络连接：控制连接和数据连接。相应的，FTP 服务器需要监听两个端口：控制端口和数据端口。FTP 双连接方式如图 7-14 所示。

图7-14 FTP双连接方式

FTP 控制连接负责 FTP 客户端和 FTP 服务器之间交互 FTP 控制命令与命令执行的应答信息，在整个 FTP 会话过程中一直保持打开；而 FTP 数据连接负责在 FTP 客户端和 FTP 服务器之间进行文件与文件列表的传输，仅在需要传输数据的时候建立，数据传输完毕后 FTP 数据连接终止。

2. FTP 数据传输模式

FTP 数据连接可分为主动模式（active mode）和被动模式（passive mode）。FTP 客户端和 FTP 服务器都可设置这两种模式。究竟采用何种模式，取决于客户端的设置。

（1）主动模式

主动模式又被称为 PORT 模式，一般情况下都使用这种模式。主动模式下 FTP 的交互流程如图 7-15 所示。

采用主动方式建立数据连接时，FTP 客户端首先使用随机端口 xxxx 向 FTP 服务器的 21 号端口发起连接请求，建立控制连接，然后使用 PORT 命令协商两者进行数据连接的端口号，协商出来的端口是 yyyy。然后 FTP 服务器主动向 FTP 客户端的 yyyy 端口发起连接请求，建立数据连接。数据连接建立成功后，才能进行数据传输。当需要传送数据时，服务器通过 TCP 端口号 20 与客户端提供的临时端口建立数据传输通道，完成数据传输。在整个过程中，由于服务器在建立数据连接时主动发起连接，因此被称为主动模式。

（2）被动模式

被动模式又被称为 PASV 模式，被动模式下 FTP 的交互流程如图 7-16 所示。

项目 7　应用层协议与服务器搭建

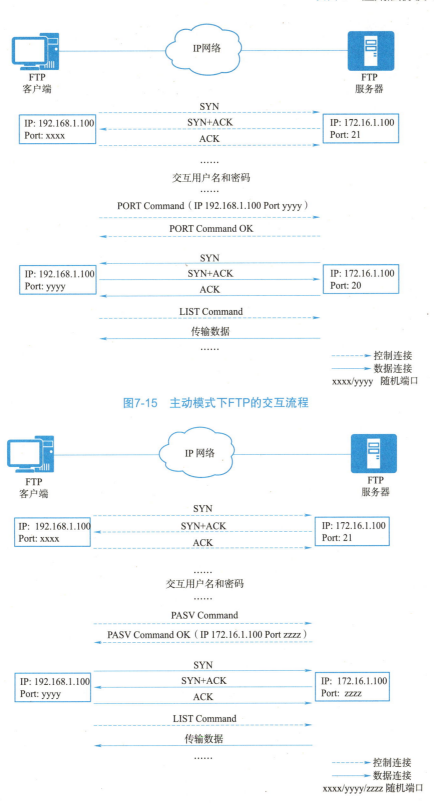

图7-15　主动模式下FTP的交互流程

图7-16　被动模式下FTP的交互流程

FTP 控制连接建立后，希望通过被动方式建立数据连接的 FTP 客户端会利用控制连接向 FTP 服务器发送 PASV 命令，告诉服务器进入被动方式传输。服务器选择临时端口号 zzzz 并告知客户端。当需要传输数据时，客户端主动与服务器的临时端口 zzzz 建立数据连接，并完成数据传输。在整个过程中，由于服务器总是被动接收客户端的数据连接，因此被称为被动模式。采用被动模式时，两个连接都由客户端发起。

7.3.6 万维网（WWW）和超文本传输协议（HTTP）

1. WWW 概述

● 视频
HTTP原理及应用

万维网（world wide web，WWW）是将互联网中的信息以超文本形式展现的系统，也被叫作 Web。可以显示 WWW 信息的客户端软件叫作 Web 浏览器。目前人们常用的 Web 浏览器包括 360、QQ、微软的 Edge、Mozilla 基金会的 Firefox 以及 Apple 的 Safari 等。

借助浏览器，人们不需要考虑该信息保存在哪个服务器，只需要轻轻单击鼠标就可以访问页面上的链接并打开相关信息，如图 7-17 所示。通过浏览器进行访问后回显在浏览器中的内容叫作"Web 页面"。公司或者学校等组织以及个人的 Web 页面被称作主页。

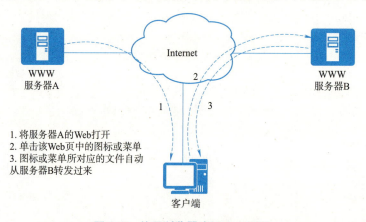

图7-17 使用浏览器访问Web页面

WWW 以客户服务器方式工作。上面所说的浏览器就是在用户主机上的万维网客户程序。万维网文档所驻留的主机运行服务器程序，因此这台主机也称为万维网服务器。客户程序向服务器程序发出请求，服务器程序向客户程序送回客户所要的万维网文档。在一个客户程序主窗口上显示出的万维网文档称为页面（page）。

从以上所述可以看出，万维网必须解决以下几个问题。

① 怎样标志分布在整个互联网上的万维网文档？

② 用什么样的协议来实现万维网上的各种链接？

③ 怎样使不同作者创作的不同风格的万维网文档，都能在互联网的各种主机上显示出来，同时使用户清楚地知道在什么地方存在着链接？

④ 怎样使用户能够很方便地找到所需的信息？

为了解决第一个问题，万维网使用统一资源定位符（uniform resource locator，URL）来标识万维网上的各种文档，并使每一个文档在整个互联网范围内具有唯一的标识符。为了解决第二个问题，万维网客户程序与万维网服务器程序之间的交互遵守严格的协议，这就是超文本传送协议

（hyper text transfer protocol,HTTP）。HTTP 是一个应用层协议，它使用 TCP 连接进行可靠的传送。为了解决第三个问题，万维网使用超文本标记语言（hyper text markup language,HTML），使得万维网页面的设计者可以很方便地用链接从本页面的某处链接到互联网上的任何一个万维网页面，并且能够在自己的主机屏幕上将这些页面显示出来。最后一个问题，用户可使用搜索工具在万维网上方便地查找所需的信息。

2. 统一资源定位符（URL）

统一资源定位符（uniform resource locator,URL）是使用 Web 浏览器等访问 Web 页面时需要输入的网页地址。如图 7-18 所示的 http：//www.hubstc.com.cn/ 就是 URL。

图7-18 使用URL访问网页

URL 相当于一个文件名在网络范围的扩展。因此，URL 是与互联网相连的机器上的任何可访问对象的一个指针。由于访问不同对象所使用的协议不同，所以 URL 还指出读取某个对象时所使用的协议。URL 的一般形式由以下四个部分组成。

<协议>：//<主机>：<端口>/<路径>

URL 的第一部分是最左边的<协议>。这里的<协议>是指使用什么协议来获取该万维网文档。现在最常用的协议就是 http（超文本传送协议），其次是 ftp（文件传送协议）。

在<协议>后面的"：//"是规定的格式。它的右边是第二部分<主机>，它指出这个万维网文档是在哪一台主机上。这里的<主机>是指该主机在互联网上的域名。再后面的第三和第四部分<端口>和<路径>，有时可省略。

现在有些浏览器为了方便用户，在输入 URL 时，可以把最前面的"http：//"甚至把主机名最前面的"www"省略，然后浏览器替用户把省略的字符添上。

访问 WWW 的网站要使用 HTTP，HTTP 的 URL 的一般形式是：

http：//<主机>：<端口>/<路径>

HTTP 的默认端口号是 80，通常可省略。若再省略文件的<路径>项，则 URL 就指到互联网上的某个主页（home page）。主页是个很重要的概念，它可以是以下几种情况之一。

- 一个 WWW 服务器的最高级别的页面。
- 某一个组织或部门的一个定制的页面或目录。从这样的页面可链接到互联网上与本组织或部门有关的其他站点。
- 由某一个人自己设计的描述他本人情况的 WWW 页面。

例如，要查湖北科技职业学院的有关信息，就可先进入湖北科技职业学院的主页，其 URL 为：http：//www.hubstc.com.cn/

这里省略了默认的端口号80。从湖北科技职业学院的主页入手，就可以通过许多不同的链接找到所要查找的各种有关湖北科技职业学院各个部门的信息。

URL 里面的字母不分大小写，但为了便于阅读，有时故意使用一些大写字母。

用户使用 URL 不仅能够访问 WWW 的页面，而且还能够通过 URL 使用其他的互联网应用程序，如 FTP 或 USENET 新闻组等。更重要的是，用户在使用这些应用程序时，只使用一个程序，即浏览器，这显然是非常方便的。

3. 超文本传输协议（HTTP）

（1）HTTP 概述

超文本传输协议（hyper text transfer protocol,HTTP）是一个简单的请求－响应协议 HTTP 在 Web 的客户程序和服务器程序中得以实现。运行在不同端系统上的客户程序和服务器程序通过交换 HTTP 消息彼此交流。HTTP 定义这些消息的结构以及客户和服务器如何交换这些消息。

HTTP 定义 Web 客户（即浏览器）如何从 Web 服务器请求 Web 页面，以及服务器如何把 Web 页面传送给客户。这种请求和响应行为如图 7-19 所示，当用户请求一个 Web 页面（比如说单击某个超链接）时，浏览器把请求该页面中各个对象的 HTTP 请求消息发送给服务器。服务器收到请求后，则发送含有这些对象的 HTTP 响应消息作为响应。

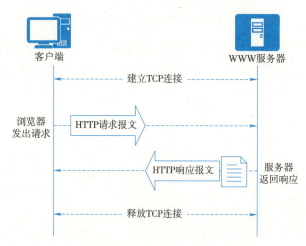

图7-19 HTTP的请求和响应

HTTP 使用 TCP 作为底层的传输协议。HTTP 客户首先发起建立与服务器 TCP 连接的请求。一旦建立连接，浏览器进程和服务器进程就可以通过各自的套接字来访问 TCP。客户往自己的套接字发送 HTTP 请求消息，也从自己的套接字接收 HTTP 响应消息。类似地，服务器从自己的套接字接收 HTTP 请求消息，也往自己的套接字发送 HTTP 响应消息。客户或服务器一旦把某个消息送入各自的套接字，这个消息就完全落入 TCP 的控制之中。TCP 给 HTTP 提供一个可靠的数据传输服务，这意味着由客户发出的每个 HTTP 请求消息最终将无损地到达服务器，由服务器发出的每个 HTTP 响应消息最终也将无损地到达客户。

需要注意的是，在向客户发送所请求文件的同时，服务器并没有存储关于该客户的任何状态信息。即便某个客户在几秒钟内再次请求同一个对象，服务器也不会响应说：自己刚刚给它发送了这个对象。相反，服务器会重新发送这个对象，因为它已经彻底忘记早先做过什么。由于 HTTP 服务器不维护客户的状态信息，因此称 HTTP 是一个无状态的协议。

（2）非持久连接和持久连接

HTTP 既可以使用非持久连接（nonpersistent connection），也可以使用持久连接（persistent connection）。HTTP/1.0 使用非持久连接，HTTP/1.1 则默认使用持久连接。

① 非持久连接。

非持久连接情况下，假设一个 Web 页面由 1 个基本 HTML 文件和 10 个 JPEG 图像构成，而且所有这些对象都存放在同一台服务器主机中，从服务器到客户传送该 Web 页面的步骤如下：

步骤 1：HTTP 客户初始化一个与 HTTP 服务器的 TCP 连接。HTTP 服务器使用默认端口号 80 监听来自 HTTP 客户的连接建立请求。

步骤 2：HTTP 客户经由与 TCP 连接相关联的本地套接字发出一个 HTTP 请求消息。

步骤 3：服务器经由与 TCP 连接相关联的本地套接字接收这个请求消息，再从服务器主机的内存或硬盘中取出对象，经由同一个套接字发出包含该对象的响应消息。

步骤 4：HTTP 服务器告知 TCP 关闭这个 TCP 连接（不过 TCP 要到客户收到刚才这个响应消息之后才会真正终止这个连接）。

步骤 5：HTTP 客户经由同一个套接字接收这个响应消息。TCP 连接随后终止。该消息标明所封装的对象是一个 HTML 文件。客户从中取出这个文件，加以分析后发现其中有 10 个 JPEG 对象的引用。

步骤 6：给每一个引用到的 JPEG 对象重复步骤 1~4。

上述步骤之所以称为使用非持久连接，原因是每次服务器发出一个对象后，相应的 TCP 连接就被关闭，也就是说每个连接都没有持续到可用于传送其他对象。每个 TCP 连接只用于传输一个请求消息和一个响应消息。就上述例子而言，用户每请求一次 Web 页面，就产生 1 个 TCP 连接。

下面粗略估算一下，从浏览器请求一个 WWW 文档到收到整个文档所需的时间，如图 7-20 所示。用户在单击鼠标链接某个 WWW 文档时，HTTP 首先要和服务器建立 TCP 连接。这需要使用三报文握手。当建立 TCP 连接的三报文握手的前两部分完成后（即经过了一个 RTT 时间后），WWW 客户就把 HTTP 请求报文，作为建立 TCP 连接的三报文握手中的第三个报文的数据，发送给 WWW 服务器。服务器收到 HTTP 请求报文后，就把所请求的 Web 文档作为响应报文返回给客户。

从图 7-20 可看出，请求一个 WWW 文档所需的时间是该文档的传输时间（与文档大小成正比）加上两倍往返时间 RTT（一个 RTT 用于连接 TCP 连接，另一个 RTT 用于请求和接收 WWW 文档。TCP 建立连接的三报文握手的第三个报文段中的数据，就是客户对 WWW 文档的请求报文）。

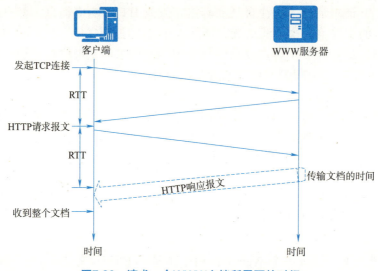

图7-20　请求一个WWW文档所需要的时间

② 持久连接。

HTTP/1.0 的主要缺点就是每请求一个文档就要有两倍 RTT 的开销。若一个主页上有很多链接的对象（如图片等）需要依次进行链接，那么每一次链接下载都导致 2×RTT 的开销。另一种开销就是 WWW 客户和服务器每一次建立新的 TCP 连接都要分配缓存和变量。特别是 WWW 服务器往往要同时服务于大量客户的请求，所以这种非持久连接会使 WWW 服务器的负担很重。好在浏览器都能够打开 5~10 个并行的 TCP 连接，而每一个 TCP 连接处理客户的一个请求。因此，使用并行 TCP 连接可以缩短响应时间。

HTTP/1.1 使用持久连接较好地解决了上述问题，所谓持久连接就是 WWW 服务器在发送响应后仍然在一段时间内保持这条连接，使同一个客户（浏览器）和该服务器可以继续在这条连接上传送后续的 HTTP 请求报文和响应报文。这并不局限于传送同一个页面上链接的文档，而是只要这些文档都在同一个服务器上就行。目前一些流行的浏览器的默认设置就使用了 HTTP/1.1。

HTTP/1.1 协议的持久连接有两种工作方式，即非流水线方式（without pipelining）和流水线方式（with pipelining）。

非流水线方式的特点是客户在收到前一个响应后才能发出下一个请求。因此，在 TCP 连接已建立后，客户每访问一次对象都要用去一个往返时间 RTT。这比非持久连接要用去两倍 RTT 的开销，节省了建立 TCP 连接所需的一个 RTT 时间。但非流水线方式也是有缺点的，因为服务器在发送完一个对象后，其 TCP 连接就处于空闲状态，浪费了服务器资源。

流水线方式的特点是客户在收到 HTTP 的响应报文之前就能够接着发送新的请求报文。于是一个接一个地请求报文到达服务器后，服务器就可以连续发回响应报文。因此，使用流水线方式时，客户访问所有的对象只需花费一个 RTT 时间。流水线工作方式使 TCP 连接中的空闲时间减少，提高了下载文档的效率。

（3）HTTP 的报文格式

HTTP 有两类报文：请求报文（从客户端向服务器发送的请求）和响应报文（从服务器到客

户端的应答）。HTTP 请求报文和响应报文都是由三个部分组成的，如图 7-21 所示，从该图可以看出，这两种报文格式的区别就是开始行不同。

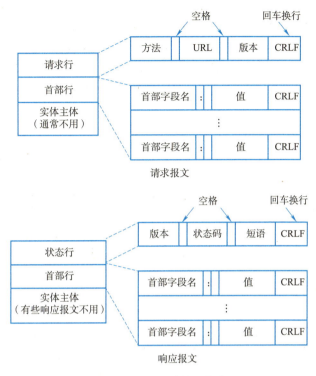

图 7-21　HTTP 的报文格式

① 开始行，用于区分是请求报文还是响应报文。在请求报文中的开始行叫作请求行（request-line），而在响应报文中的开始行叫作状态行（status-line）。在开始行的三个字段之间都以空格分隔开，最后的"CR"和"LF"分别代表"回车"和"换行"。

② 头部行，用来说明浏览器、服务器或报文主体的一些信息。头部可以有好几行，但也可以不使用。在每一个头部行中都有头部字段名和它的值,每一行在结束的地方都要有"回车"和"换行"。整个头部行结束时，还有一空行将头部行和后面的实体主体分开。

③ 实体主体（entity body），在请求报文中一般都不用这个字段，而在响应报文中也可能没有这个字段。

请求报文的第一行"请求行"只有三个内容,即方法,请求资源的 URL,以及 HTTP 的版本。

请注意：这里的名词"方法"（method）是面向对象技术中使用的专门名词。所谓"方法"就是对所请求的对象进行的操作，这些方法实际上也是一些命令。因此，请求报文的类型是由它所采用的方法决定的。HTTP 请求报文中常用的几种方法见表 7-1。

表 7-1　HTTP 请求报文中的常用的几种方法

方法（操作）	意　义
OPTION	请求一些选项的信息
GET	请求读取由URL所标识的信息

续表

方法（操作）	意 义
HEAD	请求读取由URL所标识的信息的头部
POST	给服务器添加信息（例如：注释）
PUT	在指明的URL下存储一个文档
DELETE	删除指明的URL所标识的资源
TRACE	用来进行环回测试的请求报文
CONNECT	用于代理服务器

下面是一个完整的 HTTP 请求报文的例子。

```
GET http://www.hubstc.com.cn HTTP/1.1                          请求行
Accept: text/html,application/xhtml+xml,application/xml
Accept-Encoding: gzip, deflate
Accept-Language: zh-CN,zh;q=0.9
Cache-Control: max-age=0
Connection: keep-alive
Host: www.hubstc.com.cn
User-Agent: Mozilla/5.0 (WindowsNT 10.0; WOW64)                各种头部字段
CRLF
```

每一个请求报文发出后，都能收到一个响应报文。响应报文的第一行就是状态行。状态行包括三项内容，即 HTTP 的版本，状态码，以及解释状态码的简单短语。

状态码（status-code）都是由三位数字组成的，分为五大类，这五大类的状态码都是以不同的数字开头的。

- 1×× 表示通知信息，如请求收到了或正在进行处理。
- 2×× 表示成功，如 200 OK 表示请求成功，所请求信息在响应消息中返回。
- 3×× 表示重定向，如 301 Moved Permanently 表示所请求的对象已永久性迁移；新的 URL 在本响应消息的 Location：头部指出。客户软件会自动请求这个新的 URL。
- 4×× 表示客户的差错，如 400 Bad Request 表示服务器无法理解相应请求的普遍错误的状态码；404 Not Found 表示服务器上不存在所请求的文档。
- 5×× 表示服务器的差错，如 505 HTTP Version Not Supported 表示服务器不支持所请求的 HTTP 版本。

4. 超文本标记语言（HTML）

超文本标记语言（hyper text markup language,HTML）是为了发送 Web 上的超文本（Hypertext）而开发的标记语言。超文本是一种文档系统，可将文档中任意位置的信息与其他信息（文本或图片等）建立关联，即超链接文本。标记语言是指通过在文档的某部分穿插特别的字符串标签，用来修饰文档的语言。出现在 HTML 文档内的这种特殊字符串称为 HTML 标签（Tag）。

（1）由 HTML 构建 Web 页面

平时浏览的 Web 页面几乎全是使用 HTML 写成的。由 HTML 构成的文档经过浏览器的解析、渲染后，呈现出来的结果就是 Web 页面，如图 7-22 所示。在这份 HTML 文档内这种被"<>"包围着的文字就是标签。在标签的作用下，文档会改变样式，或插入图片、链接。

图7-22　HTML与Web页面

还有一种语言叫作层叠样式表（cascading style sheets，CSS），用于指定如何展现 HTML 内的各种元素，属于样式表标准之一。即使是相同的 HTML 文档，通过改变应用的 CSS，用浏览器看到的页面外观也会随之改变。CSS 的理念就是让文档的结构和设计分离，达到解耦的目的。

（2）动态 HTML

所谓动态 HTML（dynamic HTML），是指使用客户端脚本语言将静态的 HTML 内容变成动态的技术的总称。鼠标单击点开的新闻、Google Maps 等可滚动的地图就用到了动态 HTML。

动态 HTML 技术是通过调用客户端脚本语言 JavaScript，实现对 HTML 的 Web 页面的动态改造。利用文档对象模型（document object model,DOM）可指定欲发生动态变化的 HTML 元素。DOM 是用于操作 HTML 文档和 XML 文档的应用编程接口（application programming interface,API）。使用 DOM 可以将 HTML 内的元素当作对象操作，如取出元素内的字符串、改变 CSS 的属性等，使页面的设计发生改变。

通过调用 JavaScript 等脚本语言对 DOM 的操作，可以用更为简单的方式控制 HTML 的改变。

```
<body>
<h1>计算机网络基础</h1>
<p>第1部分计算机网络概述</p>
<p>第2部分计算机网络体系结构</p>
<p>第3部分网络接口层</p>
</body>
```

比如，从 JavaScript 的角度来看，将上述 HTML 文档的第三个 P 元素（P 标签）改变文字颜色时，会像下方这样编写代码。

```
<script type="text/javascript">
var contend document. getElementsByTagName('P'); content[2].
style. color='# FFe000';
</script>
```

在这段代码中，document.getElementsByTagName（'P'）语句调用 getElementsByTagName 函数，从整个 HTML 文档（document object）内取出 P 元素。接下来的 content[2].style.color='#FF0000' 语句指定 content 的索引为 2（第三个）的元素的样式颜色改为红色（#FF0000）。

DOM 内存在各种函数，使用它们可查阅 HTML 中的各个元素。

7.3.7 电子邮件

1. 电子邮件概述

电子邮件（electronic mail，E-mail）又称电子信箱，是一种用电子手段提供信息交换的通信方式，是 Internet 应用中最广泛的服务。

使用电子邮件时需要拥有的地址叫作邮件地址，它相当于通信地址和姓名。电子邮件地址的格式是"username@server.com"，由三部分组成。第一部分"username"代表用户的邮箱账号，对于同一个邮件接收服务器来说，这个账号必须是唯一的；第二部分"@"是分隔符；第三部分"server.com"是用户邮箱的邮件接收服务器域名，用以标志其所在的位置。

电子邮件的工作过程基于客户机/服务器模式，由用户代理、邮件服务器和邮件协议三个构件组成，如图 7-23 所示。用户在电子邮件客户端程序即用户代理上进行创建、编辑等工作，并将编辑好的电子邮件通过简单邮件传输协议（simple mail transfer protocol,SMTP）向本方邮件服务器发送。本方邮件服务器识别接收方的地址，并通过 SMTP 向接收方邮件服务器发送。接收方通过邮件客户端程序连接到邮件服务器后，使用 POP3 或 Internet 邮件访问协议（internet message access protocol,IMAP）将邮件下载到本地或在线查看、编辑等。

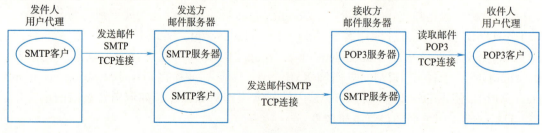

图7-23　电子邮件的主要构件

常见的电子邮件客户端程序包括 Microsoft 的 Outlook Express、Foxmail 等。

常见的电子邮件协议有以下几种。

- 简单邮件传输协议（SMTP）：主要负责将邮件在网络上的主机之间传输。
- 邮局协议（post ofice protocol,POP）：负责把邮件从邮件服务器上的电子邮箱中传输到本地邮件客户端程序的协议，目前的版本为POP3。
- 互联网报文存取协议（internet message access protocol，IMAP）：目前的版本为IMAP4，是POP3 的一种替代协议。

以上几种协议都由 TCP/IP 协议族所定义。

2. SMTP 原理

电子邮件与普通邮件的发送过程类似，都有一个邮箱和一些邮局。SMTP 服务器扮演邮局的角色，负责处理消息的路由。当将一封信放入邮箱时，本地邮局会取出这封信并且将其送至合适的接收邮局。电子邮件也采用类似的方式，当我们发送一封电子邮件到 SMTP 服务器时，它将会被路由至合适的接收服务器。

3. POP3 与 IMAP

现在常用的邮件读取协议有两个，即 POP3（邮局协议第三个版本）和 IMAP。POP3 和 IMAP 的功能是不相同的，它们都有自己的优点。

POP 是一个非常简单、但功能有限的邮件读取协议。现在使用的版本是 POP3，它已成为互联网的正式标准。大多数的 ISP 都支持 POP3。POP3 也使用客户服务器的工作方式。在接收邮件的用户计算机中的用户代理必须运行 POP3 客户程序，而在收件人所连接的 ISP 的邮件服务器中则运行 POP3 服务器程序。当然，这个 ISP 的邮件服务器还必须运行 SMTP 服务器程序，以便接收发送方邮件服务器的 SMTP 客户程序发来的邮件。POP3 服务器只有在用户输入鉴别信息（用户名和口令）后，才允许对邮箱进行读取。

POP3 协议的一个特点就是只要用户从 POP3 服务器读取了邮件，POP3 服务器就把该邮件删除。这在某些情况下就不够方便。例如，某用户在办公室的台式计算机上接收了一封邮件，还来不及写回信，就马上携带笔记本计算机出差。当他打开笔记本计算机写回信时，POP3 服务器上却已经删除了原来已经看过的邮件（除非他事先将这封邮件复制到笔记本计算机中）。为了解决这一问题，POP3 进行了一些功能扩充，其中包括让用户能够事先设置邮件读取后仍然在 POP3 服务器中存放的时间。

IMAP 和 POP 都按客户服务器方式工作，但它们有很大的差别，IMAP 比 POP3 复杂得多。在使用 IMAP 时，在用户的计算机上运行 IMAP 客户程序，然后与接收方的邮件服务器上的 IMAP 服务器程序建立 TCP 连接。用户在自己的计算机上就可以操纵邮件服务器的邮箱，就像在本地操纵一样，因此 IMAP 是一个联机协议。当用户计算机上的 IMAP 客户程序打开 IMAP 服务器的邮箱时，用户只能看到邮件的头部。只有当用户需要打开某个邮件时，该邮件才传到用户的计算机上。用户可以根据需要为自己的邮箱创建便于分类管理的层次式的邮箱文件夹，并且能够将存放的邮件从某一个文件夹中移动到另一个文件夹中。用户也可按某种条件对邮件进行查找。在用户未发出删除邮件的命令之前，IMAP 服务器邮箱中的邮件一直保存着。

IMAP 最大的好处就是用户可以在不同的地方使用不同的计算机（例如，使用办公室的计算机，或家中的计算机，或在外地使用笔记本计算机）随时上网阅读和处理自己在邮件服务器中的邮件。IMAP 还允许收件人只读取邮件中的某一个部分。例如，收到了一个带有影像附件（此文件可能很大）的邮件，而用户使用的是无线上网，信道的传输速率很低。为了节省时间，可以先下载邮件的正文部分，待以后有时间再读取或下载这个很大的附件。

IMAP 的缺点是如果用户没有将邮件复制到自己的计算机上，则邮件一直存放在 IMAP 服务器上。要想查阅自己的邮件，必须先上网。

> **注意：**
> 不要把邮件读取协议 POP3 或 IMAP 与邮件传送协议 SMTP 弄混。发件人的用户代理向发送方邮件服务器发送邮件，以及发送方邮件服务器向接收方邮件服务器发送邮件，都是使用 SMTP。而 POP3 或 IMAP 则是用户代理从接收方邮件服务器上读取邮件所使用的协议。

7.4 【任务1】使用 SSH 远程管理路由器

7.4.1 任务描述

公司管理员在对中心机房网络设备的运维过程中，已经通过 Telnet 实现了远程登录管理，但 Telnet 在通信过程中，所有通信信息都是明文方式传送，包括远程登录的用户名和密码。为保障设备和信息的安全，公司决定采用 SSH 这一安全协议，以避免 Telnet 登录带来的安全隐患。

7.4.2 任务分析

将路由器配置为 SSHv2 服务器，在客户端通过 Xshell 或 SecureCRT 等安全终端模拟软件远程登录到路由器上。

配置 SSH 远程管理路由器的拓扑如图 7-24 所示。

图 7-24　配置 SSH 远程管理路由器的拓扑

7.4.3 任务实施

1. 基本配置

基本配置包括为路由器配置主机名、接口 IP 地址 / 子网掩码，为 PC 配置 IP 地址 / 子网掩码和默认网关。其中路由器的基本配置如下：

```
<Huawei>system-view
[Huawei]sysname Router
[R1]interface GigabitEthernet 0/0/0
[R1-GigabitEthernet0/0/0]ip address 192.168.1.1 24
[R1-GigabitEthernet0/0/0]quit
```

2. 在 Router 上配置 SSH，允许远程用户使用 SSH 远程管理设备

将路由器配置为 SSH 服务器，首先在路由器上开启 SSH 服务，然后再配置用于 SSH 认证

的用户名和密码，并开启 SSH 认证。

第1步：在路由器上创建本地密钥对

```
[Router]rsa local-key-pair create
The key name will be: Host
% RSA keys defined for Host already exist.
Confirm to replace them? (y/n)[n]:y
The range of public key size is (512 ~ 2048).
NOTES: If the key modulus is greater than 512,
       It will take a few minutes.
Input the bits in the modulus[default = 512]:1024
Generating keys...
............................++++++
.........++++++
.....++++++++
.........++++++++
```

第2步：在路由器上开启SSH服务

```
[Router]stelnet server enable
```

第3步：配置用于SSH认证的用户名和密码

```
[Router]aaa
[Router-aaa]local-user admin password cipher admin123
[Router-aaa]local-user admin privilege level 3
[Router-aaa]local-user admin service-type ssh
[Router-aaa]quit
```

第4步：开启SSH认证服务

```
[Router]user-interface vty 0 4
[Router-ui-vty0-4]authentication-mode aaa
[Router-ui-vty0-4]protocol inbound ssh
[Router-ui-vty0-4]quit
```

VTY 简介：

虚拟类型终端（virtual type terminal,VTY）是一种逻辑的终端接口，它不像 Console 口或者 Mini USB 接口那样集成在路由器面板上，而是看不见摸不着的。使用 Telnet 或者 SSH 访问网络设备时，都是在逻辑上通过 VTY 连接到设备上的。

3. 客户端通过 SSH 远程登录到路由器

在客户端主机上，使用 SecureCRT 终端模拟软件 SSH 远程登录路由器。打开 SecureCRT 软件，单击工具栏上的快速连接按钮，弹出"快速连接"对话框，如图 7-25（a）所示。

在"快速连接"对话框中填入主机名和用户名,然后单击"连接"按钮,会弹出"新建主机密钥"对话框，如图 7-25（b）所示。

在"新建主机密钥"对话框中单击"接受并保存"按钮会弹出"输入安全外壳密码"对话框，如图 7-25（c）所示。

在"输入安全外壳密码"对话框中输入密码,然后单击"确定"按钮,就可以成功登录路由器了,如图7-25(d)所示。

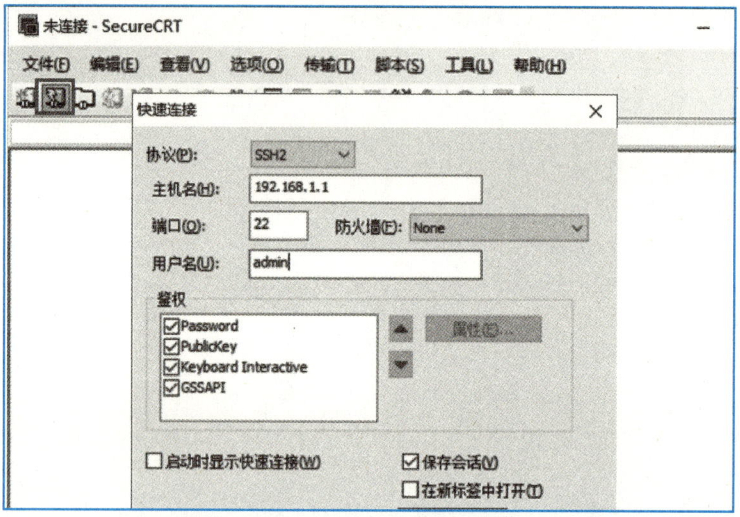

(a)

(b)

(c)

图7-25　客户端通过SSH远程登录到路由器

项目 7　应用层协议与服务器搭建

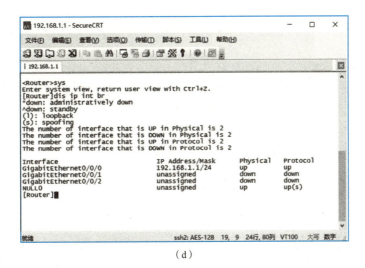

（d）

图7-25　客户端通过SSH远程登录到路由器（续）

7.5 【任务2】搭建 DNS 服务器

7.5.1　任务描述

公司为了加快信息化建设及管理的步伐，先后购置了 4 台服务器，其中网站服务器 1 台，邮件服务器 1 台，内部 OA 服务器 1 台，FTP 服务器 1 台。为了给公司员工提供尽可能简单的方法访问公司的应用系统，需要搭建 DNS 服务器，更好地进行集中化管理。

7.5.2　任务分析

在安装 Windows Server 2016 的计算机上安装 DNS 服务器，配置正向区域和反向区域，并使用 nslookup 命令进行域名解析。

搭建 DNS 服务器的拓扑如图 7-26 所示。主 DNS 服务器的 IP 地址为 192.168.1.10，辅助 DNS 服务器的 IP 地址为 192.168.1.11；客户机的 IP 地址为 192.168.1.20。DNS 区域名称为 xyz.com；创建资源记录为 dns.xyz.com，其对应的 IP 地址为 192.168.1.10，别名为 ftp.xyz.com。

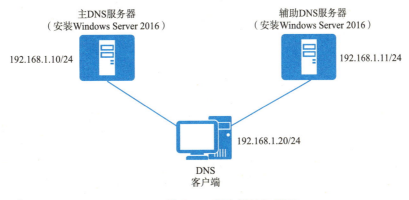

图7-26　搭建DNS服务器的拓扑图

213

7.5.3 任务实施

1. 基础配置

第 1 步：开启三台主机，其中两台为 Windows Server 2016，称为 A 和 B，第三台为 Windows 11，称为 C；在实验中将要配置 A 为主 DNS 服务器，B 为辅助 DNS 服务器，C 为客户机。

第 2 步：按照拓扑图设置三台主机的 IP 地址。注意：A 机的首选 DNS 服务器地址是 127.0.0.1，B 机和 C 机的首选 DNS 服务器地址是 A 机的 IP 地址 192.168.1.10。

第 3 步：关闭防火墙，用 ping 命令检查三台主机之间的连通性。

2. 在 A 机和 B 机上添加 DNS 服务器角色，使之成为 DNS 服务器

第 1 步：在"服务器管理器"的"仪表板"中选择"添加角色和功能"命令，如图 7-27 所示。

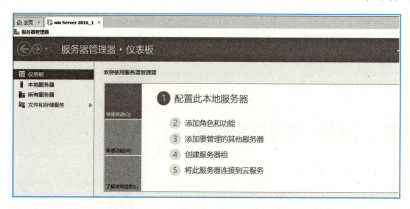

图7-27　仪表板

第 2 步：持续单击"下一步"按钮，直到出现如图 7-28 所示的"选择服务器角色"窗口时，在"角色"中选择"DNS 服务器"，单击"下一步"按钮，然后单击"添加功能"选项。

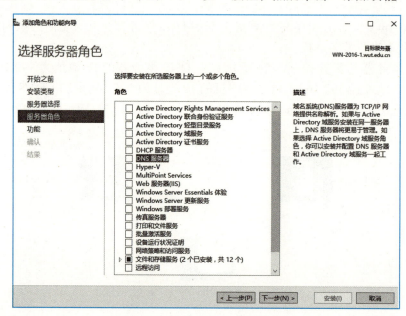

图7-28　"选择服务器角色"窗口

第 3 步:持续单击"下一步"按钮,最后在"确认安装所选内容"窗口中单击"安装"按钮,如图 7-29 所示,开始安装 DNS 服务器角色,稍等一段时间,待安装完成后单击"关闭"按钮。

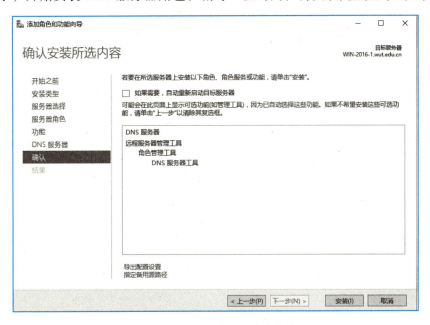

图7-29 "确认安装所选内容"窗口

此时,在 A 机上的"开始"菜单中查看"Windows 管理工具",可以看到新添加了"DNS"管理工具,如图 7-30 所示,说明 DNS 服务器角色添加成功。

图7-30 Windows管理工具

第 4 步：按照上述三个步骤在 B 机上做同样的配置，安装 DNS 服务器角色。

3. 在 A 机上创建正向主要区域

主要区域保存的是该区域所有主机数据记录的正本，A 机是主 DNS 服务器，只有在 A 机上才能创建正向主要区域，并可在该区域中添加、删除、修改和查询资源记录。

第 1 步：在 A 机上的"开始"菜单中，选择"Windows 管理工具"中的"DNS"管理工具，打开"DNS 管理器"窗口。

第 2 步：如图 7-31 所示，在"正向查找区域"选项上单击右键，在弹出的快捷菜单中选择"新建区域"选项，弹出"新建区域向导"对话框。

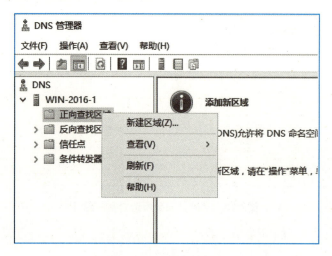

图 7-31 正向查找区域

第 3 步：单击"下一步"按钮，出现图 7-32 所示的"新建区域向导"对话框，在"区域类型"面板中选择要创建区域的类型。因为 A 机是主 DNS 服务器，所以选择的区域类型是"主要区域"。

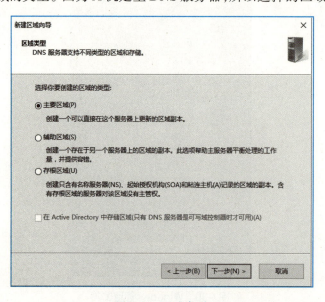

图 7-32 区域类型

第 4 步：单击"下一步"按钮，出现图 7-33 所示的"区域名称"面板，输入区域名称，如 xyz.com。

图7-33　区域名称

第 5 步：单击"下一步"按钮，出现图 7-34 所示的"区域文件"面板，创建新文件名，如 xyz.com.dns，这个文件名会自动生成，无须输入。

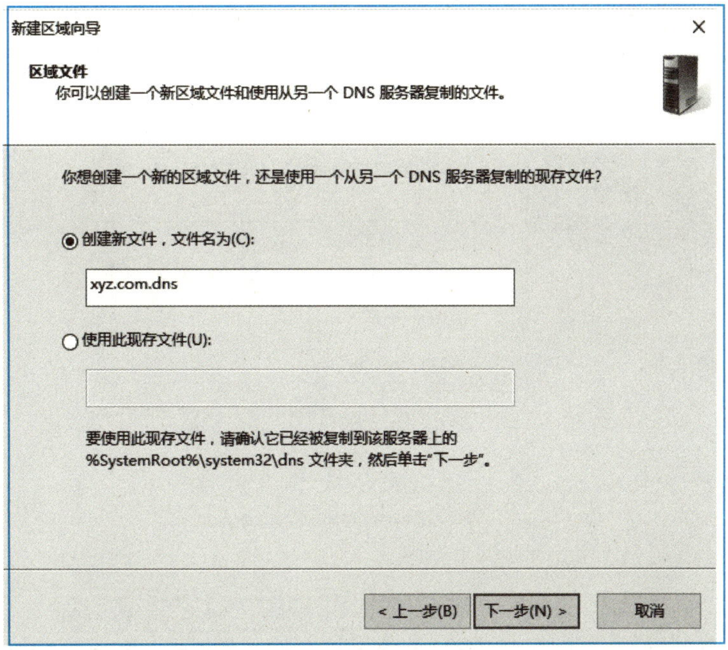

图7-34　区域文件

第 6 步：单击"下一步"按钮，出现图 7-35 所示的"动态更新"面板，选择"不允许动态更新"。

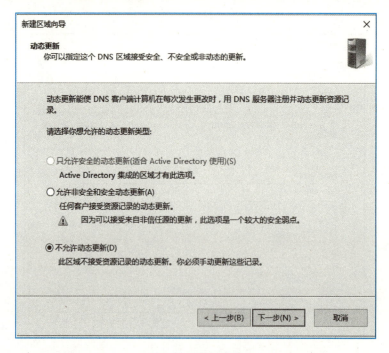

图7-35　动态更新

第 7 步：单击"下一步"按钮，出现图 7-36 所示的"正在完成新建区域向导"面板，单击"完成"按钮，完成正向区域的创建。

图7-36　正在完成新建区域向导

第8步：在正向查找区域内可以看到新建的 DNS 区域，目前还没有在区域内添加资源记录，因此区域内只有两条默认的资源记录（初始状态），如图 7-37 所示。

图7-37　正向查找区域初始状态

4. 在 A 机的正向查找区域内添加资源记录

DNS 服务器提供了很多不同类型的资源记录。下面学习几种常见的资源记录，例如主机记录、别名记录、邮件记录等。需要把这些资源记录添加到区域内，DNS 服务器才能够实现域名解析功能。

创建一条主机记录。该主机的域名为 dns.xyz.com，IP 地址为 192.168.1.10。

第1步：在 A 机的"开始"菜单中，选择"Windows 管理工具"中的"DNS"管理工具，打开"DNS 管理器"窗口。

第2步：在"正向查找区域"下的 xyz.com 域名上单击右键，在弹出的快捷菜单中选择"新建主机（A 或 AAAA）"选项，如图 7-38 所示，弹出"新建主机"对话框。

图7-38　"新建主机（A或AAAA）"选项

第3步：在图 7-39 所示的"新建主机"对话框中，在"名称"文本框里输入主机名，例如 dns。需要注意的是，这里只需要输入主机名即可，不需要输入完整的域名，完整的域名会自动显示在"完全限定的域名（FQDN）"中；在"IP 地址"文本框里输入主机的 IP 地址，例如 192.168.1.10。

如果已经创建了反向查找区域，那么可以选中"创建相关的指针（PTR）记录"，目前因为还没有创建反向查找区域，所以不要选中"创建相关的指针（PTR）记录"。

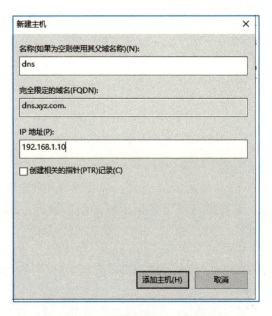

图7-39　"新建主机"对话框

第 4 步：单击"添加主机"按钮，出现成功创建主机记录 dns.xyz.com 的信息，说明主机记录创建成功。

创建一条别名记录。如果一台主机是 DNS 服务器，同时它又是一台 FTP 服务器，那么就需要在区域内为这台主机添加一条别名记录。

第 1 步：如图 7-40 所示，在"正向查找区域"下的 xyz.com 域名上单击右键，在弹出的快捷菜单中选择"新建别名（CNAME）"，弹出"新建资源记录"对话框。

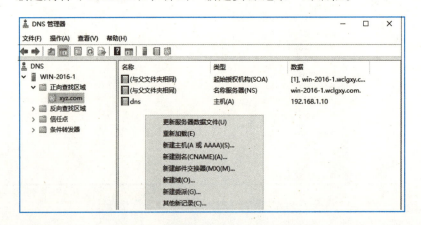

图7-40　"新建别名（CNAME）"选项

第 2 步：在图 7-41 所示的"新建资源记录"对话框中，在"别名"文本框里输入别名，例如 ftp，完整的域名会自动显示在"完全限定的域名（FQDN）"中；在"目标主机的完全合格的域名（FQDN）"文本框里输入主机的域名，例如 dns.xyz.com，或者通过"浏览"的方式找到域名也可以。

图7-41 "新建资源记录"对话框

第 3 步：单击"确定"按钮，返回到"DNS 管理器"窗口，在正向查找区域内可以看到两条新建的资源记录，如图 7-42 所示。

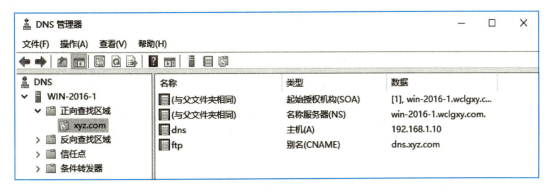

图7-42 别名资源记录

5. 在 A 机上创建反向主要区域

正向解析只能实现通过域名查找 IP 地址的功能，如果想通过 IP 地址找到对应的域名，则需要在主 DNS 服务器上建立反向查找区域。

第 1 步：在 A 机上的"开始"菜单中，选择"Windows 管理工具"中的"DNS"管理工具，打开"DNS 管理器"窗口。

第 2 步：如图 7-43 所示，在"反向查找区域"选项上单击右键，在弹出的快捷菜单中选择"新建区域"选项，弹出"新建区域向导"对话框。

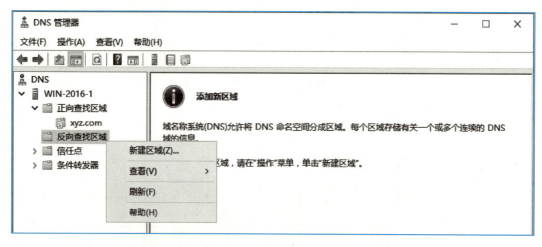

图7-43　"新建区域"选项

第 3 步：单击"下一步"按钮，出现图 7-44 所示的"新建区域向导"对话框，在"区域类型"面板中选择要创建区域的类型。因为 A 机是主 DNS 服务器，所以选择的区域类型是"主要区域"。

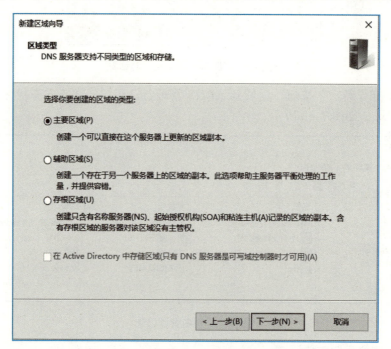

图7-44　区域类型

第 4 步：单击"下一步"按钮，出现图 7-45 所示的"反向查找区域名称"面板，选择"IPv4 反向查找区域（4）"。

项目 7　应用层协议与服务器搭建

图7-45　反向查找区域名称

第 5 步：单击"下一步"按钮，出现图 7-46 所示的对话框，在"网络 ID"中输入网络地址，例如 192.168.1。

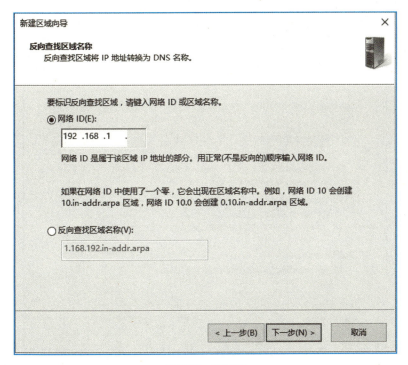

图7-46　网络ID

第 6 步：单击"下一步"按钮，出现图 7-47 所示的"区域文件"面板，选择"创建新文件，文件名为："，采用默认的文件名。

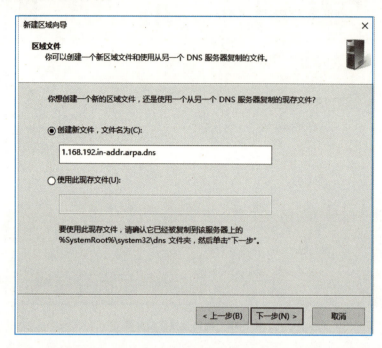

图7-47　区域文件

第 7 步：单击"下一步"按钮，出现图 7-48 所示的"动态更新"面板，选择"不允许动态更新"。

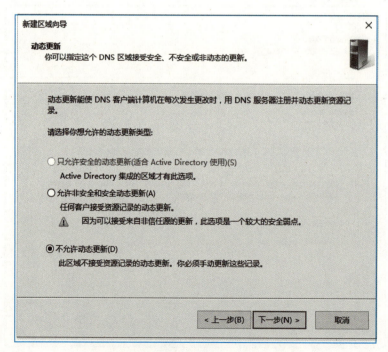

图7-48　动态更新

第 8 步：单击"下一步"按钮，出现图 7-49 所示的"正在完成新建区域向导"面板，单击"完成"按钮，完成反向区域的创建。

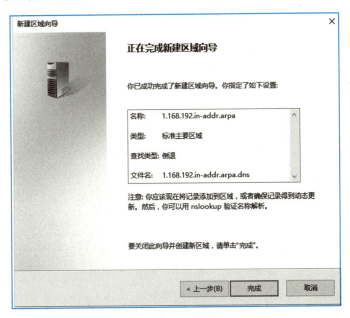

图7-49　正在完成新建区域向导

6. 在 A 机上创建反向资源记录

DNS 服务器提供了与正向资源记录对应的反向资源记录。同样，需要把资源记录添加到反向查找区域内，DNS 服务器才能够实现反向域名解析功能。

创建一条指针记录。该主机的 IP 地址为 192.168.1.10，域名为 dns.xyz.com。

第 1 步：在 A 机的"开始"菜单中，选择"Windows 管理工具"中的"DNS"管理工具，打开"DNS 管理器"窗口。

第 2 步：在"反向查找区域"下的 1.168.192.in-addr.arpa 域名上单击右键，在弹出的快捷菜单中选择"新建指针（PTR）"命令，如图 7-50 所示，弹出"新建资源记录"对话框。

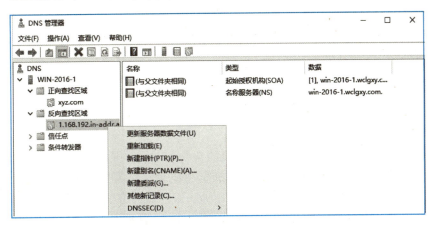

图7-50　选择"新建指针（PTR）"命令

第3步：在图 7-51 所示的"新建资源记录"对话框中，在"主机 IP 地址"文本框里输入 IP 地址，例如 192.168.1.10。完整的域名会自动显示在"完全限定的域名（FQDN）"中；在"主机名"文本框里输入主机的域名，例如 dns.xyz.com，或者用"浏览"的方式查找域名也可以。

图7-51 "新建资源记录"对话框

第4步：单击"确定"按钮，出现成功创建指针记录 dns.xyz.com 的信息，说明指针记录创建成功。

与正向查找区域一样需要创建一条别名记录。别名记录的新建方法与正向查找区域类似，这里不再赘述，请读者自行完成。完成后能看到图 7-52 所示的反向资源记录。

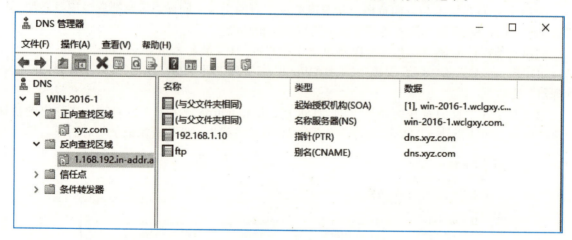

图7-52 反向资源记录

7. 在 B 机上新建辅助区域

B 机是一台辅助 DNS 服务器，用来做 A 机的备份。B 机需要新建正向查找区域和反向查找区域，区域名与 A 机相同，但不用在区域内添加资源记录，只需要在 A 机上设置"区域传送"就可以将 A 机中的资源记录自动复制到 B 机。B 机新建区域的方法与 A 机类似。

第1步：在 B 机上的"开始"菜单中，选择"Windows 管理工具"中的"DNS"管理工具，打开"DNS 管理器"窗口。

第 2 步：在"正向查找区域"选项上单击右键，在弹出的快捷菜单中选择"新建区域"选项，弹出"新建区域向导"对话框。

第 3 步：单击"下一步"按钮，在"区域类型"面板中，选择的区域类型是"辅助区域"。

第 4 步：单击"下一步"按钮，在"区域名称"面板中，输入区域名称，如 xyz.com。

第 5 步：单击"下一步"按钮，出现图 7-53 所示的"主 DNS 服务器"面板，在"主服务器"对话框中输入 A 机的 IP 地址。

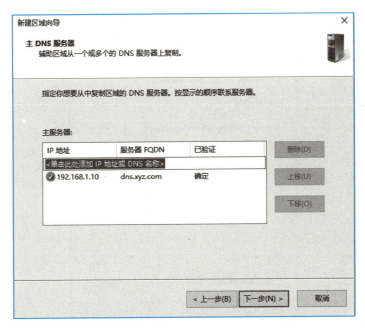

图7-53　主DNS服务器

第 6 步：单击"下一步"按钮，出现新建区域摘要，单击"完成"按钮，完成正向区域的创建。

正向辅助区域创建完成后会看到 DNS 管理器里的正向区域不能打开，如图 7-54 所示。原因是没有在 A 机上设置区域传送，A 机上的资源记录就没有办法传到 B 机上。所以需要在 A 机上设置对 B 机进行"区域传送"。

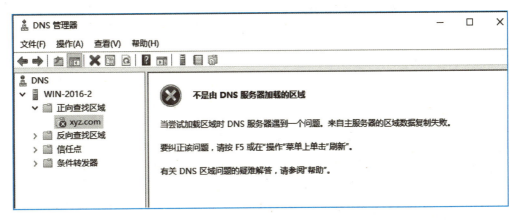

图7-54　正向区域不能打开

8. 在 A 机上设置区域传送

第 1 步：在 B 机上打开"DNS 管理器"窗口。

第 2 步：在"正向查找区域"选项上单击右键，在弹出的快捷菜单中选择"属性"选项，弹出"属性"对话框。在"属性"对话框中选择"区域传送"标签，选中"允许区域传送"下的"只允许到下列服务器"选项，如图 7-55（a）所示。

第 3 步：单击"编辑"按钮，出现图 7-55（b）所示的"允许区域传送"对话框，在"辅助服务器的 IP 地址"对话框中输入 B 机的 IP 地址。

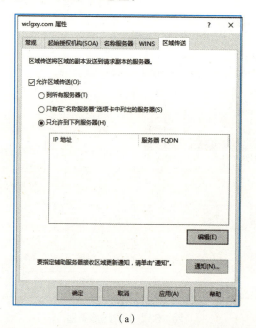

（a）

（b）

图 7-55　"区域传送"标签和"允许区域传送"对话框

第 4 步：单击两次"确定"按钮，完成区域传送的设置。

第 5 步：再次查看 B 机的 DNS 管理器，可以看到正向查找区域里已经出现了与 A 机完全相同的资源记录。

可以在 B 机上用同样的方法新建反向辅助区域，并且在 A 机的反向区域内设置对 B 机进行"区域传送"，设置完成后在 B 机的反向区域内就可以看到与 A 机完全相同的反向资源记录了。设置过程请自行完成。

9. 在 DNS 客户机上测试 DNS 解析功能

DNS 服务器的解析功能有两种：正向解析和反向解析。正向解析是通过域名来解析 IP 地址，反向解析是通过 IP 地址来解析域名。测试命令也有两个，nslookup 和 ping 命令，ping 命令是常见的命令，这里重点介绍 nslookup 命令。

第 1 步：在 DNS 客户机上打开"命令提示符"窗口。

第 2 步：输入命令"nslookup 域名"，例如输入 nslookup ftp.xyz.com。运行结果如图 7-56 所示。

第 3 步：输入命令"nslookup IP 地址"，例如输入 nslookup 192.168.1.10。运行结果如图 7-56 所示。

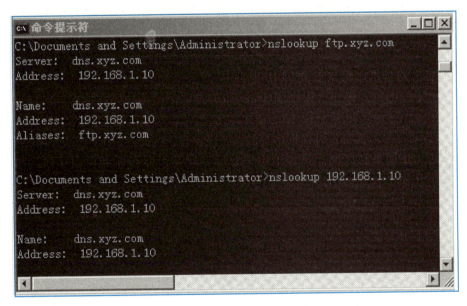

图7-56　DNS解析功能测试

测试结果说明如下：

"Server：dns.xyz.Com"是指 DNS 服务器的域名；"Address：192.168.1.10"是指 DNS 服务器，也就是 A 机的 IP 地址；"Name：dns.xyz.com"和"Address：192.168.1.10"是指解析的域名和 IP 地址；"Aliases：ftp.xyz.com"指的是别名。

无论在 nslookup 命令后输入的是域名还是 IP 地址，看到的实验现象都是一样的。但其实这两组实验现象的含义是不一样的。nslookup ftp.xyz.com 命令是通过域名解析 IP 地址，因此"ftp.xyz.com"是已知的，"192.168.1.10"是测试结果；反之，nslookup 192.168.1.10 命令通过 IP 地址解析域名，因此"192.168.1.10"是已知的，"ftp.xyz.com"是测试结果。

7.6 【任务3】搭建 DHCP 服务器

7.6.1 任务描述

公司在创办初期只是一家规模较小的公司，主机的 IP 地址都是由网络管理员手工分配。随着公司规模的扩大，主机的数量日益增多，网络管理员采用手工分配 IP 地址的方法显得越来越力不从心。于是网络管理员决定搭建一台 DHCP 服务器来为公司的主机自动分配 IP 地址，这样既可以解决手工分配 IP 地址烦琐的问题，又可以避免静态配置容易出错的问题。

7.6.2 任务分析

在安装 Windows Server 2016 的计算机上安装 DHCP 服务器，配置 DHCP 服务，为 DHCP 客户端动态分配 IP 地址及其 TCP/IP 参数。

搭建 DHCP 服务器的拓扑如图 7-57 所示。DNS 区域名称为 xyz.com；DNS 服务器域名为 dns.xyz.com，其对应的 IP 地址为 192.168.1.10。DHCP 服务器的 IP 地址为 192.168.1.11，公司的 IP 子网是 192.168.1.0/24，网关是 192.168.1.254。为了公司网络服务的扩展，排除 192.168.1.10~192.168.1.19 这十个 IP 地址，这十个地址专门用于服务器的 IP 地址，并且公司总经理的笔记本计算机希望每次都能够获得 192.168.1.60 这个 IP 地址。

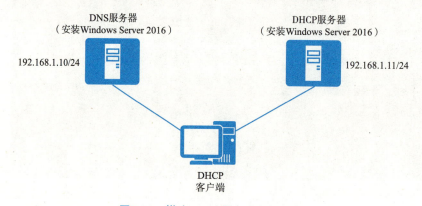

图7-57 搭建DHCP服务器的拓扑图

7.6.3 任务实施

1. 基础配置

第 1 步：开启三台主机，其中两台为 Windows Server 2016，称为 A 和 B，第三台为 Windows 11，称为 C；在实验中将要配置 A 机为 DNS 服务器，B 机为 DHCP 服务器，C 机为客户机。

第 2 步：按照拓扑图设置三台主机的 IP 地址。注意：A 机的首选 DNS 服务器地址是 127.0.0.1，B 机的首选 DNS 服务器地址是 A 机的 IP 地址 192.168.1.10，C 机设置成"自动获得 IP 地址"和"自动获得 DNS 服务器地址"。

项目 7　应用层协议与服务器搭建

第 3 步：关闭防火墙，用 ping 命令检查 A 机和 B 机之间的连通性。

第 4 步：配置 A 机成为 DNS 服务器，域名为 xyz.com；添加一条主机资源记录，主机域名为 dns.xyz.com，对应的 IP 地址为 192.168.1.10，注意在正向查找区域和反向查找区域内都要添加这条资源记录，操作步骤见 7.5 节中的任务实施。

2. 在 B 机上添加 DHCP 服务器角色，使之成为 DHCP 服务器

第 1 步：在"服务器管理器"的"仪表板"中选择"添加角色和功能"命令，如图 7-58 所示。

图7-58　仪表板

第 2 步：持续单击"下一步"按钮，直到出现图 7-59 所示的"选择服务器角色"窗口时，在"角色"面板中选择"DHCP 服务器"选项，单击"下一步"按钮，然后单击"添加功能"选项。

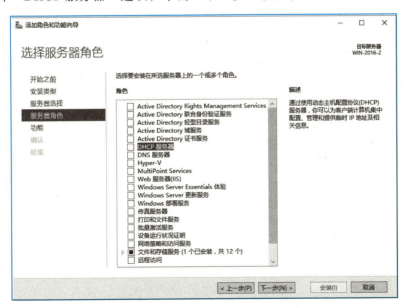

图7-59　"选择服务器角色"窗口

第3步：持续单击"下一步"按钮，最后在"确认安装所选内容"窗口中单击"安装"按钮，开始安装 DHCP 服务器角色，安装进度如图 7-60 所示，稍等一段时间，待安装完成后单击"完成 DHCP 配置"按钮，进行 DHCP 配置。

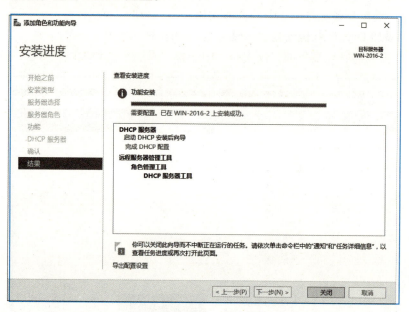

图7-60　安装进度

第4步：单击"提交"按钮，完成 DHCP 配置，如图 7-61 所示。

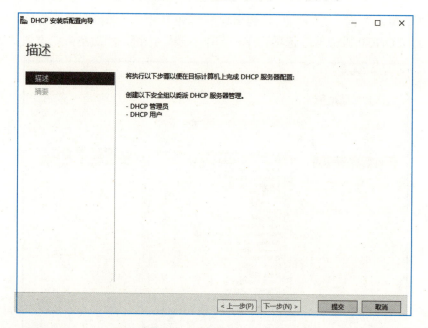

图7-61　完成DHCP配置

第5步：DHCP 配置完成后，单击"关闭"按钮，重启 DHCP 服务器，如图 7-62 所示。

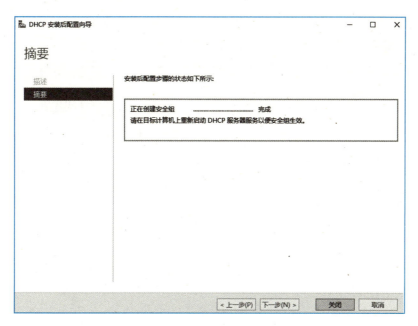

图7-62 重启DHCP服务器

3. 在 B 机上将 DHCP 服务器的 IP 地址池设为 192.168.1.1/24 ～ 192.168.1.253/24，排除地址为 192.168.1.10/24 ～ 192.168.1.19/24，租用 IP 地址时间自行设定

一个 DHCP 服务器可以创建多个不同的作用域。如果在安装时没有建立作用域，也可以单独建立 DHCP 作用域。

第 1 步：在 B 机上的"开始"菜单中，选择"Windows 管理工具"中的"DHCP"管理工具，打开"DHCP 管理器"窗口。

第 2 步：如图 7-63 所示，在"IPv4"选项上单击右键，在弹出的快捷菜单中选择"新建作用域"选项，弹出"新建作用域向导"对话框。

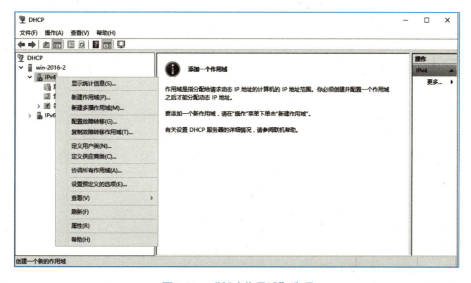

图7-63 "新建作用域"选项

第3步：单击"下一步"按钮，出现图7-64所示的"作用域名称"面板，在这个面板中需要提供一个用于识别的作用域名称，例如"xyz域"。

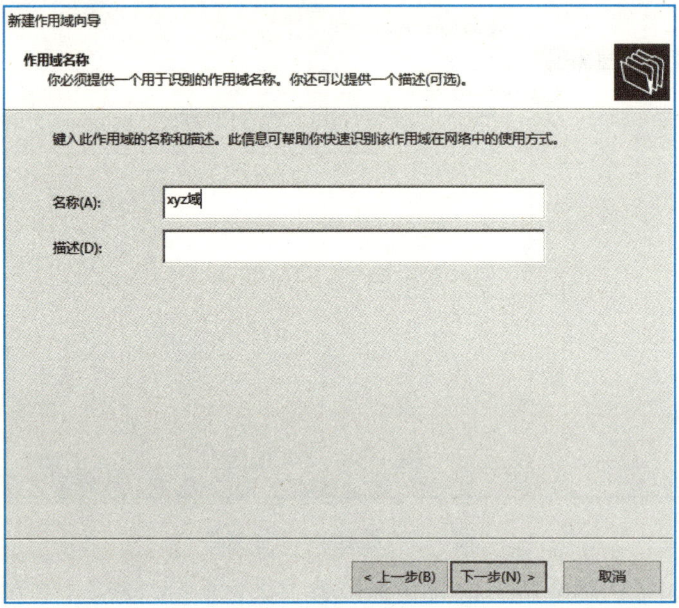

图7-64 作用域名称

第4步：单击"下一步"按钮，出现图7-65所示的"IP地址范围"面板，在这个面板中设置作用域的地址范围。由于公司的IP子网是192.168.1.0/24，而192.168.1.254/24是网关地址，因此DHCP地址池的范围是192.168.1.1~192.168.1.253，子网掩码是255.255.255.0。

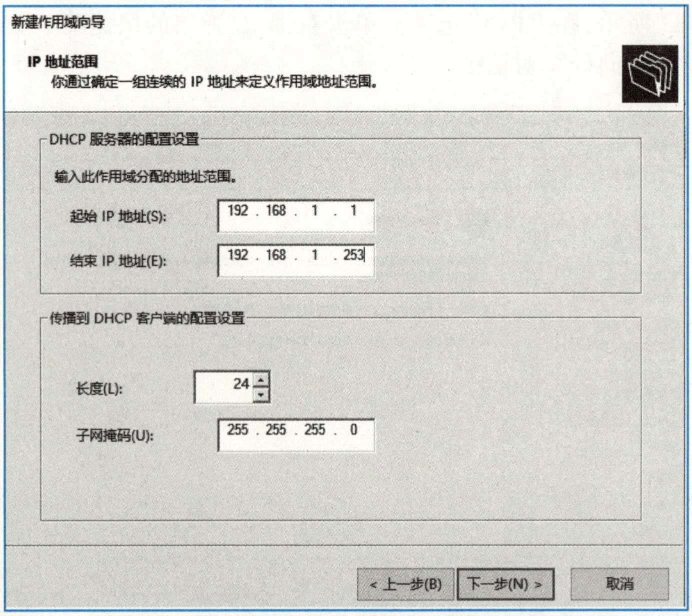

图7-65 IP地址范围

第 5 步：单击"下一步"按钮，出现图 7-66 所示的"添加排除和延迟"面板，在这个面板中设置要排除的 IP 地址范围。项目要求 192.168.1.10~192.168.1.19 这十个地址作为服务器的地址，因此这个地址段需要排除。设置好起止地址后，单击"添加"按钮，在"排除的地址范围"文本框中会显示所设置的地址段。

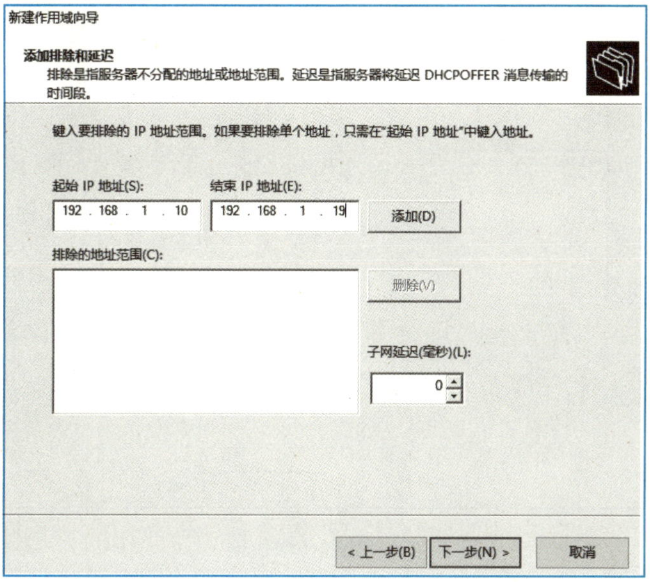

图7-66 添加排除和延迟

第 6 步：单击"下一步"按钮，出现图 7-67 所示的"租用期限"面板，在这个面板中可以根据需要指定租期。默认租期为 8 天。

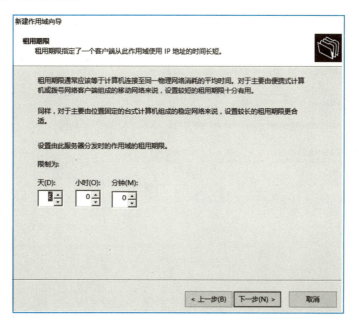

图7-67 租用期限

第 7 步：连续单击"下一步"按钮，出现图 7-68 所示的"路由器（默认网关）"面板，在这个面板中配置网关，例如 192.168.1.254。

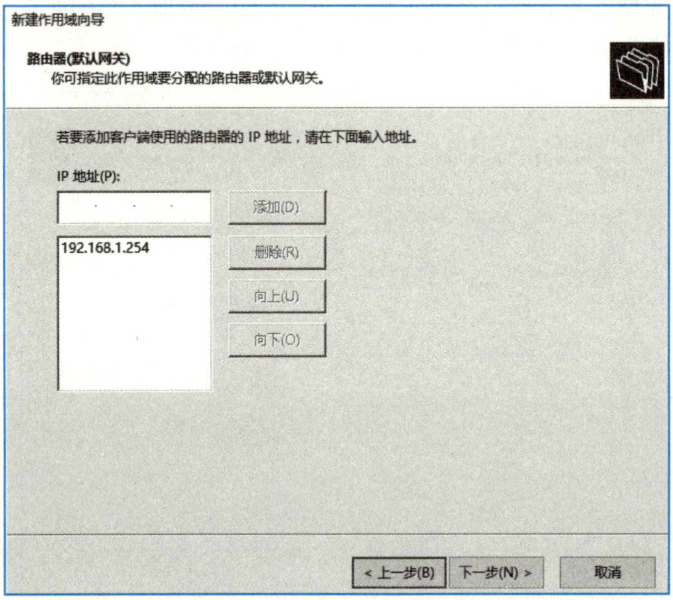

图7-68　路由器（默认网关）

第 8 步：单击"下一步"按钮，出现图 7-69 所示的"域名称和 DNS 服务器"面板，在这个面板中配置域名和 DNS 服务器。例如：域名为 xyz.com，DNS 服务器的 IP 地址为 192.168.1.10。

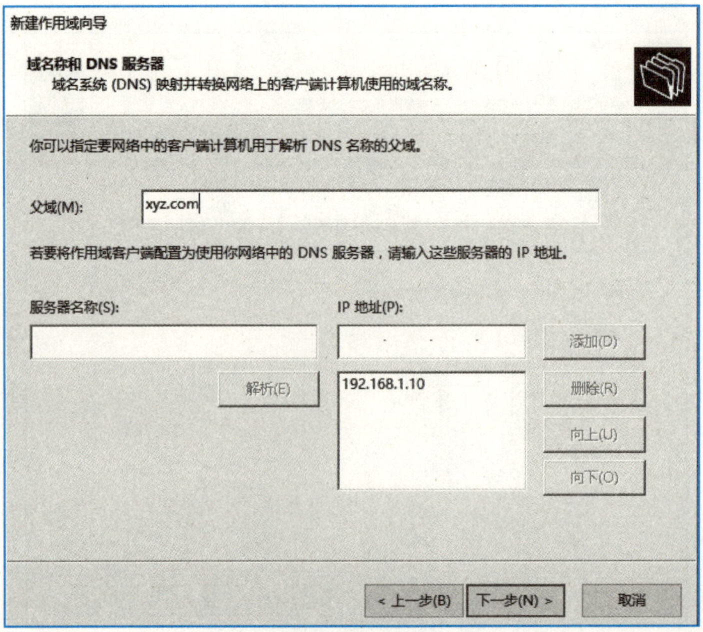

图7-69　域名称和DNS服务器

第 9 步：单击"下一步"按钮，出现"WINS 服务器"面板，在这个面板中配置 WINS 服务器。如果没有 WINS 服务器，也可以不用配置。

第 10 步：连续单击"下一步"按钮，直至出现"正在完成新建作用域向导"对话框。

第 11 步：单击"完成"按钮，作用域创建完成并自动激活。

作用域创建完成后可以在 DHCP 管理器上看到地址池的配置信息，如图 7-70 所示。

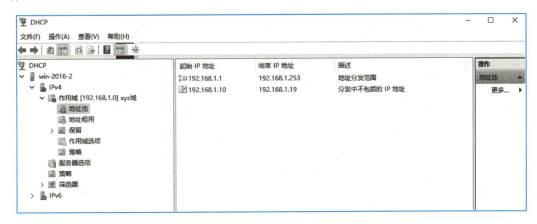

图7-70　地址池配置信息

4. 在 C 机上配置 IP 地址

在 C 机上配置 IP 地址时采用"自动获取 IP 地址"和"自动获得 DNS 服务器地址"，通过命令 ipconfig 或 ipconfig/all 来检查是否已经租到 IP 地址与获得相关的选项设置值。

第 1 步：在 C 机上以管理员身份开启"命令提示符"对话框。

第 2 步：输入 ipconfig /all 命令检查能否获得 IP 地址。DHCP 客户端测试如图 7-71 所示。

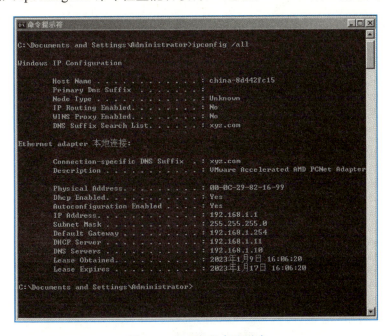

图7-71　DHCP客户端测试

可以看到，DHCP 客户端已经获得了由 DHCP 服务器提供的 IP 地址 192.168.1.1，子网掩码 255.255.255.0。同时还可以看到其他的信息，如默认网关 192.168.1.254，DHCP 服务器地址 192.168.1.11，DNS 服务器地址 192.168.1.10。

如果输入的命令是 ipconfig，则可以看到基本信息。DHCP 客户端基本测试如图 7-72 所示。

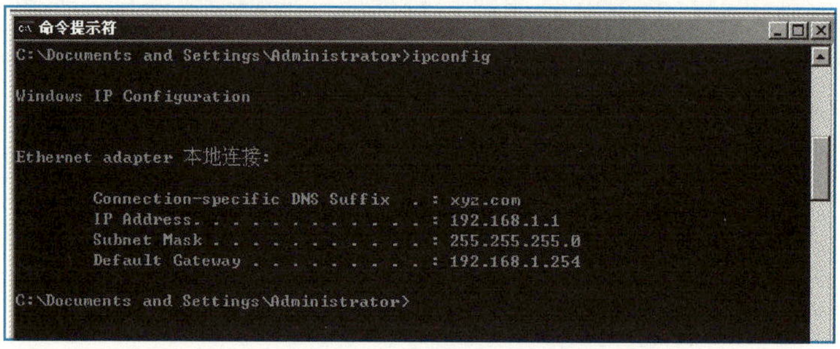

图7-72　DHCP客户端基本测试

5. 在 B 机上将 IP 地址 192.168.1.60/24 预留给指定的客户机

根据项目要求，公司总经理的笔记本计算机希望每次都能够获得 192.168.1.60 这个 IP 地址。DHCP 服务器可以新建保留地址给指定的客户机，并将该地址与客户机的 MAC 地址绑定，以便 DHCP 客户机在每次启动后都获得相同的 IP 地址。为了方便验证，这里将 C 机作为指定客户机，将 MAC 地址设置成 C 机的 MAC 地址。

第 1 步：在 B 机上打开"DHCP"管理器，在"保留"选项上单击右键，在弹出的快捷菜单中选择"新建保留"选项，打开"新建保留"对话框。

第 2 步：配置保留地址。在"新建保留"对话框中输入保留名称、IP 地址和 MAC 地址，如图 7-73 所示。注意这里的 MAC 地址是 C 机的 MAC 地址。单击"添加"按钮，然后单击"关闭"按钮，配置完成。

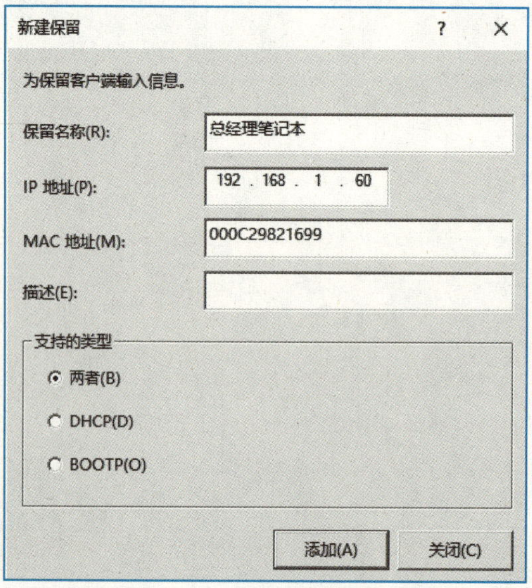

图7-73　配置保留地址

第 3 步：在 C 机上查看 IP 配置信息。指定客户机测试如图 7-74 所示。

```
C:\Documents and Settings\Administrator>ipconfig

Windows IP Configuration


Ethernet adapter 本地连接:

        Connection-specific DNS Suffix  . : xyz.com
        IP Address. . . . . . . . . . . . : 192.168.1.1
        Subnet Mask . . . . . . . . . . . : 255.255.255.0
        Default Gateway . . . . . . . . . : 192.168.1.254
```

图7-74　指定客户机测试

测试发现客户机的 IP 地址并没有改变，使用的仍然是以前的 IP 地址，原因是租期未满。可以使用以下命令更新 IP 地址。

ipconfig　/release：释放现有的 IP 地址。

ipconfig　/renew：更新 IP 地址。

保留地址测试如图 7-75 所示。可以看到，IP 地址已经变更为保留地址 192.168.1.60。

```
命令提示符

C:\Documents and Settings\Administrator>ipconfig /release

Windows IP Configuration


Ethernet adapter 本地连接:

        Connection-specific DNS Suffix  . :
        IP Address. . . . . . . . . . . . : 0.0.0.0
        Subnet Mask . . . . . . . . . . . : 0.0.0.0
        Default Gateway . . . . . . . . . :

C:\Documents and Settings\Administrator>ipconfig /renew

Windows IP Configuration


Ethernet adapter 本地连接:

        Connection-specific DNS Suffix  . : xyz.com
        IP Address. . . . . . . . . . . . : 192.168.1.60
        Subnet Mask . . . . . . . . . . . : 255.255.255.0
        Default Gateway . . . . . . . . . : 192.168.1.254

C:\Documents and Settings\Administrator>_
```

图7-75　保留地址测试

当 DHCP 服务器和 DHCP 客户端分别位于不同的网络时，由于 DHCP 报文以广播形式发送，而路由器会隔离广播域，不会转发广播报文，因此需要配置 DHCP 中继。DHCP 中继的配置环境相对复杂，这里不再阐述。

7.7 【任务 4】搭建 FTP 服务器

7.7.1 任务描述

公司员工在日常工作中，经常需要传输文件或资料。如果使用 U 盘等设备，传输效率低下；如果使用共享文件的方式，配置又相对烦琐。相对而言，使用 FTP 则要简单方便很多，还能对文件进行分类和管理。公司决定在内部搭建 FTP 服务来满足员工的需求。

7.7.2 任务分析

在安装 Windows Server 2016 的计算机上安装 FTP 服务器和 DNS 服务器，并采用不同方式访问 FTP 服务器。

搭建 DNS 服务器和 FTP 服务器的拓扑如图 7-76 所示。FTP 服务器的 IP 地址为 192.168.1.10；所在域的域名为"www.xyz.com"；FTP 客户机的 IP 地址为 192.168.1.20。

图7-76 搭建DNS服务器和FTP服务器的拓扑图

7.7.3 任务实施

1. 基础配置

第 1 步：开启两台主机，其中一台为 Windows Server 2016，称为 A 机，另一台为 Windows 11，称为 B 机；在实验中将要配置 A 为 DNS 服务器和 FTP 服务器，B 为客户机。

第 2 步：按照拓扑图设置两台主机的 IP 地址。注意：A 机的首选 DNS 服务器地址是 127.0.0.1，B 机的首选 DNS 服务器地址是 A 机的 IP 地址 192.168.1.10。

第 3 步：关闭防火墙，用 ping 命令检查两台主机之间的连通性。

2. 创建 DNS 服务器

在 A 机上添加 DNS 服务器角色，新建正向查找区域和反向查找区域，区域名为 xyz.com，网络地址为 192.168.1.0。在正向查找区域内新建一条主机记录，其域名为 ftp.xyz.com，对应的 IP 地址为 192.168.1.10；在反向查找区域内新建一条对应的指针记录。具体操作步骤详见 7.5 节中的任务实施。

3. 添加 FTP 服务器角色

第 1 步：在"服务器管理器"的"仪表板"中选择"添加角色和功能"命令。

第 2 步：持续单击"下一步"按钮，直到出现图 7-77 所示的"选择服务器角色"窗口时，在"角色"中选择"Web 服务器"选项，单击"下一步"按钮，然后单击"添加功能"选项。

项目 7　应用层协议与服务器搭建

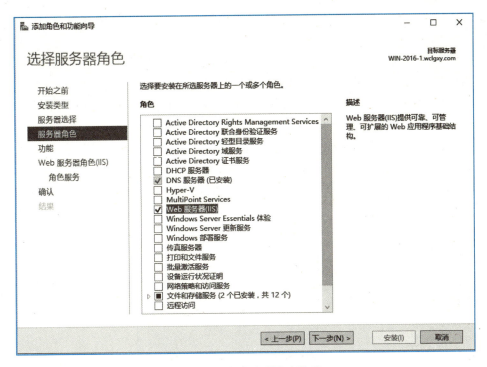

图7-77　"选择服务器角色"窗口

第 3 步：持续单击"下一步"按钮，在"选择角色服务"窗口的"角色服务"中选择"FTP 服务器"选项，选中"FTP 服务"和"FTP 扩展"，如图 7-78 所示。

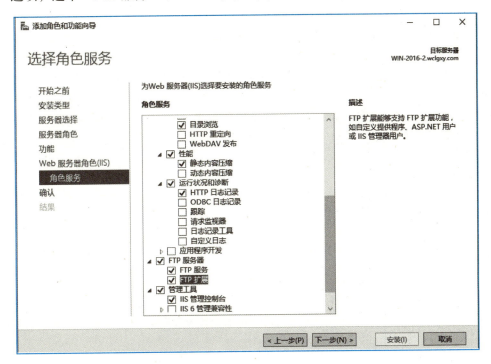

图7-78　选中"FTP服务"和"FTP扩展"

第4步：单击"下一步"按钮，确认安装所选内容无误后单击"安装"按钮，完成FTP服务器角色安装。

4. 准备FTP主目录

在A机的物理盘（例如C盘）上创建文件夹C：\xyz-ftp，在该文件夹里存放一个文件test.txt，这个文件夹的路径是供客户端上传或下载文件使用的FTP主目录，如图7-79所示。

图7-79　FTP主目录

5. 创建FTP站点

第1步：在A机上的"开始"菜单中，选择"Windows管理工具"中的"IIS管理"命令，打开"IIS管理器"窗口。

第2步：在"IIS管理器"窗口左边的目录树里单击右键，在弹出的快捷菜单中选择"添加FTP站点"选项，打开"站点信息"对话框，如图7-80所示。

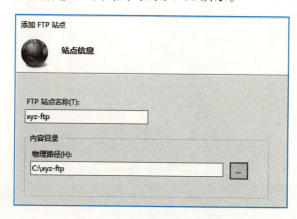

图7-80　"站点信息"对话框

第 3 步：在"站点信息"对话框中输入 FTP 站点名称，例如 xyz-ftp；输入物理路径，这个物理路径就是 FTP 主目录的路径，例如：C：\xyz-ftp。

第 4 步：单击"下一步"按钮，出现图 7-81 所示的"绑定和 SSL 设置"对话框，在 IP 地址文本框里输入 FTP 服务器的 IP 地址，例如 192.168.1.10，端口号为 21；SSL 中选择"无 SSL"。

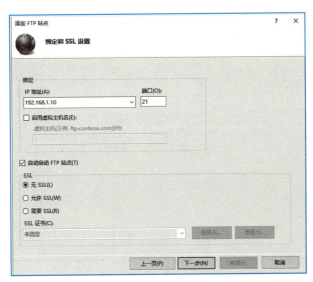

图7-81 "绑定和SSL设置"对话框

第 5 步：单击"下一步"按钮，出现图 7-82 所示的"身份验证和授权信息"对话框，在"身份验证"项选中"匿名"和"基本"，在"授权"项允许"所有用户"访问，在"权限"项可以根据实际情况选择，例如：若允许客户端可读可写，则选中"读取"和"写入"复选框。设置好后单击"完成"按钮。

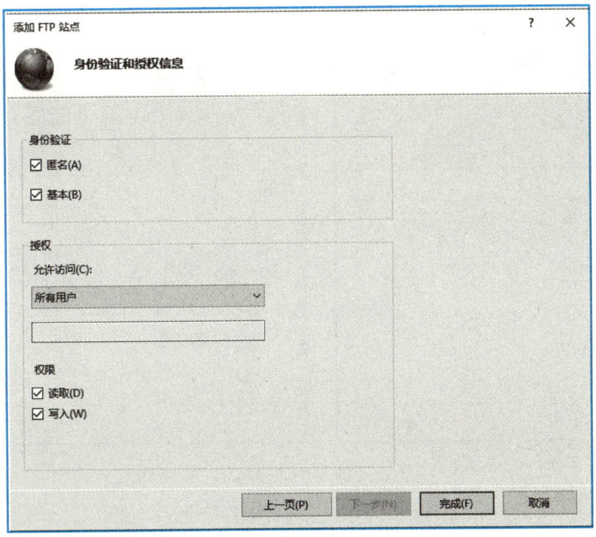

图7-82 "身份验证和授权信息"对话框

在 IIS 管理器上可以看到已经生成了新的站点，如图 7-83 所示。

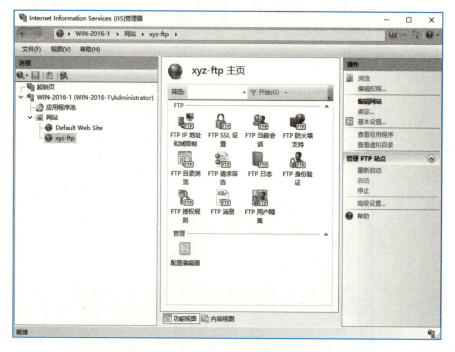

图7-83　新站点

6. 在客户端 B 机上测试 FTP 站点

第 1 步：在 B 机上打开我的电脑，在"地址"处输入 ftp 服务器的地址，例如 ftp：//192.168.1.10，如图 7-84（a）所示。查看是否能够下载 FTP 服务器上的文件或上传文件到 FTP 服务器上。

第 2 步：在地址处输入域名，例如：ftp：//ftp.xyz.com，如图 7-84（b）所示。查看是否能够下载 FTP 服务器上的文件或上传文件到 FTP 服务器上。

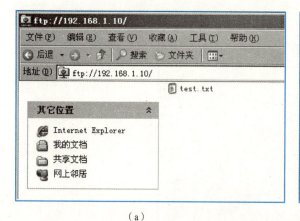
（a）

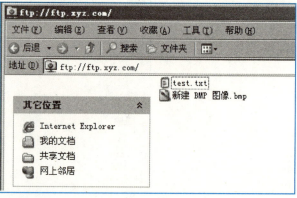
（b）

图7-84　客户端测试FTP站点

至此，FTP 服务器实验全部完成。

7.8 【任务 5】搭建 Web 服务器

7.8.1 任务描述

公司为了提高信息传达效率，让员工能够及时了解和掌握公司的信息，需要在公司内部架设 Web 网站，用于发布内部信息。网络管理员现需要配置一台 Windows Server 的服务器，将其配置为 Web 服务器，使用该 IP 地址，为公司内部提供 Web 网站服务。

7.8.2 任务分析

在安装 Windows Server 2016 的计算机上安装 Web 服务器，创建 Web 网站，管理 Web 网站的目录以及架设多个 Web 网站。

搭建 Web 服务器的拓扑如图 7-85 所示。DNS 服务器的 IP 地址为 192.168.1.10；规划 DNS 正向区域名称为 xyz.com；规划 DNS 反向区域 ID 为 192.168.1.10；创建域名记录为 www.xyz.com，其对应的 IP 地址为 192.168.1.10。

图7-85 搭建Web服务器的拓扑图

7.8.3 任务实施

1. 基础配置

第 1 步：开启两台主机，其中一台为 Windows Server 2016，称为 A 机，另一台为 Windows 11，称为 B 机；在实验中将要配置 A 机为 DNS 服务器和 Web 服务器，B 机为客户机。

第 2 步：按照拓扑图设置两台主机的 IP 地址。注意：A 机的首选 DNS 服务器地址是 127.0.0.1，B 机的首选 DNS 服务器地址是 A 机的 IP 地址 192.168.1.10。

第 3 步：关闭防火墙，用 ping 命令检查两台主机之间的连通性。

2. 创建 DNS 服务器

在 A 机上添加 DNS 服务器角色，新建正向查找区域和反向查找区域，区域名为 xyz.com，网络地址为 192.168.1.0。在正向查找区域内新建一条主机记录，其域名为 www.xyz.com，对应的 IP 地址为 192.168.1.10；在反向查找区域内新建一条对应的指针记录。具体操作步骤见 7.5 节中的任务实施。

3. 添加 Web 服务器角色

第 1 步：在"服务器管理器"的"仪表板"中选择"添加角色和功能"命令。

第 2 步：持续单击"下一步"按钮，直到出现图 7-86 所示的"选择服务器角色"窗口时，在"角色"中选择"Web 服务器"选项，单击"下一步"按钮，然后单击"添加功能"选项。

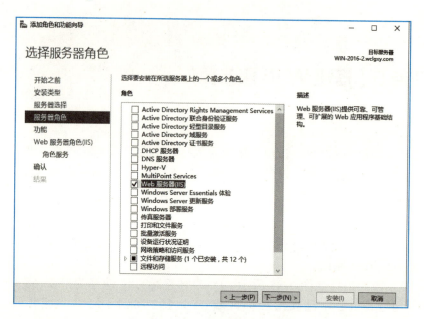

图7-86 "选择服务器角色"窗口

第3步:持续单击"下一步"按钮,最后在"确认安装所选内容"窗口中单击"安装"按钮,开始安装 Web 服务器角色,稍等一段时间,待安装完成后单击"关闭"按钮。

4. 准备网站主目录

第1步:在 A 机的物理盘(例如 C 盘)上创建文件夹 C:\xyz-web,在该文件夹里存放一个文件 index.txt。

第2步:打开 index.txt 文件,输入图 7-87 所示的 HTML 文档,保存该文档,并将该文档的扩展名改成 html。

```
<HTML>
<HEAD>
    <TITLE>一个HTML的例子</TITLE>
</HEAD>
<BODY>
    <H1>HTML很容易掌握</H1>
    <P>这是第一个段落。</P>
    <P>这是第二个段落。</P>
</BODY>
<HTML>
```

图7-87 HTML文档

5. 创建 Web 站点

第1步:在 A 机上的"开始"菜单中,选择"Windows 管理工具"中的"IIS 管理"命令,打开"IIS 管理器"窗口。

第 2 步：在"IIS 管理器"窗口左边的目录树里，用右键单击"Default Web Site"选项，在弹出的快捷菜单中选择"管理网站"选项中的"停止"命令，站点信息如图 7-88 所示。停止后，默认网站的状态显示为"已停止"。

图7-88　站点信息

第 3 步：右键单击"网站"选项，在弹出的快捷菜单中选择"添加站点"选项，打开"添加网站"对话框，如图 7-89 所示。在文本框中指定"网站名称"、"物理路径"和"IP 地址"，例如：网站名称为 xyz Web，物理路径为 C：\xyz-web，IP 地址为 192.168.1.10。

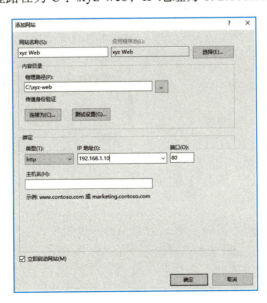

图7-89　"添加网站"对话框

第4步：单击"确定"按钮，完成Web站点的创建，在IIS管理器上可以看到已经生成了新的站点，创建网站如图7-90所示。

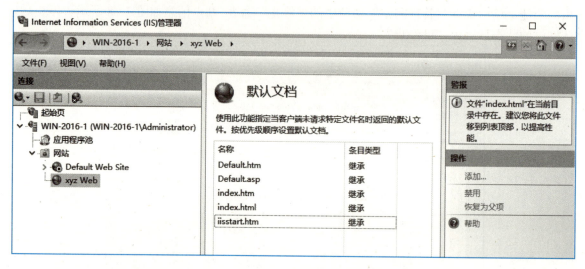

图7-90　创建网站

6. 在客户端B机上测试Web站点

第1步：在B机上打开浏览器，在地址处输入Web服务器的地址，例如http：//192.168.1.10，如图7-91（a）所示。查看能否打开网页。

第2步：在地址处输入域名，例如http：//www.xyz.com，如图7-91（b）所示。查看能否打开网页。

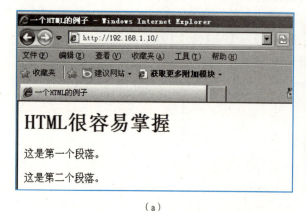

（a）　　　　　　　　　　　　　　　　　　　　（b）

图7-91　验证网站

7. 创建虚拟目录

虚拟目录是指网站下面的子目录。虚拟目录只是一个文件夹，不一定位于主目录内，但用户在浏览器上看到的就像是在主目录中一样。

第1步：在A机的资源管理器上新建一个文件夹，例如C：\virtual directory，在该文件夹下新建一个文档index.htm，文档内容如图7-92所示。

```
<HTML>
    <HEAD>
<TITLE>一个虚拟目录的例子</TITLE>
    </HEAD>
    <BODY>
            <P>这是一个虚拟目录。</P>
    </BODY>
    </HTML>
```

图7-92 虚拟目录文档内容

第 2 步：打开 IIS 管理器，在"xyz Web"网站上单击右键，在弹出的快捷菜单中选择"添加虚拟目录"选项，在"添加虚拟目录"对话框中填写"别名"和"物理路径"。例如别名为 xunimulu，物理路径为 C：\virtual directory，如图 7-93 所示。

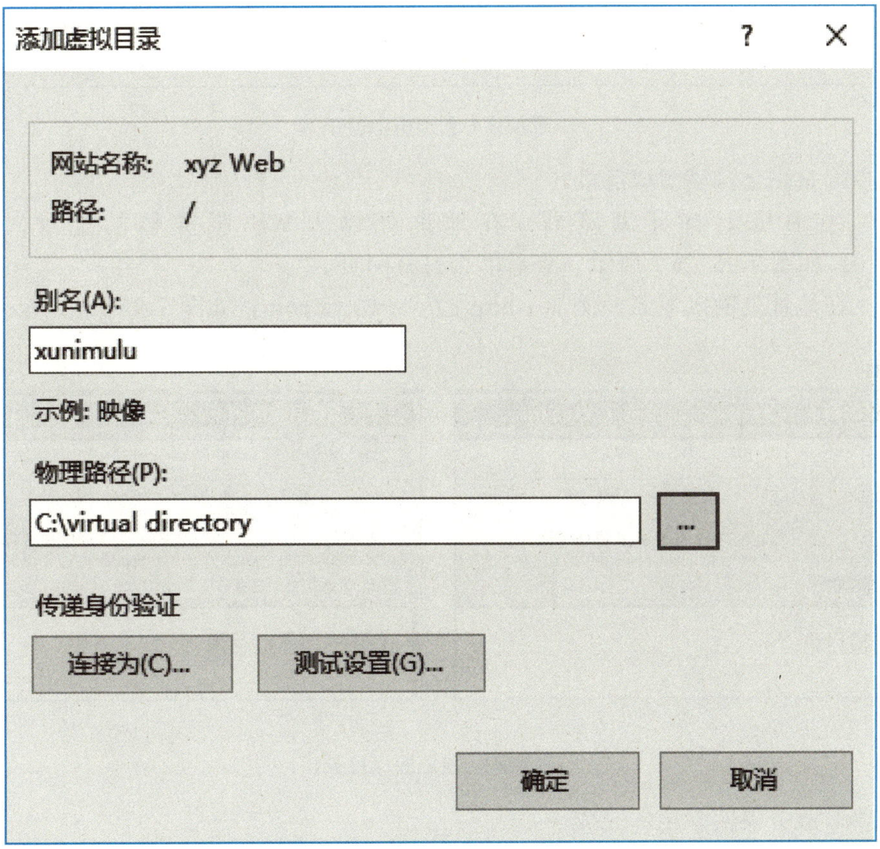

图7-93 "添加虚拟目录"对话框

第 3 步：单击"确定"按钮，完成虚拟目录的创建，在 IIS 管理器上可以看到在"xyz Web"站点下多了一个子目录，如图 7-94 所示。

图7-94 创建虚拟目录

8. 在客户端 B 机上测试虚拟目录

第1步：在 B 机上打开浏览器，在地址处输入 Web 服务器的地址，例如 http://192.168.1.10，如图 7-95（a）所示。查看能否打开网页。

第2步：在地址处输入域名，例如：http://www.xyz.com，如图 7-95（b）所示。查看能否打开网页。

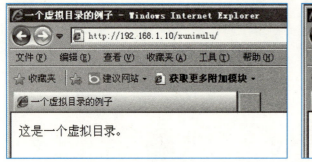
（a）

（b）

图7-95 验证虚拟目录

至此，Web 服务器实验全部完成。

项目小结

本项目讲述了应用层协议和服务，例如，Telnet 和 SSH 协议、DHCP、DNS 协议、FTP 原理、Web 协议、HTTP、SMTP/POP3/IMAP，并对这些服务的工作原理以及配置进行了详细介绍。本项目的内容包括以下几个方面。

- Telnet 协议是 Internet 提供的基本信息服务之一，是提供远程连接服务的终端仿真协议。它可以使用户的计算机登录到网络中的另一台计算机上。
- SSH 协议是加密的远程登录系统，它可以通过对通信内容进行加密的方式，为网络管理员提供更加安全的远程登录服务。
- DNS 协议是域名系统，DNS 不是直接和用户打交道的网络应用，它为其他各种应用提供名字服务，使得各种网络应用能够在应用层使用计算机的名字来进行交互，而不需要直接使用 IP 地址。
- DHCP 是动态主机配置协议，可以为网络中的主机动态分配 IP 地址，也可以在 DHCP 服务器上配置默认网关、DNS 服务器等信息，并对网络接口进行自动配置。
- FTP 是文件传输协议，用户可以上传文件或文件夹至 FTP 服务器，也可以从 FTP 服务器上下载文件或文件夹。
- HTTP 是超文本传送协议，Web 客户程序和服务器之间可以使用 HTTP 进行交互，使用 TCP 连接进行可靠传送。
- SMTP/POP3/IMAP 是用在邮件上的协议。SMTP 是简单邮件传输协议，应用于邮件服务器之间；POP 是邮局协议，应用于邮件服务器和客户端之间；IMAP 是交互式邮件存取协议，开启了 IMAP 后，用户在电子邮件客户端收取的邮件仍然保留在服务器上，同时在客户端上的操作都会反馈到服务器上，如删除邮件、标记已读等，服务器上的邮件也会做相应的动作。这样用户可以在不同的地方使用不同的计算机随时上网阅读和处理自己在邮件服务器中的邮件。

拓展阅读

DNS的故事

习 题

1. 单选题

（1）Telnet 协议服务器所侦听的端口号是（　　）。
　　A．23　　　　　B．25　　　　　C．80　　　　　D．一个随机值
（2）互联网上文件传输的标准协议是（　　）。
　　A．NFS　　　　B．TFTP　　　　C．SFTP　　　　D．FTP
（3）在网络上进行文件传输时，如果需要提供用户的登录认证，则可以使用的文件传输协议是（　　）。
　　A．TFTP　　　　　　　　　　　　B．FTP
　　C．两者都可以　　　　　　　　　　D．两者都不可以

（4）DNS 系统的目的是实现（　　）的映射解析。
　　A. 主机物理地址与域名　　　　　　B. 主机 IP 地址与域名
　　C. 主机物理地址与 IP 地址　　　　D. 主机主用域名与辅助域名
（5）如果没有 DNS，那么实现通过主机名对主机进行访问的方式通常是（　　）。
　　A. 自定义 ARP 文件　　　　　　　B. 自定义 Hosts 文件
　　C. 配置主机名　　　　　　　　　　D. 自定义启动文件
（6）SMTP 客户端所使用的端口号是（　　）。
　　A. 23　　　　B. 25　　　　C. 80　　　　D. 一个随机值
（7）POP 的作用是（　　）。
　　A. 从邮件客户程序向邮件服务器传输邮件
　　B. 从本方邮件服务器向对方邮件服务器传输邮件
　　C. 从邮件服务器向本地下载邮件
　　D. 在本地对邮件服务器上的邮件进行编辑
（8）DNS 域的本质是因特网中一种管理范围的划分，DNS 中最大的域是（　　）。
　　A. 顶级域　　　　B. 超级域　　　　C. 根域　　　　D. 一级域
（9）在 http：//www.hubstc.com.cn/info/1070/9236.htm 这个 URL 中，以下表明了页面文件名的是（　　）。
　　A. www.hubstc.com.cn　　　　　　B. info
　　C. 1070　　　　　　　　　　　　　D. 9236.htm
（10）以下不是 Telnet、SMTP、HTTP、POP 等协议所共有的特点的是（　　）。
　　A. 都是应用层协议　　　　　　　　B. 都是基于客户机/服务器架构
　　C. 都是由 TCP 所承载的　　　　　D. 都可以实现文件在网络中的传输

2. 问答题

（1）为什么 HTTP、FTP、SMTP 及 POP3 都是运行在 TCP 而不是 UDP 之上？
（2）对于一个应用程序而言，即使运行在 UDP 之上是否也可能实现可靠的数据传输？
（3）与 SSH 相比较，Telnet 的主要缺点是什么？
（4）简述 FTP 的数据传输模式。
（5）简述 HTTP 的通信过程。
（6）HTTP 请求报文中的 POST 方法和 GET 方法有什么不同？
（7）域名系统由哪些部分组成？
（8）DNS 的递归查询和迭代查询有何不同？
（9）简述 POP3 和 IMAP 的区别。
（10）简述电子邮件的工作过程。

项目 8

网络安全初探

8.1 项目背景

近年来，网络攻击事件层出不穷，每一次网络安全突发事件都给个人、企业和社会造成了大量不可估量的损失。这些网络攻击事件也引起了腾飞网络公司管理人员和网络部门的警惕，决定在公司开展全面的网络安全大检查活动，进行深度的自查自纠，对公司内网和设备逐一摸排，采用恰当的安全技术来加固可能导致黑客攻击的薄弱环节，尽早封堵可能存在的安全隐患，防患于未然。

8.2 学习目标

知识目标
◎ 理解网络安全问题的概念及内涵
◎ 了解保护网络安全的常用技术
◎ 掌握常用网络安全工具的使用方法
◎ 能够分析处理基本的网络安全问题

能力目标
◎ 能够比较熟练地使用网络安全工具
◎ 能够快速找出解决网络安全问题的思路

素质目标
◎ 激发学生对网络安全管理的学习兴趣
◎ 增强网络安全的法律意识

◎ 养成高尚的道德品质
◎ 养成严谨的工作习惯

8.3 相关知识

随着计算机网络的发展，网络中的安全问题也日趋严重。截至 2022 年 1 月，全球互联网上网人数达到 49.1 亿人，用户来自社会各个阶层与部门，每天产生的数据量约为 2.24 亿 TB。如此之大的数据，在网络中存储和传输都面临着严峻的挑战，针对服务器系统的攻击和盗取用户数据事件每时每刻都在发生，对于网络安全的研究也成为计算机网络的重要部分。

8.3.1 网络安全相关概念

根据 ISO 的 7498—2 的定义，安全就是将资产和资源的漏洞最小化。资产可以指任何事物。漏洞是指任何可以破坏系统或信息的弱点。

网络安全是一门涉及计算机科学、网络技术、通信技术、密码技术、信息安全技术、应用数学、数论、信息论等多种学科的综合性科学。下面给出网络安全的一个通用定义。

网络安全是指网络系统的硬件、软件及其系统中的数据受到保护，不受偶然的或者恶意的原因而遭到破坏、更改、泄露，系统连续可靠正常地运行，网络服务不中断。

从内容上看，网络安全大致包括以下四个方面的内容。

- 网络实体安全：如计算机硬件、附属设备及网络传输线路的安装与配置；
- 软件安全：如保护网络系统不被非法侵入，软件不被非法篡改，不受病毒侵害等；
- 数据安全：保护数据不被非法存取，确保其完整性、一致性、机密性等；
- 安全管理：运行时突发事件的安全处理等，包括运用计算机安全技术、建立安全制度、进行风险分析等。

从特征上看，网络安全包括五个基本要素。

- 机密性：确保信息不泄露给非授权的用户、实体；
- 完整性：信息在存储或传输过程中保持不被修改、不被破坏和不会丢失的特性；
- 可用性：得到授权的实体可获得服务，攻击者不能占用所有的资源而阻碍授权者的工作；
- 可控性：对信息的传播及内容具有控制能力；
- 可审查性：对出现的安全问题提供调查的依据和手段。

在实际的网络攻击中，绝大多数都是针对机密性、完整性、可用性和可控性所进行的。例如：战争中的交战双方都会想尽办法获取对方的机密情报，这就是针对机密性开展的攻击；敌对双方也会篡改对方的原始消息，这是对完整性开展的攻击；通过攻击对方的关键设施，使得这些设施不能正常工作，这是对可用性开展的攻击；向对方发布虚假消息，这是对可控性的攻击。

围绕这些攻击方式，出现了防火墙、密码、数字签名与身份认证、入侵检测与防御技术、计算机病毒与防御等常见的攻防手段，这些攻防手段之间相互学习，不断改进，在提高自身能力的同时，也推动了对方的成长，形成了攻防技术你中有我、我中有你、相互依赖的独特矛盾关系。

8.3.2 防火墙技术

1. 防火墙简介

恶意用户或软件通过网络对计算机系统的入侵或攻击已成为当今计算机安全最严重的威胁之一。用户入侵包括利用系统漏洞进行未授权登录，或者授权用户非法获取更高级别权限。常见的软件入侵方式包括通过网络传播病毒、蠕虫和特洛伊木马，此外还包括阻止合法用户正常使用服务的拒绝服务攻击等等。一个小型的内联网，如果需要接入外联网，一般会将一台网关设备部署于内联网和外联网之间，如图 8-1 所示。这样的网络没有任何保护，黑客可以通过外联网直接接触到内联网。由于网关只负责内联网和外联网数据的转发，而不具有安全保护作用，在这种情况下，黑客可以轻易地通过网关入侵到内联网。因此，为了阻隔黑客对内联网的访问，首先应对外联网进入内联网的数据进行分析与过滤，只允许不具有攻击性的数据出入内联网络，于是在网关与外联网之间加装一台用于隔离内、外网络数据的设备，这就是防火墙。在不同的语境下，防火墙指的可以是一种思想，也可以是一种技术，还可以是一种产品，因此在谈到防火墙时，需要结合讨论的场景来确定其具体的含义。

图 8-1 网关设备部署于内联网和外联网之间

从技术上说，防火墙是通过有机结合各类用于安全管理与筛选的软件和硬件设备，帮助计算机网络于其内、外网之间构建一道相对隔绝的保护屏障，以保护用户资料与信息安全性的一种技术。防火墙常常位于可信网络与不可信网络之间，如图 8-2 所示。互联网这边是防火墙的外面，而内部局域网络这边是防火墙的里面。一般都把防火墙里面的网络称为"可信的网络"(trusted network)，而把防火墙外面的网络称为"不可信的网络"(untrusted network)。

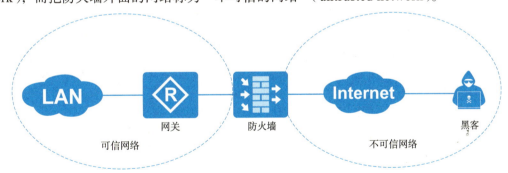

图 8-2 防火墙在可信网络与不可信网络之间

从资源访问的角度看，防火墙是一种访问控制技术，即对网络资源的访问进行控制。通过严格控制进出网络边界的分组，禁止任何不必要的通信，从而减少潜在入侵的发生，尽可能降低这类安全威胁所带来的安全风险。

在实现上，防火墙其实也很像是一种特殊的路由器，安装在一个网点和网络的其余部分之间，其目的并不是像普通路由器一样在不同网络中转发数据，而是实施访问控制策略，禁止不符合安全要求的数据转发。这个访问控制策略应当是由使用防火墙的用户根据安全需求自行制定的。

2. 防火墙的基本功能

防火墙技术具备以下五个基本功能。

（1）网络安全的屏障

防火墙作为内、外网数据交换的唯一通道，能够控制数据在网络的进出，阻塞不安全的访问，因而极大地提高了一个内部网络的安全性，并通过过滤不安全的服务而降低风险。由于只有经过精心选择的应用协议才能通过防火墙，所以网络环境变得更安全。例如，防火墙可以禁止不安全的 NFS 协议进出受保护网络，这样外部的攻击者就不可能利用这些脆弱的协议来攻击内部网络。防火墙同时可以保护网络免受基于路由的攻击，如 IP 选项中的源路由攻击和 ICMP 重定向中的重定向路径。防火墙应该可以拒绝以上类型攻击的报文并通知防火墙管理员。

（2）强化网络安全策略

通过以防火墙为中心的安全方案配置，能将所有安全措施和软件（如口令、加密、身份认证、审计等）配置在防火墙上。与将网络安全问题分散到各个主机上相比，防火墙的集中安全管理更经济。例如，在网络访问时，一次一密口令系统和其他的身份认证系统完全可以不必分散在各个主机上，而集中在防火墙上。

（3）监控审计

如果所有的访问都经过防火墙，那么，防火墙就能记录下这些访问并留下日志记录，同时也能提供网络使用情况的统计数据。当发生可疑行为时，防火墙能进行适当的报警，并提供网络是否受到监测和攻击的详细信息。

另外，收集一个网络的使用和误用情况也是非常重要的。首先可以清楚防火墙是否能够抵挡攻击者的探测和攻击，并且清楚防火墙的控制是否充足。其次网络使用统计对网络需求分析和威胁分析等也是非常重要的。

（4）防止内部信息的外泄

利用防火墙对内部网络的划分，可实现内联网重点网段的隔离，从而限制了局部重点或敏感网络安全问题对全局网络造成的影响。再者，隐私是内部网络非常关心的问题，一个内部网络中不引人注意的细节可能包含了有关安全的线索而引起外部攻击者的兴趣，甚至因此而暴露了内部网络的某些安全漏洞。

使用防火墙就可以隐蔽那些透露内部细节的服务如 Finger、DNS 等。Finger 显示了主机上所有用户的注册名、真名以及最后登录时间和使用的 shell 类型等。但是 Finger 显示的信息非常容易被攻击者所获悉。攻击者可以知道一个系统使用的频繁程度，这个系统是否有用户正在连线上网，这个系统是否在被攻击时引起注意等等。

防火墙可以同样阻塞有关内部网络中的 DNS 信息，这样一台主机的域名和 IP 地址就不会被外界所了解。除了安全作用，防火墙还支持具有 Internet 服务性的企业内部网络技术体系 VPN（虚拟专用网）。

（5）日志记录与事件通知

进出网络的数据都必须经过防火墙，防火墙通过日志对其进行记录，能提供网络使用的详细统计信息。当发生可疑事件时，防火墙便能根据策略进行报警和通知，提供网络是否受到威胁的信息。

3. 防火墙的类型

防火墙技术可根据防范的方式和侧重点的不同分为多种类型，但总体上来讲，可分为包过滤防火墙、应用级网关防火墙和代理服务器防火墙三大类。

（1）包过滤防火墙

包过滤防火墙在 TCP/IP 四层架构下的网络层中运作。它检查通过的 IP 数据分组，并进一步处理。主要的处理方式有放行和丢弃，以达到保护自身网络的目的，如图 8-3 所示。

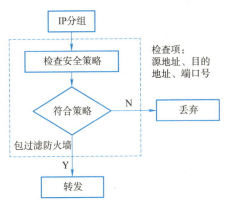

图8-3　包过滤防火墙

包过滤技术在网络层中对数据包进行处理。它根据系统内预先设定的过滤规则，对数据流中每个数据包进行检查后，根据数据包的源地址、目的地址、TCP/UDP 源端口号、TCP/UDP 目的端口号以及数据包头中的各种标志位等信息来确定是否允许数据包通过。

包过滤防火墙的应用主要有三类：一是路由设备在进行路由选择和数据转发的同时进行包过滤；二是在工作站上使用专门的软件进行包过滤；三是在一种称为屏蔽路由器的路由设备上启动包过滤功能。

包过滤防火墙的优点是它对用户而言是透明的，即用户无须针对防火墙修改自己的数据包。其缺点是很多恶意数据包没有被记录，这样用户就不能从访问记录中发现攻击记录。

（2）应用级网关防火墙

网关防火墙是指只有网关主机才能到达外联网，而内联网的使用者要连接到外联网，必须先登录这台网关主机。

应用网关技术是基于在网络应用层上的协议过滤，主要是针对特别的网络应用服务协议即数据过滤协议，能够对数据包进行分析并形成报告。它严格控制所有输出输入的通信环境，以防有用数据被窃取。它还可以记录用户的登录信息，以便跟踪攻击记录。

有些应用网关还保存 Internet 上的那些经常被访问的页面。如果用户请求的页面已经存在于应用网关服务器缓存中，网关服务器就要先检查所缓存的页面是否是最新的版本。如果是，则直接提交给用户；否则，就到真正的服务器上请求最新的页面，然后再转发给用户。

（3）代理服务器防火墙

代理服务器防火墙是针对每一种应用服务程序进行代理服务的工作。一方面代替原来的服务器接受客户的连接请求，另一方面代替原来的客户程序，与服务器建立连接。它可确保数据的完整性，只有特定的服务才会被交换；还可进行更细粒度的存取控制，并可对其内容进行过滤，如图 8-4 所示。

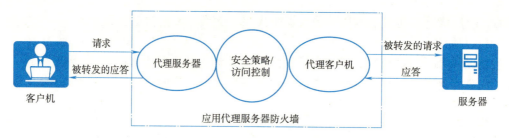

图8-4 代理服务器防火墙

代理服务器技术作用在应用层，对应用层服务进行控制，可起到内联网与外联网交流服务时中间转接的作用。内联网络只接受代理提出的服务请求，而拒绝外联网其他节点的直接请求。通常情况下，代理服务器可应用于特定的 Internet 服务，如 HTTP、FTP 等。代理服务器一般都有高速缓存，缓存中保存了用户经常访问的页面。当下一个用户要访问同样的页面时，服务器就可以直接将该页面发给用户，从而节约了时间和网络资源。

8.3.3 密码技术

1. 加密通信模型

网络安全中的机密性要素也需要重点保护。黑客攻击网络或系统的一个重要目的，就是窃取机密信息。由于网络是一个开放环境，黑客想接入网络尤其是互联网是非常方便的，信息在网络中传输时，极易受到黑客的窃听。在保护信息的机制上，加密技术是被广泛使用的一项关键技术。

一般的数据加密通信模型如图 8-5 所示。用户 A 为了秘密地向 B 发送明文 P，就需要使用加密算法 E 对 P 加密后再通过网络发送出去，发送的是加密后的密文 C。

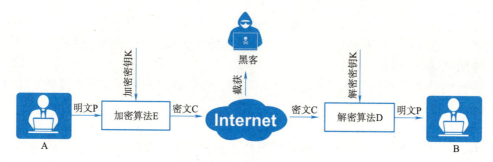

图8-5 数据加密通信模型

在计算机中，图 8-5 中的明文 P 和加密密钥 K 都是由 1 和 0 组成的比特串，明文 P 在加密算法 E 的作用下，与密钥一起被变换成了密文 C。当 B 收到密文 C 时，使用算法 E 的逆运算（解密算法）D，将密钥 K 和密文 C 一起又还原出了明文 P。

比如经典的恺撒密码就是将英文字母中的每个字母进行位移得到的密文，如图 8-6 所示。

图8-6 恺撒密码

这里的位移量就是密钥，上面的加密过程可以表示为：

C=E(P，K)

其中 E 的算法就是简单的 P+K，即 C=P+K。

假设选择密钥 K=2，如果明文是字母 a，则被变换为 a+2=c。如果是字符串 hello，就会被变换为字符串 jgnnq。接收方收到了 jgnnq，就用加法的逆运算减法，还原出明文。

上面的过程简化了一些复杂情况，例如当明文＋密钥超出字母范围时，可以按照字母顺序从头计算，但这不影响理解密码算法的思想。

1949 年，信息论创始人香农（C.E.Shannon）发表文章，论证了用一般经典加密方法得到的密文几乎都是可破解的。密码学的研究面临着严重的危机。但从 20 世纪 60 年代起，随着电子技术、计算技术的迅速发展以及结构代数、可计算性和计算复杂性理论等学科的研究，密码学又进入了一个新的发展时期。20 世纪 70 年代后期，美国的数据加密标准（data encryption standard,DES）和公钥密码体制（public key infrastructure,PKI 又称为公开密钥密码体制）的出现，成为近代密码学发展史上的两个重要里程碑。

2. 两类密码体制

（1）对称密码体制

通过恺撒密码可以看出，加密算法和解密算法是一对逆运算，解密算法使用与加密算法相反的过程，用与加密时相同的密钥，将密文还原出明文。这种加密和解密使用相同密钥的算法，被称为对称密码算法，也称为对称密码体制。这里的对称即指加密密钥和解密密钥相同。现代比较著名的对称密码算法有 DES、3DES、AES 等。

DES 算法又被称为美国数据加密标准，是 1972 年美国 IBM 公司研制的对称加密算法，1977 年被美国定为联邦信息标准。DES 是一个分组密码算法，即把明文分为每 64 位一组，加解密使用相同的密钥，密钥长度为 64 位，其中第 8、16、24、32、40、48、56、64 位是奇偶校验位，使得密钥中每 8 位都有奇数个 1，因此，有效密钥长度为 56 位。

1883 年，科克霍夫在其著作《军事密码学》中提出了下述原则：密码系统中的算法即使被他人所知，也应该无助于用来推导出明文或密钥。这一原则已被后人广泛接受，称为科克霍夫原则，并成为密码系统设计的重要原则之一。因而系统的保密性不依赖于对加密体制或算法的保密，而依赖于密钥，DES 算法也是如此。DES 的有效密钥长度是 56 位，意味着共有 2^{56} 种可能的密钥，这样的密钥空间对于现在的计算机搜索能力而言，已经不再被认为是安全的。

为了改进 DES 密钥太短的问题，学者们提出了三重 DES（3DES）的方案，使用 2 个 56 位密钥，把一个 64 位明文用一个密钥加密，再用另一个密钥解密，然后再使用第一个密钥加密，这样就有效提高了密码强度，使得三重 DES 广泛用于网络、金融、信用卡等系统。

1997 年美国标准与技术协会（NIST）又使用 AES（advanced encryption standard）取代 DES。AES 也是分组密码，其分组长度为 128 位，同时支持三种长度的密钥：128 位、192 位、256 位。AES 加密时根据密钥长度的不同进行不同轮次的加密操作，即 128 位密钥进行 10 轮加密，192 位密钥进行 12 轮加密，256 位密钥进行 14 轮加密，还需要加上初始轮和最终轮的加密。

（2）公钥密码体制

对称密码体制具有容易实现、加解密速度快的优点。单密钥加解密算法可通过低费用的芯片来实现，特别是便于硬件实现和大规模生产。但同时也有以下缺点。

① 密钥分发困难。通信双方在通信之前必须事先商定一个共享的密钥。密钥可由发送方产生，然后再经一个安全可靠的途径（如通过信使送至接收方，或由第三方产生后安全可靠地分配给通信双方）。如何产生满足保密要求的密钥以及如何将密钥安全可靠地分配给通信双方是这类体制设计和实现的主要课题。密钥产生、分配、存储、销毁等问题，统称为密钥管理。这是影响密码系统安全的关键因素，即使密码算法再好，若密钥管理问题处理不好，也很难保证系统的安全保密。

② 密钥数量过大。对称密钥密码体制必须保证参与通信的每一对用户之间都共享一个密钥。随着通信网规模的扩大，如果系统中有 n 个实体，且他们两两之间能够直接保密通信，那么需要的密钥个数为 $n(n-1)/2$。

③ 不能解决数字签名和认证问题，从而无法认证用户的身份，实现抗否认等安全需求。

为了解决以上对称密码体制存在的问题，出现了公钥密码体制。

公钥密码体制（又称为公开密钥密码体制）的概念是由斯坦福大学的研究人员 Diffie 与 Hellman 于 1976 年提出的。公钥密码体制使用不同的加密密钥与解密密钥，如图 8-7 所示。

图8-7　公钥密码体制的加密与解密

公钥密码体制与对称密钥密码体制的根本不同就在于每位用户所使用的加密和解密的密钥是不同的，其中之一会被公布给其他用户，被称为公钥，记为 PK（public key），另一个由每位用户各自保管，不能泄露给其他人，称为私钥，记为 SK（secret key）。目前最著名的公钥密码算法是RSA，由三位科学家Rivest、Shamir和Adleman于1976年提出。与对称密钥密码一样的是，公钥密码中的加密算法 E 和解密算法 D 也都是公开的。

假设发送者 A 要发送秘密信息给 B，则使用公钥密码体制的加密与解密过程如图 8-8 所示。

① 发送者 A 获取到 B 的公钥 PK_B，使用加密算法 E 对要发送的信息 P 加密得到密文 C，即

$C=E(P,PK_B)$

② B 收到 C 之后，用自己的私钥 SK_B 对 C 进行解密，恢复出明文，即

$P=D(C,SK_B)$

在以上过程中，公钥可以被公开给任何参与者，因而在整个系统中需要有一个实体来发布公钥，现在一般使用数字证书中心 CA（certificate authority）来承担。当有用户需要其他用户的公钥时，向 CA 发出申请，CA 则将所请求的公钥发给请求方。这样，如果整个系统中有 n 个实体，要实现两两直接通信，只需要 $2n$ 个密钥就够了，从而解决了对称密钥密码体制中的密钥数量过大的问题。

公钥密码算法的加密运算和解密运算从数学角度看都是对比特串的变换，加密解密的作用是相同的，所以计算时是可以互换的。若有：

$C=E(P,PK_B)$，则 $P=D(C,SK_B)$

此时若互换 E 和 D，则有

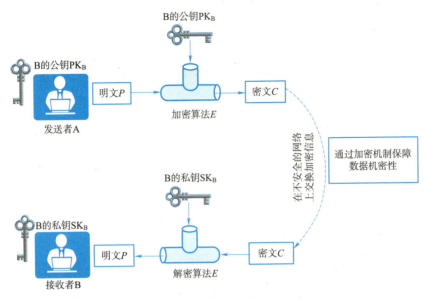

图8-8 用户间使用公钥密码对消息加密与解密

$C=D(P,\text{PK}_B)$，同时 $P=E(C,\text{SK}_B)$

由于需要解密的密钥由解密方自己保管，也就不需要通信双方通过专用信道传递密钥，所以密钥的保密传输问题在公钥密码体制下也获得了解决。

同时要说明，公钥密码体制的加密解密运算速度比对称密钥密码体制要慢很多，并不适用于加解密大量的数据，因而实际可以结合公钥密码体制和对称密码体制，使用公钥密码来进行对称密钥的保密传输，然后使用对称密码算法进行消息的加密。公钥密码与对称密码结合如图8-9所示。

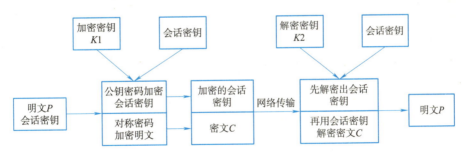

图8-9 公钥密码与对称密码结合

3. 哈希函数

除对称密码和公钥密码之外，还有一种被称为哈希（hash）函数的算法被广泛应用。

哈希也称散列、杂凑，是把任意长度的输入通过散列算法变换成固定长度的输出，该输出就是散列值。这种转换是一种压缩映射，散列值的空间通常远小于输入的空间。

哈希算法不过是一个复杂的运算，它的输入可以是字符串，可以是数据，也可以是任何文件，经过哈希运算后，变成一个固定长度的输出，该输出就是哈希值。但是哈希算法有一个很大的特点，就是不能从结果推算出输入，所以是不可逆的算法。如图 8-10 所示模 7 取余的哈希运算。

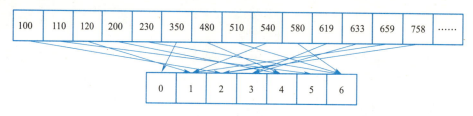

图8-10 模7取余的哈希运算

在图 8-10 中，对任意输入，只需要将其除以 7 并取其余数，就可以输出对应的哈希值，但反过来则不可行。

当输入为 100、758 时，虽然输入不同，但他们计算出的哈希值却完全一样。像这种输入不同而输出相同的情况，在哈希函数中称为碰撞。针对哈希函数的碰撞攻击，就是在给定哈希值时，要找出对应的输入。

上面只是介绍了哈希函数的原理，实际可用的哈希函数需要满足以下四点要求。

（1）从哈希值不能反向推导出原始数据（所以哈希算法也叫单向哈希算法）；

（2）对输入数据非常敏感，哪怕原始数据只修改了一个比特，最后得到的哈希值也大不相同；

（3）散列冲突的概率要很小，对于不同的原始数据，哈希值相同的概率非常小；

（4）哈希算法的执行效率要尽量高效，针对较长的文本，也能快速地计算出哈希值。

哈希函数可以广泛应用于安全加密、唯一标识、数据校验、负载均衡等信息处理与控制领域。

8.3.4 数字签名、身份认证及消息鉴别

对数字签名的强烈需要也是产生公钥密码体制的一个原因。在互联网上，攻击者往往会以他人名义发布一些不实信息，为了分辨这些信息是否的确是其所声称的人所发出，接收方应该具备识别发送者的手段，同时也要能够防止发布者对自己发出的信息进行抵赖，这就是数字签名。如图 8-11 所示的虚假短信就是常见的不实消息，接收方需要具备对这样的消息识别真假的技术手段。

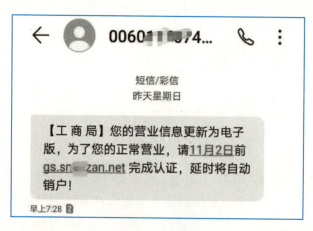

图8-11 虚假短信

信息系统应该只对具有访问权限的用户开放，不同的用户具有不同的权限，这时就需要一种技术手段，使得信息系统能够识别使用者的身份，从而授予不同权限，这就是身份认证。

目前，数字签名和身份认证技术主要基于公钥密码体制来实现。

1. 数字签名

计算机网络中传送的是二进制比特流，称为报文，接收方通过应用层协议还原出原始的报文信息，这时接收方就需要有一种方法来确认所接收到的报文是否的确是所声称的发送者发出的，同时还要能够确认该信息与发送者发出的原始报文是否完全一致。数字签名技术就是在发送的报文中嵌入只有发送者才能构造出的与该报文相关联的额外信息，接收方能够根据这些额外信息相信报文的确是发送者发出的，并且没有任何改动，就好像发信人在信末签上自己的名字一样，由于是用比特串来表示这种签名，故称为数字签名。

数字签名必须保证能够实现以下三点功能。

（1）接收者能够核实发送者对报文的签名。也就是说，接收者能够确信该报文的确是发送者发送的。其他人无法伪造对报文的签名，这叫作报文鉴别；

（2）接收者确信所收到的数据和发送者发送的完全一样而没有被篡改过，这叫作报文的完整性；

（3）发送者事后不能抵赖对报文的签名，这叫作不可否认性。

使用公钥密码算法和对称密钥密码算法都可以实现对比特串的数字签名，但采用公钥密码算法要比采用对称密码算法更容易实现。下面就来介绍这种数字签名。

假设 A 向 B 发送报文，为了进行签名，A 用其私钥 SK_A 对报文 X 进行 D 运算，即 8.3.3 节中所述的解密运算，得到了新的报文 Y。如前所述，这里并没有对报文进行加密，而是直接解密，将原始信息经过函数变成了另一个信息。经过 D 运算之后，A 将 X 和 Y 一起发给 B，B 收到后，用 A 的公钥 PK_A 对 Y 进行 E 运算，得到 X'，如果 X' 与收到的 X 一致，则说明 X 没有被修改过，并且的确是 A 所发出的。消息验证过程如图 8-12 所示。

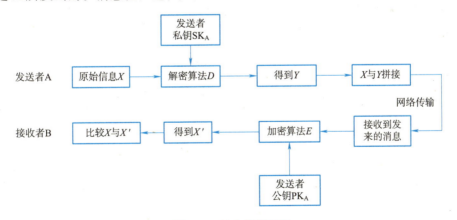

图8-12 消息验证过程

对于 A 想否认自己曾发出报文的情况，B 只需使用 A 的公钥对报文进行 E 运算，就可以向所有人证明该信息的确是 A 所发出的，因而也就得到了不可否认性。

在上面的过程中，A 所发出的报文 X 并没有加密，因此对消息的签名不具有保密效果，只能保证消息是由所声称的发送者发出，并且没有被修改过。如果需要同时获得保密的效果，需要结合加密技术对原始消息进行加密以及接收方的解密。

2. 身份认证

公钥密码体制的另一个重要应用是身份认证。

设想一个电子邮件系统，用户在第一次使用时需要注册，此时用户需要设置一个登录密码，此后每次登录系统，需要用户输入密码，电子邮件系统才允许该用户查看自己的邮件，以及以自己的名义向他人发送邮件。

身份认证是指通过一定的手段，完成对用户身份的确认。

身份认证的目的是确认当前所声称为某种身份的用户，确实是其所声称的用户。比如：通过检查对方的证件，一般可以确信对方的身份。在计算机、通信等领域，身份认证更多的是系统方对用户方的认证，这种认证依赖的是能被计算机处理的数字信息，而不是实体证件，因此主要是使用密码技术对用户提交的身份和密码信息进行鉴别，密码信息应该只有用户本人才能提供，他人无法得知或伪造，否则会导致用户的身份被冒用。身份认证技术经过长期的使用与进化，目前形成了以公钥密码体制为基础，多种身份信息与认证手段结合使用的局面。

用户名/密码是最简单也是最常用的身份认证方法，是基于"what you know"的验证手段。每个用户的密码是由用户自己设定的，只有用户自己才知道，因此只要能够正确输入密码，计算机就认为操作者就是合法用户。

用户名/密码方式的最简单实现方式，是在认证方（通常是服务器）保存被认证方（通常是用户）的用户名和密码，其认证过程如图8-13所示。

图8-13　用户名/密码方式身份认证流程

比较著名的 FTP、telnet 程序都是使用这种方式进行身份认证的。用户登录到远程系统时，会将自己的用户名和密码以明文方式发到服务方，服务方将接收到的用户名/密码与自己系统内保存的用户名/密码进行比对，发现一致即认证通过。这种方式由于密码的传输和保存都是明文方式，如果遭到黑客在网上窃听，或者黑客对服务器进行攻击而获取保存用户名/密码的数据库，则用户的密码很容易泄漏，非常不安全。

现实中，许多用户为了防止忘记密码，经常采用诸如生日、电话号码等容易被猜测的字符串作为密码，或者把密码抄在纸上放在自认为安全的地方，这样很容易造成密码泄漏。即使能保证用户密码不被泄露，由于密码是静态的数据，在验证过程中需要在计算机内存和网络中传输，而每次验证使用的验证信息都是相同的，很容易被驻留在计算机内存中的木马程序或网络中的监听设备截获，因此用户名/密码方式是一种极不安全的身份认证方式。

为了克服用户名/密码明文传输与保存的安全问题，现实中很多系统都将密码进行哈希变换后保存，用户输入的密码在传输之前就使用哈希函数变换后再加密传输，这样即使黑客窃听到了传输内容或者攻击了服务器数据库，获取了其中的用户名/密码，但由于密码是经过变换后的哈希值，黑客无法还原出原始的明文密码。比较通用的用户身份认证哈希函数主要有 MD5、SHA1，但这两个密码都已被中国学者王小云于2004年和2005年找到破解方法。现在为了更加安全，需要在哈希函数之外加入其他方法进行密码的保护。

用户名/密码方式存在密码易遗忘、易破解、易被盗等缺陷，因而也出现了很多的替代方案。这些方案包括以下四种。

① IC 卡认证。用户只要持有唯一标识身份的 IC 卡就可以通过验证；

② 动态口令方案。用户登录的口令不是长期不变，而是在规定条件下进行更换，从而加大了黑客破解的难度；

③ USB Key 认证。与 IC 卡方式类似，在 USB Key 中保存用户的身份信息，用户将 USB Key 插入验证的 USB 口即可实现身份认证；

④ 生物特征认证。利用用户自身的生物特征，如人脸、指纹、虹膜等信息实现对用户本人的认证，认证过程更加方便。

3. 消息鉴别

前面所述的数字签名，是为确保消息是从其声称者发出的而使用的技术。还有一种对消息的鉴别，不需要考虑消息是否的确是所声称者发出的，只需要验证该消息在传输过程中没有发生变化即可。对于这类消息鉴别需求，使用哈希函数具有很好的效果。这种函数也被称为消息摘要算法（message-digest algorithm）。

例如，在网上下载很大的文件时，由于网络状态不是很稳定，可能会使得下载的文件出错、不全，这时需要对文件的完整性进行鉴别，而该文件是由谁所产生的并不重要。这种情况下，使用哈希函数对文件进行计算，得出一个很短的值，并且将之与该文件发布者所发布的哈希值相比较，就可以很容易地确信该下载的文件是否完整。现在很多大型软件的发布者都会在发布软件包的同时公布对应的哈希值，供下载者比对。

8.3.5 入侵检测与防御技术

1. 入侵检测系统

防火墙试图在入侵行为发生之前阻止所有可疑的通信。但事实是不可能阻止所有的入侵行为，因此有必要在入侵已经开始，但还没有造成危害或在造成更大危害前就采取措施，及时检测到入侵，以便尽快阻止入侵，把危害降低到最低。入侵检测系统（intrusion detection systems,IDS）正是这样一种技术。IDS 对进入网络的分组执行深度分组检查，当观察到可疑分组时，向网络管理员发出告警或执行阻断操作（由于 IDS 的"误报"率通常较高，多数情况不执行自动阻断）。IDS 能用于检测多种网络攻击，包括网络映射、端口扫描、DoS 攻击、蠕虫和病毒、系统漏洞攻击等。入侵检测系统的部署方式如图 8-14 所示。

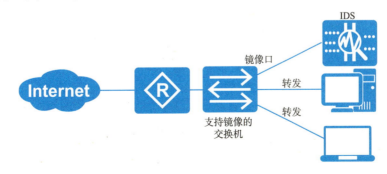

图8-14 入侵检测系统的部署方式

入侵检测方法一般可以分为基于特征的入侵检测和基于异常的入侵检测两种。

基于特征的 IDS 维护一个所有已知攻击标志性特征的数据库。每个特征是一个与某种入侵活动相关联的规则集，这些规则可能基于单个分组的头部字段值或数据中特定比特串，或者与一系列分组有关。当发现有与某种攻击特征匹配的分组或分组序列时，则认为可能检测到某种入侵行为。这些特征和规则通常由网络安全专家归纳产生，机构的网络管理员定制这些特征和规则并将其加入数据库中。

基于特征的 IDS 只能检测已知攻击，对于未知攻击则束手无策。基于异常的 IDS 则通过观察正常运行的网络流量，学习正常流量的统计特性和规律，当检测到网络中流量的某种统计规律不符合正常情况时，则认为可能发生了入侵行为，这就给未知攻击的检测带来了可能。例如，当攻击者在对内联网主机进行 ping 搜索时，有可能导致 ICMP ping 报文突然大量增加，这与正常的统计规律有明显不同。但区分正常流和统计异常流是一个非常困难的事情。至今为止，大多数部署的 IDS 主要是基于特征的，尽管某些 IDS 包括了某些基于异常的特性。

不论采用什么检测技术都存在"漏报"和"误报"情况。如果"漏报"率比较高，则只能检测到少量的入侵，给人以安全的假象。对于特定的 IDS，可以通过调整某些阈值来降低"漏报"率，但同时会增大"误报"率。"误报"率太大会导致大量虚假警报，网络管理员需要花费大量时间分析报警信息，使 IDS 形同虚设。

2. 入侵防御系统

随着网络攻击技术的不断提高和网络安全漏洞的不断发现，传统防火墙技术加传统 IDS 的技术，已经无法应对一些安全威胁。在这种情况下，入侵防御系统（intrusion prevention system,IPS）应运而生，IPS 技术可以深度感知并检测流经的数据流量，对恶意报文进行丢弃以阻断攻击，对泛滥的报文进行限流以保护网络带宽资源。入侵防御系统的部署方式如图 8-15 所示。

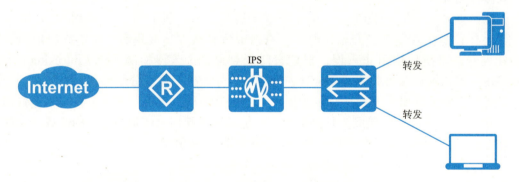

图 8-15　入侵防御系统的部署方式

对于部署在数据转发路径上的 IPS，可以根据预先设定的安全策略，对流经的每个报文进行深度检测（协议分析跟踪、特征匹配、流量统计分析、事件关联分析等），一旦发现隐藏于其中的网络攻击，可以根据该攻击的威胁级别立即采取抵御措施，这些措施包括：向管理中心告警；丢弃该报文；切断此次应用会话；切断此次 TCP 连接等。

通过对 IPS 的分析可以看出，办公网中，至少需要在以下区域部署 IPS：办公网与外部网络的连接部位（入口/出口）；重要服务器集群前端；办公网内部接入层。至于其他区域，可以根据实际情况与重要程度，酌情部署。

IPS 检测攻击的方法也与 IDS 不同。一般来说，IPS 系统依靠对数据包的检测。IPS 检查入网的数据包，确定这种数据包的真正用途，然后决定是否允许这种数据包进入网络。

从产品价值角度来讲，入侵检测系统注重的是网络安全状况的监管，而入侵防御系统关注的是对入侵行为的控制。与防火墙类产品、入侵检测产品可以实施的安全策略不同，入侵防御系统可以实施深层防御安全策略，即可以在应用层检测出攻击并予以阻断，这是防火墙所做不到的，同时也是入侵检测产品所做不到的。

从产品应用角度来讲，为了达到可以全面检测网络安全状况的目的，入侵检测系统需要部署在网络内部的中心点，需要能够观察到所有网络数据。如果信息系统中包含了多个逻辑隔离的子网，则需要在整个信息系统中实施分布部署，即每个子网部署一个入侵检测分析引擎，并统一进行引擎的策略管理以及事件分析，以达到掌控整个信息系统安全状况的目的。

为了实现对外部攻击的防御，入侵防御系统需要部署在网络的边界。这样所有来自外部的数据必须首先通过入侵防御系统，入侵防御系统可实时分析网络数据，发现攻击行为立即予以阻断，保证来自外部的攻击数据不能通过网络边界进入网络。

入侵检测系统的核心价值在于通过对全网信息的分析，了解信息系统的安全状况，进而指导信息系统安全建设目标以及安全策略的确立和调整，而入侵防御系统的核心价值在于安全策略的实施即对黑客行为的阻击；入侵检测系统需要部署在网络内部，监控范围可以覆盖整个子网，包括来自外部的数据以及内部终端之间传输的数据，入侵防御系统则必须部署在网络边界，抵御来自外部的入侵，其对内部攻击行为无能为力。

入侵检测系统和入侵防御系统的区别：入侵检测系统可以对网络、系统的运行状况进行监视，发现各种攻击企图、攻击行为或者攻击结果；而入侵防御系统在入侵检测的基础上添加了防御功能，一旦发现网络攻击，可以根据该攻击的威胁级别立即采取抵御措施。两者的具体差别有以下三种。

① 功能不同：入侵防御在入侵检测的基础之上还实现了防护的功能；

② 实时性要求不同：入侵防御必须分析实时数据，而入侵检测可以基于历史数据做事后分析；

③ 部署方式不同：入侵检测一般通过端口镜像进行旁路部署，而入侵防御一般要串联部署。

8.3.6　计算机病毒与防御

"计算机病毒"一词是借用了自然界中的生物概念。在《中华人民共和国计算机信息系统安全保护条例》中明确定义，计算机病毒，是指编制或者在计算机程序中插入的破坏计算机功能或者破坏数据，影响计算机使用，并能自我复制的一组计算机指令或者程序代码。

最早提出计算机病毒概念的是美国研究者弗雷德·科恩博士，他于 1983 年 11 月 3 日编写了世界上第一个会自动复制并在 UNIX 计算机间进行传染从而引起系统死机的病毒，因此被誉为"计算机病毒之父"。弗雷德·科恩在论文中把计算机病毒定义为："计算机病毒是一种计算机程序，它通过修改其他程序把自身或其演化体插入它们中，从而感染它们。"可以看出，科恩定义的病毒类似于自然界的寄生虫，会寄生在正常的宿主程序中，并像生物病毒一样在宿主程序中互相感染与传播。

1988 年 11 月 2 日晚，美国康奈尔大学研究生罗伯特·莫里斯将计算机蠕虫病毒投放到网络中。该病毒程序迅速扩展，导致大批计算机瘫痪，甚至欧洲联网的计算机也受到了影响，造成直接经济损失近亿美元。

　　计算机病毒实际是一个程序或者一段可执行代码，如同生物病毒一样，计算机病毒有独特的复制能力。它可以很快地蔓延，又常常难以根除。它们能把自身附着在各种类型的文件上，当文件被复制或从一个用户传送到另一个用户时，它们就随同文件的使用一起蔓延开来。除了复制能力外，某些计算机病毒还有一个共同特性：一个被病毒污染的程序能够传送病毒载体。当用户从文字或图像上看到病毒载体的表现时，它们可能已毁坏了文件、格式化了用户的硬盘驱动器或引发了其他类型的灾害。

　　计算机病毒这个程序或者可执行代码对计算机的功能或者数据具有破坏性，并且具有传播、隐蔽、偷窃等特性。

1. 计算机病毒的分类

　　伴随着计算机软硬件的发展，计算机病毒技术也不断翻新，病毒数量急剧增加。计算机病毒按照其不同的特点及特性有许多种分类方法，某些病毒可能同时具备多种特征，很难将其固定归为某一类。

　　（1）按照计算机病毒侵入的系统分类

　　最早的计算机病毒是在 UNIX 上编写的，能够在 UNIX 系统下传播。当时个人计算机多使用 DOS 操作系统，同时个人计算机的使用者缺乏病毒防御知识，所以很容易感染病毒。后来，Windows、Linux、Novell Netware、OS/2 操作系统下都有对应的计算机病毒。

　　需要说明的是，计算机病毒程序一般都会使用操作系统的系统调用，因而对操作系统依赖性很强，同一个病毒放在其他操作系统下一般是没有攻击和感染能力的。

　　（2）按照计算机病毒的链接方式分类

　　病毒的链接方式是指病毒代码与其寄生的宿主程序之间结合的方式，即病毒代码如何进入宿主程序。

　　① 源码型病毒。

　　这种病毒主要攻击高级语言编写的程序，其能在高级语言所编写的程序编译前插入源程序中，经编译成为合法程序的一部分。这种病毒需要获取所感染的程序的源码，并重新编译，因此这类病毒比较少见，且自我复制和传播能力很弱。

　　② 嵌入型病毒。

　　这种病毒是将自身嵌入到现有程序中，把病毒的主体程序与其攻击的对象以插入的方式链接。这种病毒要求编写者对程序的结构比较熟悉，并且能够编写修改可执行程序的病毒代码，因此对编写者要求较高，同时由于其不破坏宿主程序的功能，因而较难发现。

　　③ 外壳型病毒。

　　这种病毒将其自身包围在被侵入的程序周围，对原来的程序不作修改。这种病毒最为常见，易于编写，也易于发现，一般测试文件的大小即可查出。

　　（3）按照计算机病毒的寄生部位或传染对象分类

　　传染性是计算机病毒的本质属性，根据寄生部位或传染对象分类，也就是根据计算机病毒的传染方式进行分类，有以下几种。

　　① 磁盘引导型病毒。

　　磁盘引导区传染的病毒主要是用病毒的全部或部分逻辑取代正常的引导记录，而将正常的引导记录隐藏在磁盘的其他地方。由于引导区是计算机操作系统能正常启动的先决条件，因此，这种病毒在运行的一开始（如系统启动时）就能获得控制权，其危害性较大。由于在磁盘的引导区内存储着需要使用的重要信息，因此，如果对磁盘上的正常引导记录不进行保护，在运行过程中就会导致引导记录的破坏。

② 文件型病毒。

通过可执行程序传染的病毒通常寄生在可执行程序中，一旦程序被执行，病毒就会被激活，病毒程序首先被执行，并将自身驻留在内存中，然后设置触发条件进行传染。

③ 宏病毒。

宏病毒是一种寄存于文档或模板的宏中的计算机病毒。微软公司的 Office 套件的宏是为了在文档中执行一些自动判断和重复的操作，这种自动操作是基于 VBScript 程序开发的小程序，因此一些病毒就使用 VBScript 来编写，并将其嵌入到文档中。一旦打开这样的文档，宏病毒就会被激活并转移到计算机上，且驻留在 Normal 模板中。从此以后，所有自动保存的文档都会感染上这种宏病毒，而且，如果其他用户打开了已感染病毒的文档，宏病毒又会转移到该用户的计算机中。

（4）按照计算机病毒的传播介质分类

① 单机病毒。

单机病毒的载体是磁盘，一般情况下，病毒从软盘、U 盘、移动硬盘传入磁盘，感染系统，然后再传染其他的软盘、U 盘和移动硬盘，接着传染其他系统。

② 网络病毒。

网络病毒的传播介质不再是移动式存储载体，而是网络通道，这种病毒的传染能力更强，破坏力更大，现在大多数病毒都已经使用网络进行传播了。

（5）按照计算机病毒的功能分类

计算机病毒是一个较为宽泛的说法，有时不能准确描述不同计算机病毒的危害。如果从不同的危害能力划分，计算机病毒可以分为（感染性）病毒、蠕虫、后门、木马等。

① Virus（病毒）。

这里指狭义的计算机病毒，是指将病毒代码附加到被感染的宿主文件（例如：可执行文件、DOS 下的 COM 文件、VBS 文件、具有可运行宏的文件）中，使病毒代码在被感染的宿主文件运行时取得运行权的病毒。当正常文件被感染后，仍然具有以前的功能，但是正常文件运行的同时也会执行病毒的功能，所以它欺骗性非常大。又因为是正常文件，不能够删除，所以只能清除病毒，但该病毒的处理难度较大，因此这种病毒的危害级别最高。

② Worm（蠕虫）。

蠕虫是指利用系统的漏洞、外发邮件、共享目录、可传输文件的软件（如即时通信软件和社交软件等）、可移动存储介质（如 U 盘、软盘）等方式传播自己的病毒。

③ Backdoor（后门、木马）。

后门、木马是指在用户不知道也不允许的情况下，在被感染的系统上以隐蔽的方式运行，它可以对被感染的系统进行远程控制，而且用户无法通过正常的方法禁止其运行。"后门"其实是木马的一种特例，它们之间的区别在于"后门"可以对被感染的系统进行远程控制（如文件管理、进程控制等）。

2. 计算机病毒的防御

对于计算机病毒的防御措施，可以分为技术层面和管理层面。

从技术层面讲，最直接的防御计算机病毒的方法就是安装防病毒软件（也可以是硬件），可以有效地查杀计算机病毒。防病毒软件具备预防和处理两大功能，即对外来文件进行预防性检查，对已感染病毒的文件清除病毒。目前流行的防病毒软件都同时具备以上两大功能，可以查杀以上所介绍的病毒、蠕虫、木马等，对于不同操作系统（Windows、Linux、Mac OS），不同的感染类型（文件型、引导型、宏病毒），都有对应的软件可以实现病毒的防御，但没有一种防病毒软件能够抵御所有的病毒攻击。

个人计算机的防病毒软件比较容易安装和使用，但企业级防病毒软件就需要专门的技术人员（往往是网络管理员或网络安全员）实施专业的管理与维护，才能有效抵御病毒攻击。

相对于技术层面，计算机管理在病毒防御方面更加重要。技术不是万能的，仅靠安装防病毒软件不可能完全抵御病毒的攻击，更重要的是提高防病毒意识和安全管理水平。下面列举一些常用的管理措施。

- 及时升级防病毒软件和病毒库。
- 不随便打开不明来源的邮件附件。
- 及时安装最新的安全补丁。
- 对外部的软件和数据进行完整性检查。
- 创建系统还原点。
- 定期备份重要文件。

8.4 【任务1】使用 Windows 防火墙

8.4.1 任务描述

公司财务部新采购的两台计算机尚未启用 Windows Defender 防火墙，存在安全隐患。公司指派系统管理员手动开启系统防火墙并配置禁止 Ping 规则。

8.4.2 任务分析

新采购的两台计算机，其中一台安装了 Windows10 操作系统，两台计算机能够正常互相 ping 通。在 Windows10 操作系统中开启其内置的防火墙软件，设置外部不允许对本机 ping 的规则，并使该规则生效，观察在规则生效与不生效时其他主机与 Windows10 操作系统互相 ping 的效果。

8.4.3 任务实施

1. Windows 防火墙的启动

Windows 各版对于防火墙软件都有更新，其界面会有变化，这里以 Windows 10 操作流程为例说明，其他版本的 Windows 在界面和操作上可能会有部分不同。

打开 Windows 的控制面板，单击"系统和安全"，出现图 8-16 所示的防火墙设置。

图8-16 在控制面板中打开防火墙设置

单击"检查防火墙状态",可以查看防火墙是否已经启动,如图 8-17 所示。

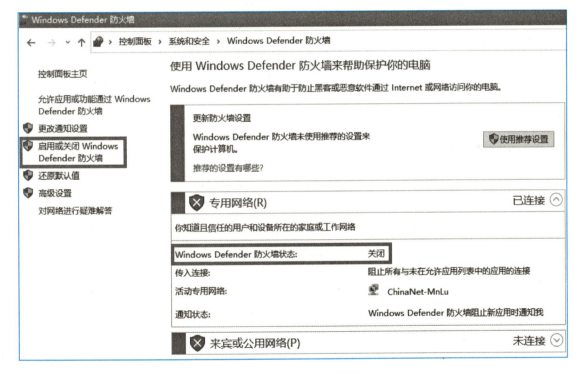

图8-17 查看防火墙状态

再单击启用或关闭 Windows Defender 防火墙,可以启用或关闭 Windows 防火墙,如图 8-18 所示。

然后单击"确定"按钮,使之生效。

2. 设置 Windows 防火墙的规则

在图 8-17 中,单击左边的"高级设置",出现关于防火墙规则的配置,如图 8-19 所示,其中的入站规则指的是从外部进入到本机的流量，出站规则指的是从本机到外部的流量。

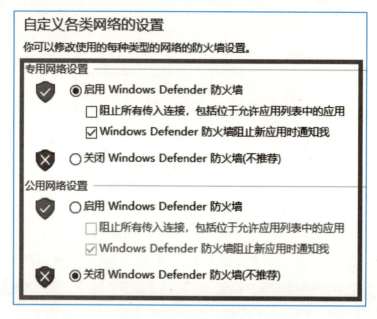

图8-18　启用或关闭防火墙

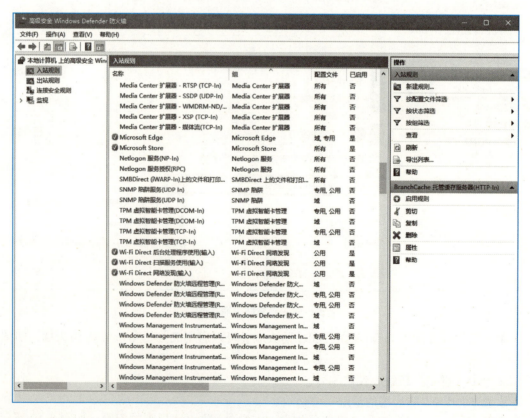

图8-19　防火墙规则的配置

3. 测试 Windows 防火墙是否生效

这里以 ping 程序为例，当防火墙开启之后，在入站规则中找到"文件和打印机共享（回显请求 -ICMPv4-In）"，这里选择"专用,公用"配置。双击查看该条规则的配置，发现该规则是"允许连接"，即允许外部的流量进入本机，如图 8-20 所示。单击"确定"按钮关闭该规则属性。

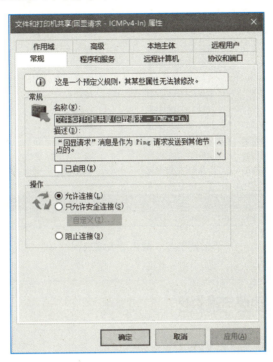

图8-20　防火墙规则查看

单击"启用规则"，使之生效，如图 8-21 所示。

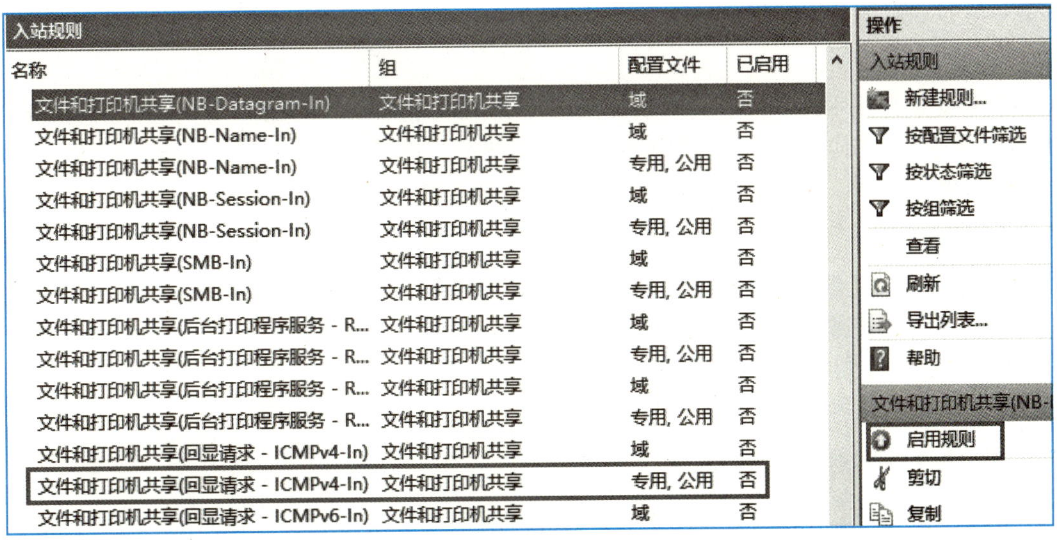

图8-21　启用防火墙规则

启用另一台计算机，用 ping 程序测试到本机的连通性，发现可以正常通信。
此时再单击上面的禁用规则，发现已经无法 ping 通本机了，如图 8-22 所示。

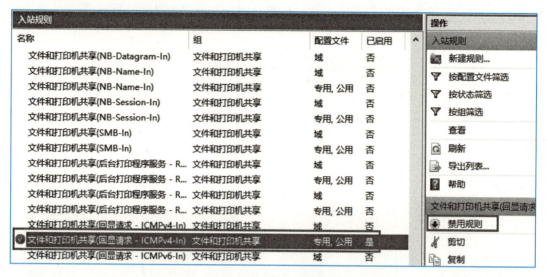

图8-22　禁用防火墙规则

8.5 【任务2】加密与解密

8.5.1　任务描述

数据篡改是黑客和恶意程序攻击的常见手法，这类攻击通常是因未做高等级数据加密而引起的。为了封堵这一漏洞，公司要求研发部人员研究 AES 程序的加密原理，并编写加解密程序，以保障数据的完整性和保密性。

8.5.2　任务分析

本任务要求使用 Python 编写 AES 加密与解密的简单程序。使用文本编辑器编辑 AES 算法的 Python 程序，并用该程序对字符串进行加密与解密。通过完成本任务，将进一步理解 AES 程序的加密原理。

8.5.3　任务实施

AES 是目前主流的对称密钥密码算法，其加密和解密的密钥是一样的。AES 是分组密码，算法加密前将明文按照每 128 比特（16 字节）划分为多组，密钥也是 128 比特。如果明文不是 128 比特的整数倍，则最后一组要进行填充。

1. 使用文本编辑器编辑以下 AES 源代码

```
# 密钥（key），ECB模式加密
import base64
from Crypto.Cipher import AES
```

```python
def AES_Encrypt(key, data):
    # 字符串补位
    pad = lambda s: s + (16 - len(s)%16) * chr(16 - len(s)%16)
    data = pad(data)
    cipher = AES.new(key.encode('utf8'), AES.MODE_ECB)
    # 加密后得到的是Bytes类型的数据
    encryptedbytes = cipher.encrypt(datA.encode('utf8'))
    # 使用Base64进行编码，返回Byte字符串
    encodestrs = base64.b64encode(encryptedbytes)
    # 对Byte字符串按utf-8进行解码
    enctext = encodestrs.decode('utf8')
    return enctext

def AES_Decrypt(key, data):
    # 将加密数据转换为Bytes类型的数据
    data = datA.encode('utf8')
    encodebytes = base64.decodebytes(data)
    cipher = AES.new(key.encode('utf8'), AES.MODE_ECB)
    text_decrypted = cipher.decrypt(encodebytes)
    # 去补位
    unpad = lambda s: s[0: -s[-1]]
    text_decrypted = unpad(text_decrypted)
    text_decrypted = text_decrypteD.decode('utf8')
    return text_decrypted

key = '0CoJUm6Qyw8W8jud'
data = 'sdadsdsdsfjldfjlafj;dsjdfd'
print("加密前明文: ", data)
enctext = AES_Encrypt(key, data)
print("加密后密文: ", enctext)
text_decrypted = AES_Decrypt(key, enctext)
print("解密后还原的明文: ", text_decrypted)
```

2. 输入以上程序，在 Python3 环境下运行

当程序运行正常后，尝试修改 key 和 data 的值，再次运行程序，观察其是否能够正常加密和解密。运行结果如图 8-23 所示。

```
(base) F:\projects\python\aes>python aes2.py
加密前明文:  sdadsdsdsfjldfjlafj;dsjdfd
加密后密文:  eJ51DTC19Q4BRhgA+dR5GzJ6GeNTpGKiyyYpUZRRFAo=
解密后还原的明文:  sdadsdsdsfjldfjlafj;dsjdfd
```

图8-23　Python运行AES加解密程序的运行结果

3. 尝试修改 Key 的长度

修改 Key 的长度为 24 字节、32 字节，观察其是否能够正常加密和解密。

4. 再次尝试修改 Key 的长度

修改 Key 的长度，使之变为 16 字节、24 字节、32 字节，观察程序运行情况。

8.6 【任务 3】校验文件的完整性

8.6.1 任务描述

公司研发部和技术部员工常常需要访问互联网下载研究软件和文件，而互联网是一个开放的网络，任何人都可以在互联网上放置自己的文件，黑客们也经常将病毒木马植入正常的软件后上传到互联网上供人下载，以便于实施网络攻击。为避免下载到的文件是被黑客植入了病毒、木马的，需要对文件进行完整性校验，以确认文件没有被非法修改。

8.6.2 任务分析

在网上下载文件后，有时需要了解该文件是否与网站上的原始文件一样，以确认下载的文件是完整的，或者是没有被篡改过的。这种情况下，往往使用哈希函数来实现对下载文件完整性的检查。目前常用的哈希算法有 MD5、SHA1、SHA256 等。

网站首先使用哈希函数对原始文件进行计算，得出该文件的哈希值，并将该哈希值与原始文件一起公布在网站上，用户下载文件后，使用哈希值计算工具对文件进行计算，并将计算出的哈希值与网站上的文件哈希值比较，若一致，表明该文件的完整性没有被破坏。

在互联网上下载文件，并通过哈希计算与比对，对所下载的文件完整性进行确认。通过完成本任务，能够进一步理解文件完整性的概念，了解文件完整性校验的工具及使用，理解完整性校验的过程及作用。

8.6.3 任务实施

以著名的开源软件 apache httpd 为例，进入其源码网站下载，其中包括了 apache httpd 的历史各版本，找到 1.3.42 版本，可以看到网站提供了文件下载链接，以及对应的文件 MD5 值和 SHA1 值。其他各版本页都提供了对应的 MD5 值和 SHA1 值，如图 8-24 所示。

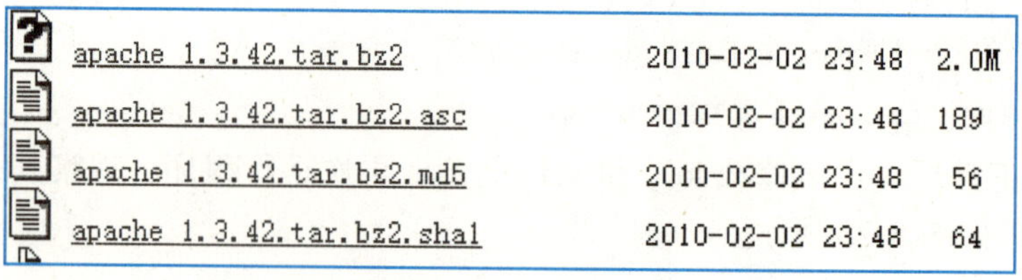

?	apache_1.3.42.tar.bz2	2010-02-02 23:48	2.0M
	apache_1.3.42.tar.bz2.asc	2010-02-02 23:48	189
	apache_1.3.42.tar.bz2.md5	2010-02-02 23:48	56
	apache_1.3.42.tar.bz2.sha1	2010-02-02 23:48	64

图8-24　apache httpd的下载页面部分内容

分别单击 apache_1.3.42.tar.bz2.md5 和 apache_1.3.42.tar.bz2.sha1 文件，可以看到该文件的 MD5 值，如图 8-25 所示。

图8-25 网站给出的MD5值

SHA1 值如图 8-26 所示。

图8-26 网站给出的SHA1值

下载 apache2_1.3.42.tar.bz2 文件，使用哈希值工具对其计算，得到计算所得的哈希值，如图 8-27 所示。

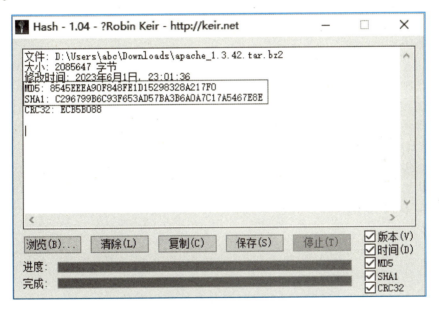

图8-27 使用哈希工具对下载的文件计算哈希值

将所计算出的哈希值与网站所提供的哈希值相比较，发现 MD5、SHA1 都完全一致，因此确信下载的文件完整性没有被破坏。

项目小结

通信技术和计算机网络技术的发展催生了海量的网络应用，也随之带来了极其复杂的网络安全问题。由于计算机网络在设计之初没有过多考虑网络安全问题，因此现在的计算机网络存在很多安全漏洞，带来了很多应用上的安全问题。

千里之堤，溃于蚁穴。一个涉及网络的计算机信息系统，只要被黑客发现一个漏洞，就有可能被持续利用和扩大，导致整个系统被控制，数据被窃取，功能被改变。为了提高计算机网络应用的安全性，需要从网络设备、操作系统、应用软件、安全管理等多方面同时加固，才能筑起网络安全的防线。

本项目介绍了网络安全中常用的防火墙技术、密码技术、数字签名与身份认证技术、入侵检测与防御技术、计算机病毒与防御技术，涵盖了主要的网络安全技术。黑客的攻击手段千差万别，在实践中需要使用者不断提高网络安全管理水平和防御技术，更新对黑客的防御手段，才能保障网络应用的安全可靠。

拓展阅读

没有网络安全就没有国家安全

习 题

1. 单选题

（1）下列不属于防火墙类型的一项是（　　）。
　　A．包过滤　　　　B．隧道　　　　C．应用网关　　　　D．代理服务器
（2）以下算法属于对称密码算法的是（　　）。
　　A．RSA　　　　B．SHA1　　　　C．AES　　　　D．MD5
（3）当需要对文件完整性进行校验时，应该选择的算法是（　　）。
　　A．SHA1　　　　B．DES　　　　C．RSA　　　　D．3DES
（4）如果需要对用户身份进行验证，以下技术不适用的是（　　）。
　　A．指纹识别　　　　　　　　　B．口令验证
　　C．USB Key　　　　　　　　　D．完整性验证
（5）如果希望在黑客入侵公司内部网络时能够阻挡攻击，应该采用的产品是（　　）。
　　A．入侵检测系统　　　　　　　B．入侵防御系统
　　C．防火墙　　　　　　　　　　D．虚拟专用网

2. 问答题

（1）防火墙的主要功能有哪些？
（2）为了防止黑客在网上获取信息，应该怎样选择安全技术？
（3）请简述对称密码和公钥密码各自的特点和使用场景。
（4）简述计算机病毒的类型。
（5）为了避免计算机感染病毒，应该采取哪些措施来保护计算机？

项目 9

无线局域网搭建

9.1 项目背景

为了给企业访客提供网络接入以及实现公司员工的移动办公,腾飞网络公司决定在办公大楼部署无线局域网,并要求无线信号无死角覆盖。经过公司技术部门研究,决定采用无线接入控制器(wireless access point controller,AC)加瘦无线接入点(access point,AP)架构来组建公司的无线局域网,并决定使用华为的 AC 和 AP 设备。

9.2 学习目标

知识目标
- 了解 WLAN 的发展历程
- 了解 WLAN 的相关组织和标准

能力目标
- 掌握 WLAN 的基本结构及其部署
- 掌握两种 AP 技术的使用场景
- 掌握 WLAN 的基本工作原理和配置

素质目标
- 培养良好的工作习惯
- 培养较强的社会适应能力、活动能力
- 能运用专业理论、方法、技能解决实际问题

9.3 相关知识

无线局域网（wireless local area network，WLAN）对有线网络并非取而代之的关系，而是形成绝佳的补充。在数据中心或是机房里面网络设备和服务器一般都是固定放置，轻易不会移动，所以一般会使用有线网络进行设备互联。如果是在需要网络覆盖范围比较大、移动性较强的场景，如机场、医院、写字楼、咖啡店等，那么就可以使用 WLAN 去连接移动的终端用户。

9.3.1 WLAN 基础知识和发展历程

WLAN 指应用无线通信技术将计算机设备互连起来，以无线信道作为传输媒介的计算机局域网。WLAN 是有线联网方式的重要补充和延伸，并逐渐成为计算机网络中一个至关重要的组成部分，广泛应用于需要可移动数据处理或无法进行物理传输介质布线的领域。

无线局域网的本质特点是不再使用通信电缆将计算机与网络连接起来，而是通过无线的方式进行连接，从而使网络的构建和终端的移动更加灵活。随着 IEEE802.11 无线网络标准的制定与发展，无线网络技术已经逐渐成熟与完善，并已广泛应用于众多行业与场合，如金融、教育、工厂、政府机关、酒店、商场、港口等。常见的无线局域网产品主要包括无线接入点、无线路由器、无线网关、无线网桥、无线网卡等。

1. WLAN 的优点

和传统有线以太网相比，WLAN 的优势如下：

① 终端可移动性。WLAN 允许用户在其覆盖范围内的任意地点访问网络数据。用户在使用笔记本计算机、掌上电脑或数据采集设备等移动终端时能自由地变换位置，这极大地方便了因工作需要而不断移动的人员，如教师、护理人员、司机、餐厅服务员等。在一些特殊地理环境架设网络时，如矿山、港口、地下作业场所等，WLAN 无须布线的优势也显而易见。与之对应，有线网将用户限制在一定的物理连线上，活动范围非常有限，当用户在建筑中走动或离开建筑物时，都会失去网络连接。

② 网络硬件高可靠性。有线网络中的硬件问题之一是线缆故障。在有线网中，线缆和接头故障常常导致网络连接中断。连接器损坏、线缆断开或接线口因多次使用老化失效等都会干扰正常的网络使用。无线网络技术从根本上避免了由于线缆故障造成的网络瘫痪问题。

③ 快速建设与低成本。无线局域网的工程建设可以节省大量为终端接入而准备的线缆，同时由于减少线缆的布放而大大加快了建设速度，降低了布线费用。在工程建设完毕后，用于网络设备维护和线路租用的费用也会相应减少。在扩充网络容量时，相比传统的有线网络，无线局域网也有巨大的成本优势。

2. WLAN 的发展历程

WLAN 的发展历程是被裹挟在人类信息技术发展的洪流中向前滚动的。

19 世纪 30 年代摩尔斯发明了第一台电报机，使用摩斯电码，通过专用的交换线路将信息以电信号的形式发送出去，接收端只要把摩斯电码翻译成文字，便可实现信息的传递。

1831 年，迈克尔·法拉第通过实验揭开了电磁感应定律，从此人类知道了电磁感应。

英国的麦克斯韦是又一位集电磁学大成于一身的伟大科学家。在全面总结了前人对电磁学的研究成果后，提出了"感生电场"和"位移电流"假说，建立了完整的电磁场理论体系，并在1864年建立了完整的电磁波理论，预言了电磁波的存在。

1887年，德国物理学家赫兹用实验证明了电磁波的存在。

到了19世纪90年代，电报、电话靠着电线大力发展，但对于远洋船只而言，利用电线传输信息有着太多的不可能，于是尼古拉·特斯拉等科学家开始研究起了用无线电（自由空间传递的电磁波）来传递电报。功夫不负有心人，1895年意大利人马可尼首次成功收发无线电报，自此无线传输成为可能。

WLAN的起源要追溯到第二次世界大战期间，美国陆军为了方便通信，便使用了无线电作为通信的手段，并以此设计出了一套无线电传输技术，由于这套技术在加密和传输上都比较完善，所以在美军和盟军中进行了广泛的使用，同时也让很多专家学者对此产生了兴趣，并从中获得了灵感。

1971年，苦于夏威夷群岛地理位置的特殊性，夏威夷大学的研究员们开启了一项研究计划，目的是要解决夏威夷群岛之间的通信问题，为此创造了第一个基于封包技术的无线通信网络，称之为ALOHNET。ALOHNET是最早的无线局域网，这个WLAN采用双向星状的网络拓扑结构，利用无线电的连接方式，将分布在4个岛屿上的7台计算机与位于瓦胡岛的中心计算机进行通信。从这个时候起，无线局域网便正式诞生了。

ALOHNET也可称为Aloha技术或Aloha协议，Aloha协议处于OSI七层模型中的数据链路层。正是在Aloha协议的基础上，衍生出了Ethernet 802.3的CSMA/CD介质访问控制技术以及WLAN 802.11的CSMA/CA介质访问控制技术。

想要在民用或商用中使用WLAN技术就必须要得到政府的政策许可。作为网络发源地的美国，为了推广WLAN技术的发展，美国联邦通信委员会（federal communications commission, FCC）开始派发牌照（即无线电频段的使用许可）。1985年FCC在工业（Industrial）、科学（scientific）和医疗（medical）行业颁发了ISM牌照，考虑到避免干扰雷达所使用的无线电频段，这一次的频段许可开放了900 MHz、2.4 GHz和5.8 GHz三个频段，在当时也仅允许节点采用扩频技术来进行通信。

1990年，IEEE 802标准化委员会成立了802.11标准工作组，标志着WLAN技术逐渐成熟。

1997年，第一个WLAN标准IEEE 802.11问世，这是802.11协议中的第一个里程碑。与此同时，除IEEE 802.11协议外，其他WLAN协议也在发展，例如源于电话网的HomeRF、源于ATM网络的HIPERLAN，也都是在ISM频段上构建一个网线网络。

随着IEEE 802.11协议的发布，前期WLAN技术的逐步成型，1998年，一家名为MobileStar的公司开始正式提供商业级别的无线局域网服务。

1999年，IEEE颁布了802.11b协议。相比于IEEE 802.11—1997，802.11b在物理上增加了HR/DSSS（high-rate sequence spread spectrum）模式，引入了CCK编码，从而可以提供5.5 Mbit/s和11 Mbit/s两种新速率。同年，WI-FI联盟（Wi-Fi Alliance）成立，最初的WI-FI联盟叫作无线以太网兼容联盟（Wireless Ethernet Compatibility Alliance，WECA），后来为了取一个让人更能记住的名字，便于2002年更名为WI-FI（wireless fidelity），意为无线保真。很多人容易将WLAN、WI-FI和IEEE 802.11的概念混淆，实际上WLAN指的是无线局域网，是一

种数据传输系统,而 IEEE 802.11 则是无线局域网中使用最为广泛的协议标准,WI-FI 又是遵从 IEEE 802.11b 标准的一种通信技术,同时也是一个商标,随着 IEEE 802.11 系列标准的出台,WI-FI 已经不仅仅代表 802.11b 这一种标准,而是代表 IEEE 802.11 整个系列的标准。

2000 年,802.11 的另一版本 802.11a 标准正式通过,802.11a 引入了新的物理技术 OFDM(orthogonal frequency division multiplexing),但由于某些原因该标准并没有获得如 802.11b 那样成功。

2003 年,制定了 IEEE 802.11 工作组 802.11g 修订案,802.11g 和 802.11a 协议整体上是一致的。鉴于 802.11a 的状况,802.11g 在设计上作了一些改进,可以简单地理解为 802.11g 将 802.11a 搬到了 2.4 GHz 的频段上,并增加了协议兼容性上的设计,而 802.11g 最高可实现 54 Mbit/s 的传输速率。由于 802.11g 的种种优势使得 802.11g 是 802.11 协议中第二个里程碑,后续很多网络设备也采用了 802.11b/g 双模式。

2004 年,出于对 WI-FI 安全的考虑,802.11i 正式颁布,同时期中国发起的 WAPI 协议(wireless LAN authentication and privacy infrastructure),也是针对安全问题作了改善。

2005 年,对 802.11MAC 改良的协议 802.11e 协议正式通关,该协议提供了很多网络性能改良的具体方法。

2009 年,这是 WI-FI 协议开始繁荣的一年,首先 802.11n 协议正式通过,成为 802.11 协议中第三个里程碑,和之前的 WI-FI 技术不同的是,802.11n 的核心技术概念是 MIMO,之前的无线通信都是单天线传输,而基于 MIMO 的设计可以实现多根天线并行传输多个不同数据,这样不仅提高了数据的传输速率,还提供了更高的系统带宽。这一年,WI-FI 芯片的生产规模已扩大至 10 亿个,到 2010 年基于 WI-FI 的无线热点达到了 100 万个。

2014 年,802.11 协议中的第四个里程碑 802.11ac 标准正式通过,其作为 802.11n 标准的延续,工作频段在 5 GHz 频段,核心技术是 MU-MIMO,理论数据吞吐量最高可达 6.933 Gbit/s。802.11ac 的发布使得 WLAN 能够在安全性方面满足企业级用户需求。

随着无线热点部署得越来越多,移动通信技术的不断发展,到如今 5G 技术的实现,带来车联网以及物联网行业的爆发,万物互联也变成了可能。信息技术的发展就像是整个工业时代转入互联网时代的缩影,每一次技术的革新都给我们的生活带来巨大的变化。

3. WLAN 产品的演进

经过多年的发展,WLAN 技术目前已经历了三代技术和产品的更迭。

第一代 WLAN 主要是采用 FAT AP(即"胖"AP),每一个接入点(access point,AP)都要单独进行配置,费时、费力且成本较高。

第二代 WLAN 融入了无线网关功能,但还是不能集中进行管理和配置。其管理能力、安全性以及对有线网络的依赖成为第一代和第二代 WLAN 产品发展的瓶颈,由于这一代技术的 AP 储存了大量的网络和安全的配置,而 AP 又是分散在建筑物中的各个位置,因此一旦 AP 的配置被盗取读出并修改,其无线网络系统就失去了安全性。在这样的背景下,基于无线网络控制器技术的第三代 WLAN 产品应运而生。

第三代 WLAN 采用接入控制器(access control,AC)和 FIT AP(即"瘦"AP)的架构,对传统 WLAN 设备的功能做了重新划分,将密集型的无线网络安全处理功能转移到集中的 WLAN 网络控制器中实现,同时加入了许多重要的新功能,诸如无线网管、AP 间自适应、射频(radio frequency,RF)监测、无缝漫游以及服务质量(quality of service,QoS)控制,使得 WLAN 的网络性能、网络管理和安全管理能力得以大幅提高。

目前 WLAN 企业网络建设除利旧外,基本不再部署传统"胖"AP 设备,而是采用"瘦 AP+AC"架构。该架构中 AC 负责网络的接入控制、转发和统计,AP 的配置监控、漫游管理,AP 的网管代理以及安全控制等功能;"瘦"AP 负责 IEEE 802.11 报文的加解密、无线物理层(PHY)射频功能、空口的统计功能等。

"胖""瘦"AP 技术是两种不同的发展方向,其中"瘦"AP 代表了 WLAN 集中式智能与控制的发展趋势。两种技术方案的区别如下:

(1)集中管理配置

"胖"AP 的管理只存在于自身,没有全局的统一管理,更没有对无线链路和无线用户的监测与管理。"瘦 AP+AC"架构的管理权全部集中在 AC 上,并通过网管平台,可以直观地对全网 AP 设备进行统一批量的发现、升级和配置,甚至包括对无线链路的监测、对无线用户的管理。

(2)安全策略控制

"胖"AP 的安全策略只有很少一部分,且只能存在于自身,而对于大规模无线网络,安全策略是要经常性批量配置和下发的,因此"胖"AP 的这种现状无法支撑全局的统一安全。"瘦 AP+AC"架构中所有用户和"瘦"AP 的安全策略都存在于 AC 上,因此安全策略的部署非常容易。

(3)信道间干扰

AC 具备动态的 RF 管理功能,即通过监测网内的每个 AP 的无线信号质量,根据设定的算法自动调整 AP 的工作信道和功率,以降低 AP 之间的干扰。(注:目前各厂商都有自己设定的信道和功率调整算法,尚无统一的算法标准。)

(4)设备自身的安全性

"胖"AP 本身拥有全部的配置,一旦被盗窃,网络入侵者很容易通过串口或网络口获取无线网络配置信息,是大规模部署无线网络的巨大隐患。"瘦 AP+AC"架构的"瘦"AP 设备本身并不保存配置,即"零配置",全部配置都保存在 AC 上。因此,即便是部署于用户现场的"瘦"AP 被盗,非法入侵者也无法获得任何配置,从而降低了网络入侵的可能。

4. WLAN 相关组织和标准

在 WLAN 的发展过程中,很多标准化组织参与制定了大量的 WLAN 协议和技术标准。下面介绍在 WLAN 发展过程中几个起到关键作用的组织与标准。

(1)IEEE

美国电气和电子工程师协会(Institute of Electrical and Electronics Engineers,IEEE)是一个国际性的电子技术与信息科学工程师的协会。IEEE 802.11 工作组制定了 WLAN 的介质访问控制协议 CSMA/CA 及其物理层技术规范。

(2)Wi-Fi 联盟

2.4 GHz 的 ISM 频段为世界上绝大多数国家通用,因此得到了最为广泛的应用。1999 年工业界成立了 Wi-Fi 联盟,致力于解决符合 802.11 标准的产品的生产和设备兼容性问题。作为 WLAN 领域内技术的引领者,Wi-Fi 联盟为全世界的 WLAN 产品提供测试认证。

(3)IETF

国际互联网工程任务组(The Internet Engineering Task Force,IETF)成立于 1985 年底,

是全球互联网最具权威的技术标准化组织之一,由为互联网技术工程及发展作出贡献的专家自发参与管理,是具有公开性质的大型民间国际团体,现今的国际互联网技术标准很大一部分就是出自 IETF。IETF 于 2005 年成立了 CAPWAP 工作组以标准化 AP 和 AC 间的隧道协议,解决隧道协议不兼容造成不同厂家的 AP 和 AC 无法进行互通的问题。RFC5415 定义的 CAPWAP 作为通用隧道协议,完成了 AP 发现 AC 等基本协议功能。RFC3748 则定义了与 WLAN 安全相关的 EAP。

(4) WAPI

无线局域网鉴别和保密基础结构(wireless LAN authentication and privacy infrastructure,WAPI)是 WLAN 的一种安全协议,同时也是中国无线局域网安全强制性标准,由中国宽带无线 IP 标准工作组负责起草,最早由西安电子科技大学综合业务网理论及关键技术国家重点实验室提出。WAPI 是当前全球无线局域网领域仅有的两个标准之一,另外一个是美国行业标准组织提出的 IEEE 802.11 系列标准。WAPI 是中国首个在计算机宽带 WLAN 通信领域自主创新并拥有知识产权的安全接入技术标准,WAPI 产业联盟(WAPIA)以 WLAN 安全技术优势为基础,实现其作为基础共性技术的推广和应用。

正是由于上述组织对相关产业的推动,以及 WLAN 标准的不断完善,才形成了现在 WLAN 技术蓬勃发展的局面。所以在享受科技创新的同时,不应忘记这些为 WLAN 技术作出贡献的标准化组织。

5. 无线网络的其他类型

目前市面上有多种不同的无线通信技术,分别以频率、频宽、范围、应用方式等要素来加以区分。这些技术可大略分成四大类,从涵盖面积最广的无线广域网(WWAN),到通信距离小于 10 米的无线个人区域网(WPAN)等多种类型。

无线个人区域网(wireless personal area network,WPAN):是相当小型的随意网络(ad hoc network),通常范围不超过 10 米。由于通信范围有限,无线个人区域网络通常用于取代实体传输线,让不同的系统能够近距离进行资料同步或连线。

无线局域网(WLAN):是在局域网范围内进行通信,目前主流的 802.11g 的通信距离最大可达 100 米范围。

无线城域网(wireless metropolitan area network,WMAN):是一种可涵盖城市或郊区等较大地理区域的无线通信网络,用来连接距离较远的地区或大范围校园。WMAN 的通信距离一般可达几千米范围。

无线广域网(wireless wide area network,WWAN):无线广域网的连线能力可涵盖相当广泛的地理区域,通信距离可达几十千米以上,但到目前为止资料传输率都偏低,只有 115 Kbit/s,和其他较为区域性的无线技术相去甚远。

9.3.2 WLAN 频段和信道

无线通信是利用电磁波而不是通过线缆进行的通信方式,这种通信方式需要借助一定的频段才能通信,正如汽车需要道路行驶一样。电磁波的频率是从 300 kHz 到 300 GHz 之间,这些频率可以用于多种不同用途和领域的无线通信。为更高效和安全地利用通信频率,将这些频率划分为不同频段,根据用途分配给不同的领域使用。

1. ISM 频段

ISM（industrial，scientific and medical）频段主要是开放给工业、科学和医疗三个主要领域使用，该频段依据美国联邦通信委员会（FCC）定义出来，属于无须牌照的频段，各频段可以使用的设备不限。只要遵循一定的发射功率（一般低于 1 W），并且不会对其他频段造成干扰即可使用。

ISM 频段的位置如图 9-1 所示。

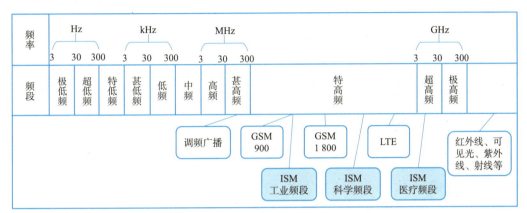

图9-1　ISM频段的位置

ISM 频段在各国的规定并不统一。

工业频段：美国频段为 902~928 MHz，欧洲 900 MHz 的频段则有部分用于 GSM 通信。工业频段的引入避免了 2.4 GHz 附近各种无线通信设备的相互干扰。

科学频段：2.4 GHz 为各国共同的 ISM 频段。因此无线局域网、蓝牙、ZigBee 等无线网络均可以工作在 2.4 GHz 频段上，2.4 GHz 频段范围为 2.4~2.483 5 GHz。

医疗频段：频段范围为 5.725~5.875 GHz，与 5.15~5.35 GHz 一起工作在 IEEE 802.11 的 5 GHz 工作频段。

2. WLAN 频段与信道

WLAN 网络可工作于 2.4 GHz 及 5 GHz 频段。其中 IEEE 802.11b/g/n 工作于 2.4 GHz 频段，该频段被划分为 14 个交叠的、错列的 22 MHz 无线载波信道，相邻信道中心频率间隔为 5 MHz（13 与 14 信道除外），IEEE 802.11b/g 工作频段划分如图 9-2 所示。IEEE 802.11a/n/ac 则工作于有更多信道的 5 GHz 频段。可用信道在不同国家的使用会根据该国法规不同而有所不同，如 2.4 GHz 频段使用如下：

在美国，FCC 仅允许信道 1~11 被使用。

在欧洲，允许信道 1~13 被使用。

在日本，允许信道 1~14 被使用（14 信道只能用于 IEEE 802.11b 标准）。

在中国大陆，允许信道 1~13 被使用。

从图 9-2 的工作信道划分中也可以看到，信道 1 在频谱上和信道 2、3、4、5 都有交叠，这就意味着，如果某处有两个无线设备在同时工作，且两个信道分别为 1~5 中的任意两个，那么这两个无线设备发出来的信号会互相干扰。

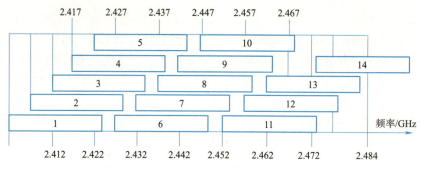

图9-2　IEEE 802.11b/g工作频段划分

为了最大限度地利用频段资源，可以使用 [1、6、11]、[2、7、12]、[3、8、13]、[4、9、14] 这 4 组互不干扰的信道来进行无线覆盖。由于只有部分国家开放了 12~14 信道频段，所以一般情况下都使用 [1、6、11] 这三个信道。

9.3.3　WLAN 的构成

1. WLAN 的组成结构

WLAN 的组成结构如图 9-3 所示，包括站点（station,STA）、无线介质（wireless medium,WM）、接入点（AP）和分配系统（distribution system,DS）。

WLAN组网方式

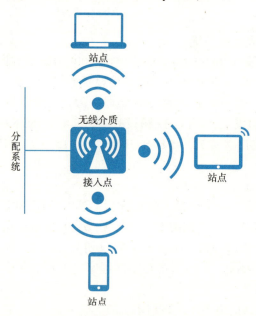

图9-3　WLAN的组成结构

（1）站点（STA）

站点通常是指 WLAN 中的终端设备，如笔记本计算机的网卡、移动电话的无线模块等。STA 可以是移动的，也可以是固定的。每个 STA 都支持鉴权、取消鉴权、加密和数据传输等功能，是 WLAN 的最基本组成单元。

STA 通常是可以移动的，常常改变自己的空间所处位置，所以一般情况下，一个 STA 不代表某个固定的空间物理位置。因此，STA 的目的地址和物理位置是两个不同的概念。

（2）无线介质（WM）

无线介质是 WLAN 中站点与站点之间、站点与接入点之间通信的传输介质。此处指的是大气，它是无线电波和红外线传播的良好介质。WLAN 的无线介质由无线局域网物理层标准定义。

（3）接入点（AP）

接入点与蜂窝结构中的基站类似，是 WLAN 的重要组成单元。AP 可看作一种特殊的站点，其基本功能如下：

- 作为接入点，完成其他非接入点的站点对分配系统的接入访问和同一基本服务集（basic service set, BSS）中的不同站点间的通信连接。
- 作为无线网络和分配系统的桥接点完成无线网络与分配系统间的桥接功能。
- 作为 BSS 的控制中心完成对其他非接入点的站点的控制和管理。

（4）分配系统（DS）

物理层覆盖范围的限制决定了站点与站点之间的直接通信距离。为扩大覆盖范围，可将多个接入点连接以实现相互通信。连接多个接入点的逻辑组件称为分配系统，也称为骨干网络，如图 9-4 所示，如果 STA1 想要向 STA3 传输数据，那么 STA1 需先将无线帧传给 AP1，AP1 连接的分配系统（DS）负责将无线帧传送给与 STA3 关联的 AP2，再由 AP2 将帧传送给 STA3。

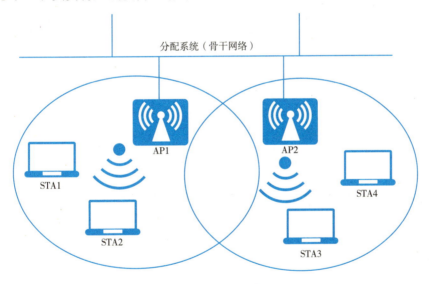

图9-4　分配系统

分配系统介质（distribution system medium, DSM）可以是有线介质，也可以是无线介质。这样，在组织 WLAN 时就有了足够的灵活性。在多数情况下，有线 DS 采用有线局域网（如 IEEE 802.3），而无线 DS 可通过接入点间的无线通信（通常为无线网桥）取代有线电缆来实现不同 BSS 的连接。

2. WLAN 网络基本拓扑

与以太网一样，WLAN 的网络拓扑也是由各种基本元素构建而成的。IEEE 802.11 协议定义了两种结构模式。一种是 Infrastructure（基础设施）模式，它由基本服务集（BSS）、扩展服务集（ESS）、服务集识别码（SSID）和分配系统（DS）构成，如图9-5所示为这种模式中最典型的几个WLAN网络基本元素。

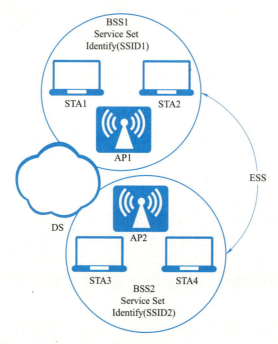

图9-5　WLAN网络基本元素

下面对图9-5中出现的各种术语进行说明。

（1）基本服务集（basic service set,BSS）

基本服务集是802.11无线局域网的基本构成单元，其中可以包含多个STA。

BSS实际覆盖的区域称为基本服务区（basic service area,BSA），在该覆盖区域内的成员站点之间可以保持相互通信。只要无线接口接收到的信号强度在接收信号强度指示（received signal strength indication,RSSI）阈值之上，就能确保站点在BSA内移动而不会失去与BSS的连接。由于周围环境经常会发生变化，因此BSA的尺寸和形状并非总是固定不变的。

每个BSS都有一个基本服务集标识（basic service set identifier,BSSID），是每个BSS的二层标识符。BSSID实际上就是AP无线射频卡的MAC地址（48位），用来标识AP所管理的BSS。BSSID位于大多数802.11无线帧的帧头，用于BSS中的802.11无线帧转发。同时，BSSID还在漫游过程中起着重要作用。

（2）服务集标识（service set identifier,SSID）

SSID是标识802.11无线网络的逻辑名，可供用户进行配置。SSID由最多32个字符组成，且区分大小写，配置在所有AP与STA的无线射频卡中。

大部分AP具备隐藏SSID的能力，隐藏后的SSID只对合法终端用户可见。802.11—2007标准并没有定义SSID隐藏，不过，许多网络管理员仍然将SSID隐藏作为一种简单的安全手段使用。

早期的802.11芯片只能够创建单一的BSS，即为用户提供一个逻辑网络。随着WLAN用户数目的增加，单一逻辑网络已无法满足不同种类用户的需求。多 SSID 技术可以将一个无线局域网分为几个子网络，每一个子网络都需要独立的身份验证，只有通过身份验证的用户才可以进入相应的子网络，以防止未被授权的用户进入本网络。

（3）扩展服务集（extended service set,ESS）

ESS 由多个 BSS 构成，BSS 之间通过 DS 连接在一起。一般而言，ESS 是若干接入点和与之建立关联的站点的集合，各接入点之间通过单一的分配系统相连。

最常见的 ESS 由多个接入点构成，接入点的覆盖小区之间部分重叠，以实现客户端的无缝漫游，如图 9-6 所示。华为建议，信号覆盖重叠区域至少应保持在 15% ~ 25%。

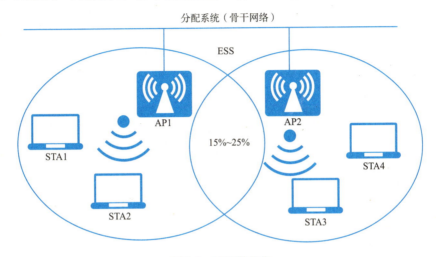

图9-6　扩展服务集

尽管无缝漫游是无线局域网设计中需要重点考虑的因素之一，然而保证不间断通信并不是 ESS 必须满足的条件。当 ESS 中接入点的覆盖小区存在不连续区域时，站点在移动过程中会暂时失去连接，并在进入下一个接入点的覆盖范围后重新建立连接。这种站点在非重叠小区之间移动的方式称为漫游。还有另一种情形是多个接入点的覆盖范围大部分重合或完全重合，其目的是增加覆盖区域的容量，但不同接入点必须配置在不同信道上。

ESS 内的每个 AP 都组成一个独立的 BSS，在大部分情况下，所有 AP 共享同一个扩展服务区标识（extended SSID，ESSID），ESSID 的本质就是 SSID。同一 ESS 中的多个 AP 可具有不同的 SSID，但如果要求 ESS 支持漫游，则 ESS 中的所有 AP 必须共享同一个逻辑名 ESSID。

另外，IEEE 802.11 协议还定义了一种 Ad hoc 模式，也称对等模式，如图 9-7 所示。Ad hoc 网络的前身是分组无线网（packet radio network）。在 Ad hoc 网络中，节点具有报文转发能力，节点间的通信可能要经过多个中间节点的转发，即经过多跳（multi-hop），这是 Ad hoc 网络与其他 WLAN 网络的最根本区别。

3. AP 技术

在 WLAN 组网架构中，通常分为胖 AP 架构和瘦 AP 架构。胖 AP 架构适应用 WLAN 覆盖范围小的网络，例如家庭网络；瘦 AP 架构则多应用于 WLAN 覆盖范围广，AP 数量比较多的场景，例如企业网。

视　频
AP技术

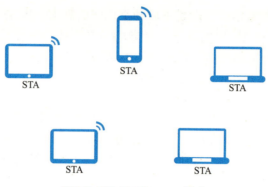

图9-7 WLAN的Ad hoc模式

（1）胖AP介绍

当传统的企业或家庭需要使用WLAN来组建网络，需要的部署AP数量很少，服务的也是少量的移动接入用户。在这种情景下使用的AP承担了所有的网络配置和转发作用，功能丰富，这种无线路由器称为胖AP，例如现在家用的无线路由器就是胖AP。胖AP将WLAN的物理层、用户数据加密、用户认证、QoS、网络管理、漫游技术以及其他应用层功能集于一身，功能全，结构复杂。如图9-8所示的家庭WLAN网络架构就是胖AP设备的典型组网。

图9-8 胖AP设备的典型组网

WLAN日新月异地发展，使WLAN网络的部署环境也越来越复杂，所需要布置的AP设备也越来越多，此时胖AP逐渐显现出如下缺点。

- 建立WLAN网络时需要对数量繁多的AP设备逐一配置：网管IP地址、SSID和加密认证方式等无线业务参数、信道和发射功率等射频参数、ACL和QoS等服务策略。由于配置的数量过于复杂，很容易因误配置而造成配置不一致，致使WLAN网络出现问题。

- 为了管理 AP，需要维护大量 AP 的地址和设备的映射关系，每新增加一批 AP 设备都需要进行地址关系维护，使得网络管理员的工作量增加。
- 接入 AP 的边缘网络需要更改 VLAN（虚拟局域网）、ACL（访问控制列表）等配置以适应无线用户的接入，为了能够支持用户的无缝漫游，需要在边缘网络上配置所有无线用户可能使用的 VLAN 和 ACL，这样不仅增加了配置量，也给边缘网络设备带来压力。
- 查看网络运行状况和用户统计时需要逐一登录到 AP 设备才能完成查看。在线更改服务策略和安全策略设定时也需要逐一登录到 AP 设备才能完成设定，这无疑又增加了网络管理员的压力。
- 升级 AP 软件无法自动完成，网络管理员需要手动逐一对设备进行软件升级，费时耗力。
- AP 设备的丢失意味着网络配置的丢失，在发现设备丢失前，网络存在入侵隐患，在发现设备丢失后又需要全网重配置。

（2）瘦 AP 介绍

针对胖 AP 在 WLAN 部署中存在的问题，出现了瘦 AP。WLAN 为了适应企业等的网络应用在部署时出现的新趋势，出现了瘦（FIT）AP+AC 的架构，瘦 AP+AC 设备的典型组网如图 9-9 所示。在这种架构中，无线接入控制器（wireless access point controller,AC）设备负责 WLAN 的接入控制、转发和统计，AP 的配置监控、漫游管理、网管代理、安全控制；而瘦 AP 负责 802.11 报文的加解密、802.11 的 PHY 功能、接收无线控制器的管理、RF 空口的统计等简单功能。

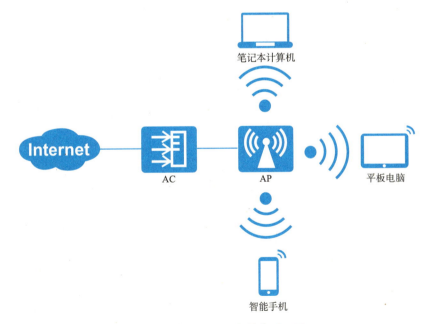

图9-9 瘦AP+AC设备的典型组网

这样的组网架构可以实现 WLAN 网络快速部署、业务的快速下发、用户的精细化管理、网络的实时监控等。不仅如此，瘦 AP 还可以通过控制器实现自动从 AC 下载合适的设备配置信息、更新设备版本，以及在配置更改时也可以通过 AC 进行自动更新，无须人工手动进行配置。更新

IP 地址时，瘦 AP 可以自动发现接入 WLAN 网络的 AC 并自动获取 IP 地址。

（3）胖 AP 与瘦 AP 的对比

胖 AP 多用于家庭和小型网络，功能比较全，一般一台设备就能实现接入、认证、路由、VPN、地址翻译，甚至防火墙功能；瘦 AP 多用于要求较高的环境，需要专用无线控制器，通过无线控制器下发配置才能用,本身不能进行相关配置,适合大规模无线部署。二者的对比见表9-1。

表 9-1　胖 AP 与瘦 AP 的对比

比较方向	功　能　点	胖 AP 架构	瘦 AP 架构
管理	AP的管理	AP独立管理	AC集中管理
	AP零配置	不支持	支持
安全	无线入侵检测系统WIDS	监控范围小，一个AP覆盖范围	监控范围大，AC管理的所有AP覆盖范围
	认证	独立认证	集中认证
	加密	不能同时支持802.11i和WAPI	同时支持802.11i和WAPI
	策略控制	独立控制，控制策略容量小	集中控制，控制策略容量大
	配置信息防盗	不防盗	防盗
WLAN组网	组网	适合大规模组网	网络管理员可以实现海量AP统一集中管理和维护
	兼容性	不存在兼容性问题	存在多厂商兼容性问题
高级功能	漫游	效果差，漫游隧道复杂	效果好，漫游隧道简单
	负载均衡	不支持	支持
	无线定位	必须借助定位服务器，效果较差	结合定位服务器后效果更好
	QoS	与有线QoS结合能力较弱	与有线QoS结合能力较强

9.3.4　WLAN 报文发送机制

IEEE 802.11 和 IEEE 802.3 协议的介质访问控制非常相似，都是在一个共享介质之上支持多个用户共享资源，由发送者在发送数据前先进行网络的可用性判断。但在无线系统中无法做到冲突检测，于是采用了冲突避免的报文发送机制，即载波侦听多点接入/避免冲撞（carrier sense multiple access with collision avoidance,CSMA/CA）。

有线网络 MAC 层标准协议为 CSMA/CD，而 WLAN 采用的则是 CSMA/CA，二者的工作原理虽然相差不多，但还是有所区别的。前者具有冲突检测功能，而后者没有冲突检测功能。当网络中存在信号冲突时，CSMA/CD 可以及时检测出来并进行退避，而 CSMA/CA 是在数据发送前，通过避让机制杜绝冲突的发生。

① 侦听线路:STA 要发送数据之前,都会侦听线路（空口）是否空闲,当检测到线路（空口）忙，则继续侦听。

② 固定帧间隔时长：当 STA 检测到线路（空口）空闲，会继续侦听直到一个帧间隔时长（DIFS），以保证基本的空闲时间。

③ 启动定时器：当 STA 检测到空闲时间达到了 DIFS 时长后，会启动一个 BACK-OFF 计数器，进行倒计时。该定时器的大小由竞争窗口（contention window,CW）决定。CW 是一个尺寸有限的随机数。

④ 发送与重传：STA 完成倒计时后就会发送报文。如果发送失败需要重传，STA 仍会重复上述过程，且 CW 的尺寸会随着重传次数递增。如果发送成功或达到重传次数上限，STA 会重置 CW，将 CW 的尺寸恢复到初始值。这种机制的目的是保证各个 STA 的转发机会平衡。

⑤ 其他终端状态：在 BACK-OFF 计数器减到零之前，如果信道上有其他 STA 在发送数据，即本端检测到线路（即空中接口，指通过无线信号连接移动终端与接入点）忙，则计数器暂停。这时如果 STA 要发送数据，仍会等待 DIFS 时长和 CW 时间，不过 CW 时间不是再随机分配，而是继续上次的计数，直至零为止。

通过 CSMA/CA 的工作过程可以看出，CSMA/CA 与 CSMA/CD 都采用载波侦听多点接入的方式，但在处理网络中的冲突时，CSMA/CD 采用冲突检测，而 CSMA/CA 采用提前避免的机制。WLAN 的 MAC 层之所以采用 CSMA/CA 为基本协议，是由于在 WLAN 中，报文发送失败并不一定是由冲突所致。任何相同频率的源都会对 WLAN 的信号产生干扰，导致报文发送失败，所以在 WLAN 中，很难判断空口当中是否有冲突。既然在 WLAN 中检测不了冲突，那么只好采用提前避免的方法。

9.4 【任务】搭建 WLAN

9.4.1 任务描述

在公司部署 WLAN 项目之前，网络管理员小明使用 eNSP 组建了 AC+FIT AP 架构的 WLAN，并在 AC 设备上完成了 WLAN 相关的配置。模拟配置和测试为后期项目的顺利实施提供了帮助和保障。

9.4.2 任务分析

为了模拟搭建 WLAN，小明利用 eNSP 搭建如图 9-10 所示的网络环境，在该网络中，利用瘦 AP+AC 搭建 WLAN。小明需要将所有的配置全部在 AC 上完成，包括在 AC 上配置 VLAN、开启 DHCP 服务、配置 IP 地址和 IP 地址池、AP 上线以及 WLAN 参数。WLAN 参数在 AC 上配置好以后下发给 AP，使得 AP 能够作为 STA 的接入点。具体转换步骤如以下任务实施。

图9-10　WLAN配置拓扑

9.4.3 任务实施

WLAN 数据的详细规划见表 9-2，配置 AP 的 IP 地址池时，地址池存储在 AC 上。

表 9-2　WLAN 数据的详细规划

配 置 项	AP 数据
管理VLAN	VLAN1
业务VLAN	VLAN101
AC管理IP地址	10.23.1.1/24
业务VLAN IP地址	10.23.101.1/24
DHCP服务器	AC1
WLAN服务	SSID：wlan-net Password：w123456 转发模式：直接转发

1. 配置 VLAN

首先划分出两个 VLAN，分别是用于传输管理数据的管理 VLAN 和用于传输业务数据的业务 VLAN。后面通过 AP 连接入网的设备都会被分配到业务 VLAN 中。

```
<AC6005>system-view
Enter system view, return user view with Ctrl+Z.
[AC6005]vlan batch 1 101      # 设置管理VLAN的ID为1，业务VLAN的ID为101
Info: This operation may take a few seconds.Please wait for a moment...done.
[AC6005]interface GigabitEthernet 0/0/1
[AC-GigabitEthernet0/0/1]port link-type trunk    #设置AC与AP连接端口的传输模式
[AC-GigabitEthernet0/0/1]port trunk allow-pass vlan 1 101
# 允许VLAN1和VLAN100的数据通过该端口
[AC-GigabitEthernet0/0/1]quit
```

2. 配置 IP 地址

给 VLAN1 配置 IP 地址为 10.23.1.1，VLAN101 配置 IP 地址为 10.23.101.1。

```
[AC6005]interface vlanif 1
[AC-Vlanif1]ip address 10.23.1.1/24
[AC-Vlanif1]quit
[AC6005]interface vlanif 101
[AC-Vlanif101]ip address 10.23.101.1/24
[AC-Vlanif101]quit
```

3. 配置 DHCP 服务器

为了能让通过 AP 连接入网的设备获取 IP 地址，需要配置 DHCP 服务器，当有设备接入 VLAN 时，能够获取 IP 地址。

```
[AC6005]dhcp en
[AC6005]ip pool vlan_1         # 设置VLAN1的IP地址池
[AC6005-ip-pool-vlan_1]network 10.23.1.0 mask 24
[AC6005-ip-pool-vlan_1]gateway-list 10.23.1.1
```

```
[AC6005-ip-pool-vlan_1]interface vlanif 1
[AC-Vlanif1]dhcp select global
[AC-Vlanif1]quit
[AC6005]ip pool vlan_101          # 设置VLAN101的IP地址池
[AC6005-ip-pool-vlan_101]network 10.23.101.0 mask 24
[AC6005-ip-pool-vlan_101]gateway-list 10.23.101.1
[AC6005-ip-pool-vlan_101]interface vlanif 101
[AC-Vlanif101]dhcp select global
[AC-Vlanif101]quit
```

4. 创建 AP 组

AC 可以控制多个 AP，所以可以创建 AP 组，将需要管理的 AP 加入组中，就可以批量管理多个 AP 了。

```
[AC6005]capwap source interface vlanif 1
[AC6005]wlan
[AC6005-wlan-view]ap-group name ap-group1
[AC6005-wlan-ap-group-ap-group1]quit
```

5. 配置 AP 上线

在 AC 中定义可以连入本工作区的 AP，使得 AP 获取 IP 地址并发现 AC，与 AC 建立连接。

```
[AC6005-wlan-view]ap-group name ap-group1
[AC6005-wlan-view]ap-id 0 ap-mac 00E0-FC5F-72C0    #MAC地址以实际AP的MAC为主
[AC6005-wlan-ap-0]ap-name area_1
[AC6005-wlan-ap-0]ap-group ap-group1
Warning: This operation may cause AP reset. If the country code changes, it will clear channel, power and antenna gain configurations of the radio, Whether to continue? [Y/N]:y
[AC6005-wlan-ap-0]display ap all     #查看AP是否上线
Total AP information:
nor : normal   [1]
--------------------------------------------------------------------------------
ID   MAC             Name     Group      IP            Type       State   STA  Uptime
0    00e0-fc5f-72c0  area_1   ap-group1  10.23.1.141   AP5030DN   nor     0    56S
[AC6005-wlan-ap-0]quit
```

6. 配置 WALN 业务参数

配置 AP 模板参数，连入的 AP 会自动获取这些配置，省去了"胖"AP 需要给 AP 单独配置的烦琐操作。

```
[AC6005-wlan-view]security-profile name wlan-net
[AC6005-wlan-sec-prof-wlan-net]security wpa-wpa2 psk pass-phrase w1234567 aes
[AC6005-wlan-sec-prof-wlan-net]quit
[AC6005-wlan-view]ssid-profile name wlan-net
[AC6005-wlan-ssid-prof-wlan-net]ssid wlan-net
```

```
[AC6005-wlan-ssid-prof-wlan-net]quit
[AC6005-wlan-view]vap-profile name wlan-net
[AC6005-wlan-vap-prof-wlan-net]forward-mode direct-forward
[AC6005-wlan-vap-prof-wlan-net]service-vlan vlan-id 101
[AC6005-wlan-vap-prof-wlan-net]security-profile wlan-net
[AC6005-wlan-vap-prof-wlan-net]ssid-profile wlan-net
[AC6005-wlan-vap-prof-wlan-net]quit
[AC6005-wlan-view]ap-group name ap-group1
[AC6005-wlan-ap-group-ap-group1]vap-profile wlan-net wlan 1 radio 0
[AC6005-wlan-ap-group-ap-group1]quit
```

如图 9-11 所示为瘦 AP+AC 搭建的 WLAN 配置完成后的状态。当 STA 与 AP 在有效距离之内时，输入正确的连接密码，即可通过 AP 获取 AC 配置的 IP 地址，接入网络。

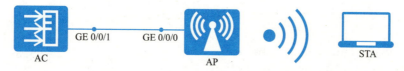

图9-11 瘦AP+AC搭建的WLAN

项目小结

•拓展阅读
你挡我信号了——有WiFi怎么不能上网

无线局域网由于其不需要有线介质，使得用户脱离了网线的束缚，所以给网络通信带来了更大的自由度，使其应用不断扩展到各个场景。

本项目介绍了无线网络通信中常用的无线局域网的概念、相关的技术、典型的拓扑结构，介绍了基本的无线局域网的搭建方法。本项目的学习对以后进一步研究无线局域网的通信协议和设备配置方法有重要的基础作用。

习　题

1. 单选题

（1）最早的无线局域网出现在（　　）。
　　A. 1956 年　　　B. 1981 年　　　C. 1990 年　　　D. 1971 年
（2）下列不属于无线通信网络的是（　　）。
　　A. WWAN　　　B. WCAN　　　C. WLAN　　　D. WPAN
（3）下列不属于无线传输技术的是（　　）。
　　A. 微波传输　　B. 红外传输　　C. 光纤传输　　D. 卫星传输

（4）下列属于"站点"的是（　　）。
　　A. 交换机　　　　B. AC　　　　　　C. 手机　　　　　D. AP
（5）WLAN 基础架构中没有的是（　　）。
　　A. 控制点　　　　B. 接入点　　　　C. 分配系统　　　D. 无线介质
（6）SSID 的作用是（　　）。
　　A. 标识 AP 设备　　　　　　　　　B. 标识 AC 设备
　　C. 标识服务集　　　　　　　　　　D. 标识网络
（7）胖 AP 的优点是（　　）。
　　A. 适合大规模组网　　　　　　　　B. 独立控制
　　C. 漫游效果好　　　　　　　　　　D. 支持负载均衡
（8）相比于胖 AP，下列不属于瘦 AP 优势的是（　　）。
　　A. AC 集中管理　　　　　　　　　 B. 集中认证
　　C. 不存在兼容性问题　　　　　　　D. 集中控制策略
（9）下列不属于 WLAN 标准组织的是（　　）。
　　A. IEEE　　　　　B. IETF　　　　　C. WAPIA　　　　D. IEEI
（10）下列网络基本元素能够串联出 ESS 的是（　　）。
　　A. BSSID　　　　B. SSID　　　　　C. BSA　　　　　D. BSS

2. 问答题

（1）胖 AP 和瘦 AP 各自的优势以及二者分别适用于什么场景？
（2）在 WLAN 的基本元素中，BSS、BSA、SSID 和 ESS 各自的含义和相互之间的联系是什么？
（3）IETF 和 WAPIA 这两个组织的作用分别是什么？
（4）无线网络一般分为哪几类？每一类网络覆盖的范围有多大？
（5）家庭 WLAN 组网和企业 WLAN 组网各自的需求有什么不同？

项目 10

IPv6 协议初探

10.1 项目背景

为贯彻落实党中央、国务院决策部署，深入推进互联网协议第六版（IPv6）规模部署和应用，腾飞网络公司计划启动整个公司 IPv6 的网络改造工作。根据公司网络环境现状，需要制定未来 3 年的整体规划方案，IPv6 网络基础设施改造是整个规划方案的第一步，包括互联网区、核心交换区、服务器区和办公区的网络设备实现 IPv4/IPv6 双栈。

10.2 学习目标

知识目标
- 了解 IPv6 的特点
- 了解 IPv6 报文结构
- 理解 IPv6 地址的表示方式、结构和分类
- 了解 IEEE EUI-64 格式转换原理
- 掌握 IPv6 地址配置方式
- 了解 ICMPv6 协议功能

能力目标
- 能够在 IPv6 网络中配置地址
- 能够在 IPv6 网络中配置静态路由

素质目标
- 具有质量意识、安全意识和全球视野

◎ 具有良好的科学文化水平
◎ 具有良好的职业道德和创新意识

10.3 相关知识

随着互联网的规模越来越大，以及5G、物联网等新兴技术的发展，IPv4面临的挑战越来越多，其中一个最大的问题就是网络地址资源有限，严重制约了互联网的应用和发展。第6版互联网协议（internet protocol version 6，IPv6）是IPv4的后续版本，它不仅解决了网络地址资源数量有限的问题，还解决了多种接入设备接入互联网的障碍，因此IPv6取代IPv4势在必行。

10.3.1 IPv6 协议

1. IPv4 的不足

每个网络设备在上网前都需要一个IP地址作为它在网络中的地址，IP地址是设备在网络世界中的唯一标识，中间设备（路由器等）会根据IP地址查询是否能到达该目标网络或者如何最好地到达目标网络。但在网络飞速发展的今天，越来越多的设备需要连接网络，如智能手表、汽车、冰箱、空调等等。这些设备在带给人们方便的同时也加剧了IP地址的消耗。

那么IPv4地址一共有多少呢？我们一起来算下。

IPv4有2^{32}=4 294 967 296个地址，约等于43亿个。

这个地址数量在网络如此普及的现在肯定是远远不够用的，之所以还能继续使用，是因为使用了地址分类及NAT等技术，延缓了网络地址的消耗，但是这些都治标不治本。基于这个问题，我们迫切需要一个新的技术将地址空间增大，并解决IPv4的诸多不足，因此IETF在20世纪90年代提出下一代互联网协议——IPv6，目前IPv6成为公认的IPv4未来的升级版本。

2. IPv6 的改进

IPv6相对于IPv4来说有以下几方面的改进。

（1）扩展的地址空间和结构化的路由层次。

地址长度由IPv4的32位扩展到128位，全局单点地址采用支持无分类域间路由的地址聚类机制，可以支持更多的地址层次和更多的节点数目，并且使自动配置地址更加简单。

（2）简化了报头格式。

IPv4报头中的一些字段被取消或是变成可选项，尽管IPv6的地址长度是IPv4的4倍，但是IPv6的基本报头只是IPv4报头长度的2倍。取消了对报头中可选项长度的严格限制，增加了灵活性。

（3）简单的管理：即插即用。

通过实现一系列自动发现和自动配置功能，简化了网络节点的管理和维护。已实现的典型技术包括最大传输单元发现（MTU discovery）、邻居发现（neighbor discovery）、路由器通告（router advertisement）、路由器请求（router solicitation）、节点自动配置（auto-configuration）等。

（4）安全性。

在制定IPv6技术规范的同时，产生了IPSec（IPSecurity），用于提供IP层的安全性。目前，IPv6实现了认证头（authentication header,AH）和封装安全载荷（encapsulated security payload,ESP）两种机制。前者实现数据的完整性及对IP包来源的认证，保证分组确实来自源地址所标记的节点；后者提供数据加密功能，实现端到端的加密。

（5）QoS 能力。

报头中的"标签"字段用于鉴别同一数据流的所有报文，因此路径上所有路由器可以鉴别一个流的所有报文，实现非默认的服务质量或实时的服务等特殊处理。

3. IPv6 协议栈

IPv4 和 IPv6 协议栈的比较如图 10-1 所示。

图10-1　IPv4和IPv6协议栈的比较

IPv6 网络层的核心协议包括以下几种。

① IPv6 取代 IPv4，支持 IPv6 的动态路由协议都属于 IPv6 协议，比如 RIPng、OSPFv3。

② Internet 控制消息协议 ICMPv6 取代 ICMP，它报告错误和其他信息以帮助诊断不成功的数据包传送。

③邻居发现（neighbor discovery,ND）协议取代 ARP，它管理相邻 IPv6 节点间的交互，包括自动配置地址和将下一跃点 IPv6 地址解析为 MAC 地址。

④ 多播侦听器发现（multicast listener discovery,MLD）协议取代 IGMP，它管理 IPv6 多播组成员身份。

10.3.2　IPv6 分组结构

1. IPv6 基本首部

IPv6报文结构

　　IPv6 数据报在基本头部（base header）的后面允许有零个或多个扩展头部（extension header），再后面是数据部分。但请注意，所有的扩展头部都不属于 IPv6 数据报的头部。如图 10-2 所示，取消了总长度字段，改用有效载荷长度字段，所有的扩展头部和数据部分合起来叫作数据报的有效载荷（payload）或净负荷。

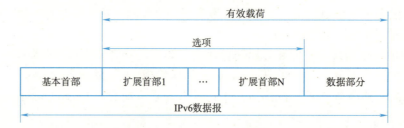

图10-2　取消了总长度字段，改用有效载荷长度字段

IPv6 中包头的总长度是 40 字节，IPv6 报文首部结构如图 10-3 所示，IPv6 中引入的变化在

其包头格式中可以明显地看出来。

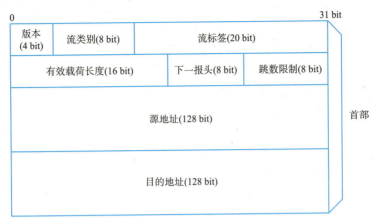

图10-3 IPv6报文头部结构

IPv6 协议为对其包头定义的字段如下：
- 版本（version）：长度为 4 bit，对于 IPv6，该字段的值必须为 6。
- 流类别（traffic class）：长度为 8 bit，等同于 IPv4 中的 TOS 字段，表示 IPv6 数据报的类或优先级，主要应用于 QoS。
- 流标签（flow label）：长度为 20 bit，用于标识属于同一业务流的包。一个节点可以同时作为多个业务流的发送源。流标签和源节点地址唯一标识了一个业务流。
- 有效载荷长度（payload length）：长度为 16 bit，指紧跟 IPv6 报头的数据报的其他部分（即扩展报头和上层协议数据单元）。该字段只能表示最大长度为 65 535 字节的有效载荷。如果有效载荷的长度超过这个值，该字段会置 0，而有效载荷的长度用逐跳选项扩展报头中的超大有效载荷选项来表示。
- 下一报头（next header）：长度为 8 bit，这个字段指出了 IPv6 头后所跟的头字段中的协议类型。与 IPv6 协议字段类似，下一报头字段可以用来指出高层是 TCP 还是 UDP，但它也可以用来指明 IPv6 扩展头的存在，如图 10-4 所示。

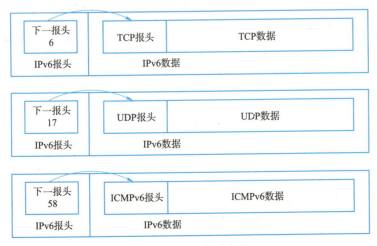

图10-4 下一报头字段

- 跳数限制（hop limit）：长度为 8 bit。该字段类似于 IPv4 中的 Time to Live 字段，它定义了 IP 数据报所能经过的最大跳数。每经过一个设备，该数值减去 1，当该字段的值为 0 时，数据报将被丢弃。
- 源地址（source address）：长度为 128 bit，指出了 IPv6 包的发送方地址。
- 目的地址（destination address）：长度为 128 bit，指出了 IPv6 包的接收方地址。这个地址可以是一个单播、组播或任意点播地址。如果使用了选路扩展头（其中定义了一个包必须经过的特殊路由），其目的地址可以是其中某一个中间节点的地址而不必是最终地址。

2. IPv6 扩展头部

IPv6 扩展头部是可选报头，一个 IPv6 数据包中可能存在零个或多个扩展头部，这些扩展头部可以具有不同的长度。IPv6 扩展头部代替了 IPv4 的选项字段。

扩展头部的作用有两个：一是标识 IPv6 包数据部分所承载的协议，这一点与 IPv4 报头的协议字段相似；二是指示扩展头部的存在，在必须的 IPv6 基本报头之后，可以有 0 个、1 个或多个扩展头部。所有扩展头部中都有的一个字段是另外的下一报头字段，表示接下来还有其他扩展头部，或者是数据（净荷）协议（如 TCP 报文段）。因此，最后的扩展头部总是指示哪种协议被封装在数据部分（净荷），这一点与 IPv4 的协议字段相似。

目前，RFC2460 中定义了 6 个扩展头部，见表 10-1。

表 10-1　RFC2460 定义的 6 个扩展头部

扩展头部类型	代表该类头部的下一报头值	描　　述
逐跳选项头部	0	该选项主要为在传送路径上的每跳转发指定发送参数，传送路径上的每台中间节点都要读取并处理该字段
路由选项头部	43	该选项和IPv4的Loose Source and Record Route选项类似，该报头能够被IPv6源节点用来强制数据包经过特定的设备
分片头部	44	同IPv4一样，IPv6报文发送也受到MTU的限制。当报文长度超过MTU时就需要将报文分段发送，而在IPv6中，分段发送使用的是分片头部
认证头部	51	该选项由IPsec使用，提供认证、数据完整性及重放保护。它还对IPv6基本报头中的一些字段进行保护
封装安全有效载荷头部	50	该选项由IPsec使用，提供认证、数据完整性及重放保护和IPv6数据报的保密
目的选项头部	60	目的选项头部携带了一些只有目的节点才会处理的信息。目前，目的选项报文头主要应用于移动IPv6

如图 10-5 所示，每一个扩展头部都由若干个字段组成，它们的长度也各不相同。但所有扩展头部的第一个字段都是 8 位的"下一个头部"字段。此字段的值指出了在该扩展头部后面的字段是什么。当使用多个扩展头部时，应按如图 10-2 所示的先后顺序出现。高层头部总是放在最后面。

项目 10　IPv6 协议初探

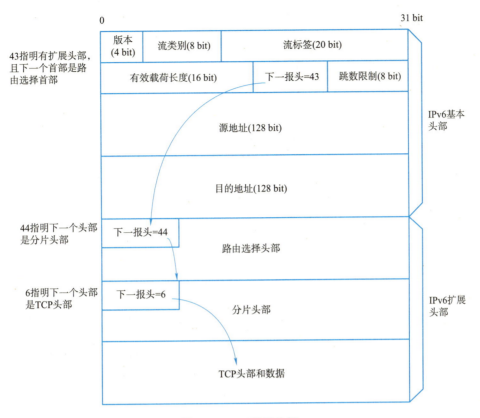

图10-5　IPv6扩展头部

10.3.3　IPv6 地址

1. IPv6 地址表达方式

（1）IPv6 地址格式

IPv6 地址总长度为 128 bit，通常分为 8 组，每组为 4 个十六进制数的形式，每组十六进制数间用冒号分隔，如图 10-6 所示。

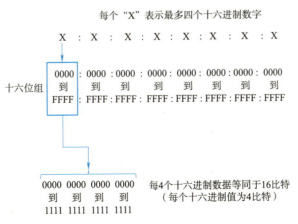

图10-6　IPv6地址格式

IPv6 地址的首选格式如下：
0000：0000：0000：0000：0000：0000：0000：0001
FF01：0000：0000：0000：0003：0000：0000：0002
2001：0000：1011：000D：00B0：0000：9000：0001
2001：0100：AAAA：0001：DCBA：0000：0000：0020

（2）IPv6 地址压缩格式

在某些 IPv6 的地址形式中，很可能包含了长串的"0"。为了书写方便，可以允许"0"压缩，即一连串的 0 用一对冒号来取代，见表 10-2。

表 10-2　IPv6 地址压缩格式

序号	地址格式	地址
1	IPv6地址	2001：0DB8：0000：0000：0000：0000：0346：8D58
	省略前导0	2001：DB8：0：0：0：0：346：8D58
	省略全0	2001：DB8：：346：8D58
2	IPv6地址	2001：0CB8：BBBB：0001：0000：0000：0000：0100
	省略前导0	2001：CB8：BBBB：1：0：0：0：100
	省略全0	2001：CB8：BBBB：1：：100
3	IPv6地址	FF01：0001：D000：0A00：0000：0000：0731：00BC
	省略前导0	FF01：1：D000：A00：0：0：731：BC
	省略全0	FF01：1：D000：A00：：731：BC

但要注意，为了避免出现地址表示得不清晰，一对冒号（::）在一个地址中只能出现一次。

2. IPv6 地址结构和生成方式

（1）IPv6 地址结构

IPv6 地址可以分为两部分：网络前缀和接口标识。网络前缀相当于 IPv4 地址中的网络 ID，接口标识相当于 IPv4 地址中的主机 ID。接口标识可通过以下三种方法生成。

① 手工配置；
② 系统通过软件自动生成；
③ 通过 IEEE EUI-64 规范自动生成。

其中，通过 EUI-64 规范自动生成最为常用。

（2）IEEE EUI-64 规范自动生成地址方式

IEEE EUI-64 规范是将接口的 MAC 地址转换为 IPv6 接口标识的过程。IEEE EUI-64 规范示意图如图 10-7 所示，MAC 地址的前 24 位（用 c 表示的部分）为公司标识，后 24 位（用 e 表示的部分）为扩展标识符。从高位数，第 7 位是 0 表示 MAC 地址本地唯一。转换的第一步是将 FFFE 插入 MAC 地址的公司标识和扩展标识符之间，第二步是从高位数，第 7 位的 0 改为 1 表示此接口标识全球唯一。

项目 10　IPv6 协议初探

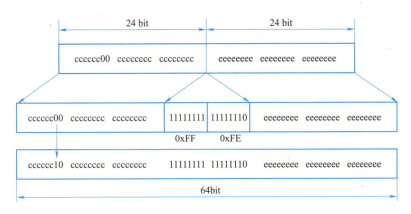

图10-7　IEEE EUI-64规范示意图

根据 IEEE EUI-64 规范，MAC 地址为 0011-2400-C4D4 的接口经转换后得到的接口标识为 0211：24FF：FE00：C4D4。具体过程如图 10-8 所示。

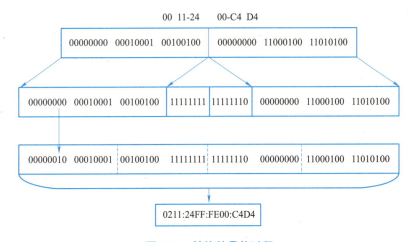

图10-8　转换的具体过程

将 48 bit 的 MAC 地址对半劈开，然后插入"FFFE"，再对从左数起的第 7 位，也就是 U/L 位取反，即可得到对应的接口 ID。

在单播 MAC 地址中，第 1 个字节的第 7 bit 是 U/L（universal/local，也称为 G/L，其中 G 表示 Global 位，用于表示 MAC 地址的唯一性）。若 U/L=0，则该 MAC 地址是全局管理地址，是由拥有 OUI 的厂商所分配的 MAC 地址；若 U/L=1，则是本地管理地址，是网络管理员基于业务目的自定义的 MAC 地址。

而在 EUI-64 的接口 ID 中，第 7 bit 的含义与 MAC 地址正好相反，0 表示本地管理，1 表示全球管理，所以使用 EUI-64 格式的接口 ID，U/L 位为 1，则地址是全球唯一的；若为 0，则为本地唯一。这就是为什么要反转该位的原因。

这种由 MAC 地址产生 IPv6 地址接口标识的方法可以减少配置的工作量，尤其是当采用无状态地址自动配置时，只需要获取一个 IPv6 前缀就可以与接口标识形成 IPv6 地址。但是使用这种方式最大的缺点是任何人都可以通过二层 MAC 地址推算出三层 IPv6 地址。

对于 IPv6 单播地址来说，若地址的前三位不是 000，则接口标识必须为 64 位；若地址的前三位是 000，则没有此限制。

这种由 MAC 地址产生 IPv6 地址接口 ID 的方法可以减少配置的工作量，尤其是当采用无状态地址自动配置时（后面会介绍），只需要获取一个 IPv6 前缀就可以与接口 ID 形成 IPv6 地址。

使用这种方式最大的缺点是某些恶意者可以通过二层 MAC 推算出三层 IPv6 地址。

3. IPv6 地址分类

IPv6 地址分为单播地址、组播地址和任播地址（anycast address）三种类型。和 IPv4 相比，取消了广播地址类型，以更丰富的组播地址代替，同时增加了任播地址类型。

（1）单播地址（unicast）

单播地址是点对点通信时使用的地址，此地址仅标识一个接口，路由器负责把对单播地址发送的数据报送到该接口上。

单播地址有全球单播地址（global unicast address）、链路本地地址（Link-local）、未指定地址（unspecified address）、环回地址（loopback address）等几种形式。

① 全球单播地址。

全球单播地址也被称为可聚合全局单播地址，是 IPv6 互联网全局范围内可路由、可达的 IPv6 地址，等同于 IPv4 的公有地址，在 IPv6 编址架构中充当了非常重要的角色。迁移到 IPv6 的一个主要动机就是 IPv4 地址的耗尽。全局单播地址的一般结构如图 10-9 所示。

图10-9　全局单播地址的一般结构

全球路由前缀（global routing prefix）：由提供商（provider）指定给一个组织机构，通常全球路由前缀至少为 48 位。目前已经分配的全球路由前缀的前三位均为 001。

- 子网 ID（subnet ID）：组织机构可以用子网 ID 来构建本地网络（site）。子网 ID 通常最多分配到第 64 位。子网 ID 和 IPv4 中的子网号作用相似。
- 接口标识（interface ID）：用来标识一个设备（host）。
- 目前 IANA 分配的全局单播地址块是从二进制数值 001（即 2000∷/3）开始的，因此全局单播地址范围为 2000∷/3~3FFF∷/3。

全局单播地址是配置在接口上的。一个接口可以配置多个全局单播地址，这些地址可以位于同一个子网或有不同的子网中。

接口并不一定要配置全局单播地址，但至少必须配置一个链路本地地址。也就是说，即使接口有全局单播地址，也必须有链路本地地址。但是，如果接口有链路本地地址，并不一定要有全局单播地址。

② 链路本地地址。

链路本地地址是仅用于单条链路的单播地址。链路本地地址是 IPv6 中的应用范围受限制的地址类型，只能在连接到同一本地链路的节点之间使用。它使用了特定的本地链路前缀 FE80∷/10（最高 10 位值为 1111111010），同时将接口标识添加到后面作为地址的低 64 比特。

链路本地地址的作用类似于 IPv4 中的私网地址，任何没有申请到提供商分配的全球单播地址的组织机构都可以使用链路本地地址。链路本地地址只能在本地网络内部被路由转发而不会在全球网络中被路由转发。

当一个节点启动 IPv6 协议栈时，节点的每个接口会自动配置一个链路本地地址（由固定的前缀+EUI-64 规则形成的接口标识），如图 10-10 所示。这种机制使得两个连接到同一链路的 IPv6 节点不需要做任何配置就可以通信。所以链路本地地址广泛应用于邻居发现、无状态地址配置等应用。

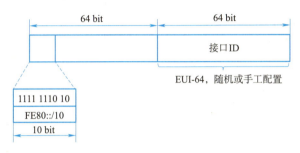

图10-10　链路本地地址结构

从链路本地地址的前缀及前缀长度可以看出，链路本地单播地址的范围是 FE80：：/10~FEBF：/10。

IPv6 链路本地地址用于以下场合。

- 路由器使用链路本地地址作为它们发送的 RA（router advertisement，路由器通告）消息的默认网关；
- 运行路由协议（如用于 IPv6 的 EIGRP 或 OSPFv3）的路由器使用链路本地地址来建立邻接关系；
- IPv6 路由表中的动态路由使用链路本地地址作为下一跳地址。

③ 唯一本地地址。

唯一本地地址也被称为本地 IPv6 地址（local IPv6 address）。这类地址应该具备全局唯一性，但不应该在全球互联网上进行路由，通常应用于范围有限的区域（如站点内部）或者在数量有限的站点之间进行路由。

唯一本地地址固定前缀为 FC00：：/7。它被分为两块，其中 FC00：：/8 暂未定义，另一块是 FD00：：/8，其结构如图 10-11 所示。

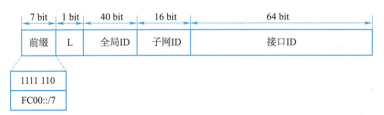

图10-11　唯一本地地址结构

- 前缀：固定为 FC00：：/7。
- L：L 标志位；值为 1 代表该地址为在本地网络范围内使用的地址；值为 0 被保留，用于以后扩展。
- 全局 ID：全球唯一前缀；通过伪随机方式产生（RFC4193）。
- 子网 ID：划分子网使用。
- 接口 ID：接口标识。

从唯一本地地址的前缀及前缀长度可以看出，链路本地地址的范围是 FC00：：/7~FDFF：：/7。

唯一本地地址的作用类似于 IPv4 中的私网地址，任何没有申请到提供商分配的全球单播地址的组织机构都可以使用唯一本地地址。唯一本地地址只能在本地网络内部被路由转发而不会在全球网络中被路由转发。

唯一本地地址具有如下特点。
- 具有全球唯一的前缀（虽然由随机方式产生，但是冲突概率很低）。
- 可以进行网络之间的私有连接，而不必担心地址冲突等问题。
- 具有知名前缀（FC00：：/7），方便边缘路由器进行路由过滤。
- 如果出现路由泄露，该地址不会和其他地址冲突，不会造成 Internet 路由冲突。
- 应用中，上层应用程序将这些地址看作全球单播地址对待。
- 独立于互联网服务提供商 ISP（internet service provider）。

④ IPv6 特殊单播地址。
- 未指定地址：0：0：0：0：0：0：0：0/128 或者：：/128。该地址作为某些报文的源地址，比如作为重复地址检测时发送的邻居请求报文（NS）的源地址，或者 DHCPv6 初始化过程中客户端所发送的请求报文的源地址。
- 环回地址：0：0：0：0：0：0：0：1/128 或者：：1/128。与 IPv4 中的 127.0.0.1 作用相同，用于本地回环，发往：：/1 的数据包实际上就是发给本地，可用于本地协议栈回环测试。
- IPv4 兼容地址：在过渡技术中，为了让 IPv4 地址显得更加突出一些，定义了内嵌 IPv4 地址的 IPv6 地址格式。在这种表示方法中，IPv6 地址的部分使用十六进制表示，IPv4 地址部分可用十进制格式。目前该地址几乎不再使用。

（2）组播地址

IPv6 的组播与 IPv4 相同，用来标识一组接口，一般这些接口属于不同的节点。一个节点可能属于 0 到多个组播组。发往组播地址的报文被组播地址标识的所有接口接收。例如，组播地址 FF02：：1 表示链路本地范围的所有节点，组播地址 FF02：：2 表示链路本地范围的所有路由器。

一个 IPv6 组播地址由前缀、标志（Flag）字段、范围（scope）字段及组播组 ID（group ID）四部分组成，如图 10-12 所示。
- 前缀：IPv6 组播地址的前缀是 FF00：：/8。
- 标志字段(flag)：长度 4 位，目前只使用了最后一个比特(前三位必须置 0)，当该位值为 0 时，表示当前的组播地址是一个永久分配地址；当该值为 1 时，表示当前的组播地址是一个临时组播地址（非永久分配地址）。
- 范围字段（scope）：长度 4 bit，用来限制组播数据流在网络中发送的范围，利用该字段，设备可以定义多播包的范围。路由器能够即刻确定在多大范围内传播多播包，因此可以避免将流量发送到目的区域之外，从而大大提高发送效率，如图 10-13 所示。

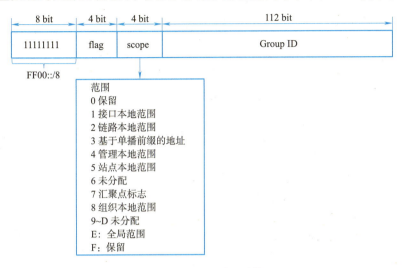

图10-12　组播地址结构

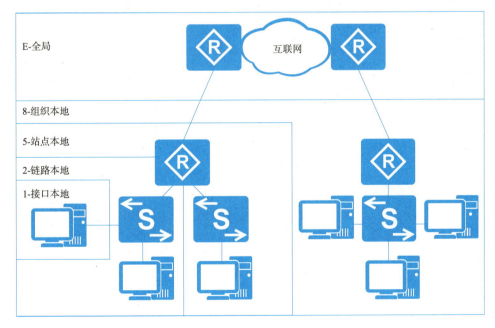

图10-13　组播范围

- 组播组 ID（group ID）：长度 112 bit，用以标识组播组。目前，RFC2373 并没有将所有的 112 位都定义成组标识，而是建议仅使用该 112 位的最低 32 位作为组播组 ID，将剩余的 80 位都置 0。这样每个组播组 ID 都映射到一个唯一的以太网组播 MAC 地址（RFC2464）。一些已分配的或周知的组播地址见表 10-3。

表 10-3　已分配的或周知的组播地址

/8 前缀	标　记	范围（0~F）	压缩格式	描　述
FF	0	1	FF01：：1	全部节点
FF	0	1	FF01：：2	全部路由器
FF	0	2	FF02：：1	全部节点
FF	0	2	FF02：：2	全部路由器
FF	0	2	FF02：：5	OSPF路由器
FF	0	2	FF02：：6	OSPF DR路由器
FF	0	2	FF02：：9	RIP路由器
FF	0	2	FF02：：1：2	全部DHCP代理
FF	0	5	FF05：：2	全部路由器
FF	0	5	FF05：：1：3	全部DHCP服务器

（3）任播地址

任播地址标识一组接口，它与多播地址的区别在于发送数据报的方法。向任播地址发送的数据报并未分发给组内的所有成员，而是发往该地址标识的"最近的"那个接口。

任播地址从单播地址空间中分配，可使用单播地址的任何格式。因而，从语法上，任播地址与单播地址没有区别。当一个单播地址被分配给多于一个接口时，就将其转化为任播地址。被分配具有任播地址的节点必须得到明确的配置，从而知道它是一个任播地址。

4. 给主机配置 IPv6 地址的方法

使用 IPv6 通信的主机，本地连接可以同时有两个 IPv6 地址，一个是本地链路地址，用于和本网段的主机通信，另一个是网络管理员规划的地址，即本地唯一或全球唯一的地址，用于跨网段通信。

使用 IPv6 通信的主机，IPv6 地址可以人工指定，称为"静态地址"，还可以自动生成 IPv6 地址，网络中的路由器告诉计算机所在的网络 ID，计算机就知道了 IPv6 地址的前 64 位（网络部分），IPv6 地址的后 64 位（主机部分）由计算机的 MAC 构造生成，这种方式生成的 IPv6 地址，称为"无状态自动配置"；另一种自动配置是由 DHCP 服务器分配 IPv6 地址，这种自动获得 IPv6 地址的方式称为"有状态自动配置"。

10.3.4　ICMPv6 协议功能

1. ICMPv6 报文

ICMPv6（internet control message protocol version 6）是 IPv6 的基础协议之一。在 IPv4 中，Internet 控制报文协议 ICMP 向源节点报告关于向目的地传输 IP 数据包过程中的错误和信息。它为诊断、信息和管理目的定义了一些消息，如目的不可达、数据包超长、超时、回应请求和回应应答等。在 IPv6 中，ICMPv6 除提供 ICMPv4 常用的功能外，还是其他一些功能的基础，如邻居发现、无状态地址配置（包括重复地址检测）、PMTU 发现等。

ICMPv6 的协议类型号（即 IPv6 报文中的 Next Header 字段的值）为 58。ICMPv6 的报文格式如图 10-14 所示。

项目 10　IPv6 协议初探

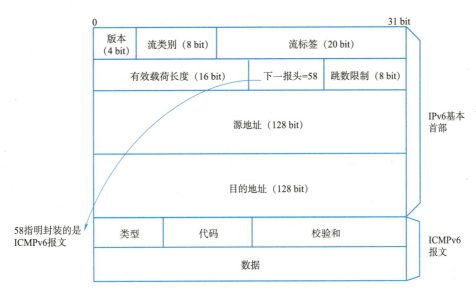

图10-14　ICMPv6的报文格式

报文中各字段解释如下：
- 类型（type）：表明消息的类型，0 至 127 表示差错报文类型，128 至 255 表示信息报文类型。
- 代码（code）：表示此消息类型细分的类型。
- 校验和（checksum）：表示 ICMPv6 报文的校验和。

ICMPv6 报文分类见表 10-4。ICMPv6 差错报文用于报告在转发 IPv6 数据包过程中出现的错误，可以分为四种。ICMPv6 信息报文提供诊断功能和附加的主机功能，比如多播侦听发现和邻居发现。常见的 ICMPv6 信息报文主要包括回送请求报文（Echo Request）和回送应答报文（Echo Reply），这两种报文也就是通常使用的 Ping 报文。

表 10-4　ICMPv6 报文分类

报文类型	类型	名称	代码
差错报文	1	目的不可达	0 无路由
			1 因管理原因禁止访问
			2 未指定
			3 地址不可达
			4 端口不可达
	2	数据包过长	0
	3	超时	0 跳数到0
			1 分片重组超时
	4	参数错误	0 错误的包头字段
			1 无法识别下一包头类型
			2 无法识别的IPv6选项

311

续表

报文类型	类　　型	名　　称	代　　码
信息报文	128	请求报文	0
	129	应答报文	0

2. 邻居发现协议（neighbor discovery protocol,NDP）

IPv6 邻居发现协议是 IPv6 中一个非常重要的协议。它实现了一系列功能，包括地址解析、路由器发现/前缀发现、地址自动配置、地址重复检测等。

在 IPv4 网络中，当一个节点想和另外一个节点通信时，它需要知道另外一个节点的链路层地址。比如，以太网共享网段上的两台主机通信时，主机需要通过 ARP 协议解析出另一台主机的 MAC 地址，从而知道如何封装报文。在 IPv6 网络中也有解析链路层地址的需要，这是由邻居发现协议来完成的。

而路由器发现/前缀发现、地址自动配置功能则是 IPv4 协议中所不具备的，是 IPv6 协议为了简化主机配置而对 IPv4 协议的改进。

路由器发现/前缀发现是指主机能够获得路由器及所在网络的前缀，以及其他配置参数。如果在共享网段上有若干台 IPv6 主机和一台 IPv6 路由器，通过路由器发现/前缀发现功能，IPv6 主机会自动发现 IPv6 路由器上所配置的前缀及链路 MTU 等信息。地址自动配置功能是指主机根据路由器发现/前缀发现所获取的信息，自动配置 IPv6 地址。在主机发现了路由器上所配置的前缀及链路 MTU 等信息后，主机会用这些信息来自动生成 IPv6 地址，然后用此地址来与其他主机进行通信。

IPv6 中的地址自动配置具有与 IPv4 中的 DHCP 类似的功能。所以在 IPv6 中，DHCP 已不再是实现地址自动配置所必不可少的了。

邻居发现协议能够通过地址解析功能来获取同一链路上邻居节点的链路层地址。所谓"同一链路"是指节点之间处于同一链路层上，中间没有网络层设备隔离。通过以太网介质相连的两台主机和通过运行 PPP 的串口链路连接的两台路由器，都是属于同一链路上的邻居节点。

（1）地址解析

地址解析过程中使用了两种 ICMPv6 报文：邻居请求（neighbor solicitation,NS）和邻居通告（neighbor advertisement,NA），如图 10-15 所示。

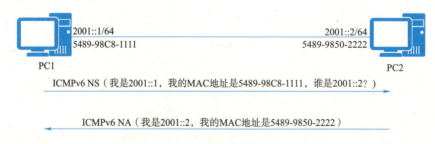

图10-15　地址解析过程

① PC1 想要与 PC2 通信，但不知道 PC2 的链路层地址，则会以组播方式发送邻居请求消息。邻居请求消息的目的地址是 PC2 的被请求节点组播地址。这样这个邻居请求消息就能够只

被 PC2 所接收，其他主机会忽略这个消息。消息内容中则包含了 PC1 的链路层地址。

② PC2 收到邻居请求消息后，则会以单播方式返回邻居通告消息。以单播方式返回的目的是减少网络中的组播流量，节省带宽。邻居通告消息中包含了自己的链路层地址。

PC1 从收到的邻居通告消息中可获取 PC2 的链路层地址。之后 PC1 用 PC2 的链路层地址来进行数据报文封装，双方即可通信。

（2）地址自动配置

IPv6 地址自动配置包括了路由器发现/前缀发现和地址自动配置。路由器发现/前缀发现是指主机从收到的路由器请求消息中获取邻居路由器及所在网络的前缀，以及其他配置参数。地址自动配置是指主机根据路由器发现/前缀发现所获取的信息，自动配置 IPv6 地址。

IPv6 地址无状态自动配置通过路由器请求消息（router solicitation,RS）和路由器通告消息（router advertisement,RA）来实现，过程如图 10-16 所示。

图10-16　IPv6地址无状态自动配置过程

① 主机启动时，通过路由器请求消息向路由器发出请求，请求前缀和其他配置信息，以便用于主机的配置。路由器请求消息的目的地址是 FF02::2（链路本地范围所有路由器组播地址），这样所有路由器就会收到这个消息。

② 路由器收到路由器请求消息后，会返回路由器通告消息，其中包括前缀和其他配置参数信息（路由器也会周期性地发布路由器通告消息）。路由器通告消息的目的地址是 FF02::1（链路本地范围所有节点组播地址），以便所有节点都能收到这个消息。

主机利用路由器返回的路由器通告消息中的地址前缀及其他配置参数，自动配置接口的 IPv6 地址及其他信息，从而生成全球单播地址。

如图 10-16 所示，主机在启动时发送路由器请求消息，路由器收到后，会把接口前缀 2001::/64 信息通过路由器通告消息通告给主机，然后主机以此前缀再加上 EUI-64 格式的接口标识符，生成一个全球单播地址。

10.4　【任务1】配置 IPv6 地址

10.4.1　任务描述

改造 IPv6 网络部署的第一步就是重新设置终端设备的 IP 地址，即将原有的 IPv4 地址换成 IPv6 地址。网络管理员不仅需要合理规划公司各部门 IPv6 地址和子网网段，还要在路由器接口上合理配置网关的 IPv6 地址。

10.4.2 任务分析

本任务需要两台 Windows 10 虚拟机和一台路由器。路由器同两台主机相连，其中一台主机设置静态 IPv6 地址，另一台主机采用无状态自动配置 IPv6 地址。在无状态地址自动配置中，主机会问路由器，我应该在哪个网段呢？路由器则告诉主机所在的网段（也就是全局路由前缀），主机再结合接口的标识符生成一个全球单播地址。接口标识符使用网卡 MAC 地址生成。

使用 eNSP 和虚拟机搭建网络环境，IPv6 地址配置如图 10-17 所示。

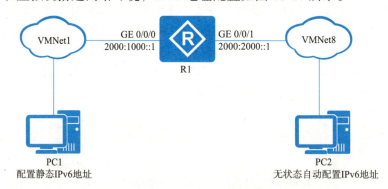

图 10-17　IPv6 地址配置示例图

10.4.3 任务实施

1. 为路由器配置 IPv6 地址

在 R1 上启用 IPv6 路由功能，并给接口配置 IPv6 地址，配置命令如下：

```
<Huawei>system-view
[Huawei]sysname R1
[R1]ipv6
[R1]interface GigabitEthernet 0/0/0
[R1-GigabitEthernet0/0/0]ipv6 enable
[R1-GigabitEthernet0/0/0]ipv6 address 2000: 1000:: 1/46
[R1-GigabitEthernet0/0/0]quit
[R1]interface GigabitEthernet 0/0/1
[R1-GigabitEthernet0/0/1]ipv6 enable
[R1-GigabitEthernet0/0/1]ipv6 address 2000: 2000:: 1/64
[R1-GigabitEthernet0/0/1]undo ipv6 nd ra halt
```
#打开RA报文发送开关，PC2在接收到R1发送的RA报文后可根据RA报文中携带的路由前缀等信息进行地址自动配置。

配置完成后，使用 display ipv6 interface brief 命令可以查看路由器接口 IPv6 地址信息，查看结果如下：

```
[R1]display ipv6 interface brief
*down: administratively down
(l): loopback
(s): spoofing
Interface                Physical              Protocol
```

```
GigabitEthernet0/0/0                up                    up
[IPv6 Address] 2000: 1000:: 1
GigabitEthernet0/0/1                up                    up
[IPv6 Address] 2000: 2000:: 1
```

2. 为虚拟机 PC1 设置静态 IPv6 地址

如图 10-18（a）~图 10-18（b）所示，在"Internet 协议版本 6（TCP/IPv6）属性"对话框中选中"使用以下 IPv6 地址"，指定 IPv6 地址和子网前缀长度，单击"确定"按钮。

（a）

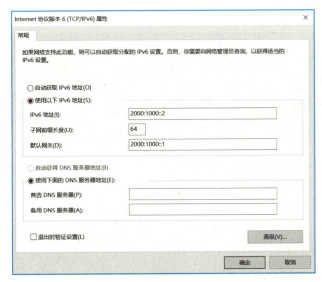

（b）

图10-18 设置IPv6和指定IPv6静态地址

3. 将虚拟机 PC2 的 IPv6 地址设置成"自动获取 IPv6 地址"

如图 10-19 所示，在"Internet 协议版本 6 属性"对话框选中"自动获取 IPv6 地址"，并单击"确定"按钮。

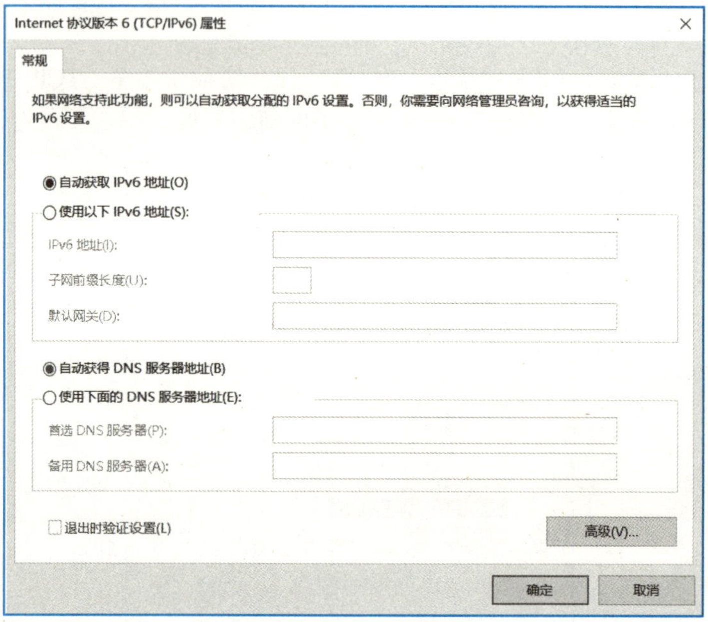

图10-19 自动获取IPv6地址

在 PC2 上打开命令提示符，输入 ipconfig /all 命令，可以看到自动配置已启用，生成的 IPv6 地址为 2012：1000：：/64 网段的地址，这是路由器响应的路由前缀公告消息告知的路由前缀，查看无状态自动配置的地址如图 10-20 所示。如果没有生效，可通过禁用、启用网卡重试。

图10-20 查看无状态自动配置的地址

4. 连通性测试

在 PC1 上 ping PC2 的 IPv6 地址，结果如下：

```
C:\Users\Administrator>ping 2000: 2000:: 7674: eeb8: a459: 64d

正在 Ping 2000: 2000:: 7674: eeb8: a459: 64d 具有 32 字节的数据:
来自 2000: 2000:: 7674: eeb8: a459: 64d 的回复: 时间<1ms
来自 2000: 2000:: 7674: eeb8: a459: 64d 的回复: 时间<1ms
来自 2000: 2000:: 7674: eeb8: a459: 64d 的回复: 时间<1ms
来自 2000: 2000:: 7674: eeb8: a459: 64d 的回复: 时间<1ms

2000: 2000:: 7674: eeb8: a459: 64d 的 Ping 统计信息:
    数据包: 已发送 = 4, 已接收 = 4, 丢失 = 0 (0% 丢失),
往返行程的估计时间(以毫秒为单位):
    最短 = 0ms, 最长 = 0ms, 平均 = 0ms
```

10.5 【任务 2】配置 IPv6 静态路由

10.5.1 任务描述

小林是公司网络运维部新来的实习生，为了能够参与公司的 IPv6 网络改造项目，他针对 IPv6 网络互联这一部分项目任务进行了学习研究，得知公司的方案是采用 IPv6 静态路由实现总部和分公司的网络互联，于是小林使用 eNSP 模拟了项目配置。

10.5.2 任务分析

小林使用 eNSP 搭建了如图 10-21 所示的网络环境，这是一个由两台路由器、两台 PC 所组成的简单 IPv6 网络，R1 与 R2 各自连接着一台主机，现在要通过配置基本的 IPv6 静态路由实现主机 PC1 与 PC2 之间的正常通信。具体转换步骤如以下任务实施。

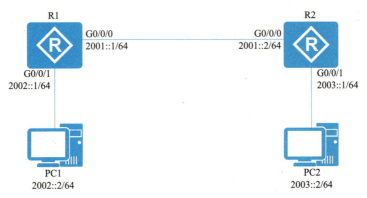

图10-21　IPv6静态路由配置示例图

10.5.3 任务实施

1. 基本配置

分别在路由器 R1、R2 的接口上启用 IPv6 功能，并配置 IPv6 地址，配置命令如下：

```
<Huawei>system-view
[Huawei]sysname R1
[R1]ipv6
[R1]interface GigabitEthernet 0/0/0
[R1-GigabitEthernet0/0/0]ipv6 enable
[R1-GigabitEthernet0/0/0]ipv6 address 2001:: 1/46
[R1-GigabitEthernet0/0/0]quit
[R1]interface GigabitEthernet 0/0/1
[R1-GigabitEthernet0/0/1]ipv6 enable
[R1-GigabitEthernet0/0/1]ipv6 address 2002:: 1/64

<Huawei>system-view
[Huawei]sysname R2
[R2]ipv6
[R2]interface GigabitEthernet 0/0/0
[R2-GigabitEthernet0/0/0]ipv6 enable
[R2-GigabitEthernet0/0/0]ipv6 address 2001:: 2/46
[R2-GigabitEthernet0/0/0]quit
[R2]interface GigabitEthernet 0/0/1
[R2-GigabitEthernet0/0/1]ipv6 enable
[R2-GigabitEthernet0/0/1]ipv6 address 2003:: 1/64
```

分别为主机 PC1 和 PC2 配置静态 IPv6 地址，PC1 的 IPv6 地址配置如图 10-22 所示，PC2 的配置请参考 PC1。

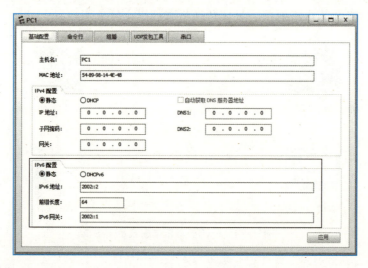

图10-22　为PC1设置IPv6地址

2. 配置静态 IPv6 静态路由

在路由器 R1 上配置去往 2003∷/64 的静态路由，下一跳指向 2001∷2；在路由器 R2 上配置去往 2002∷/64 的静态路由，下一跳指向 2001∷1。配置命令如下：

```
[R1]ipv6 route-static 2003:: 64 2001:: 2
[R2]ipv6 route-static 2002:: 64 2001:: 1
```

配置完成后，可以使用 display ipv6 routing-table 命令查看 IPv6 路由表。

3. 测试网络的连通性

在 PC1 上使用 ping 命令测试同 PC2 之间的连通性，结果如下：

```
PC>ping 2003:: 2

Ping 2003:: 2: 32 data bytes, Press Ctrl_C to break
From 2003:: 2: bytes=32 seq=1 hop limit=253 time=15 ms
From 2003:: 2: bytes=32 seq=2 hop limit=253 time=16 ms
From 2003:: 2: bytes=32 seq=3 hop limit=253 time=16 ms
From 2003:: 2: bytes=32 seq=4 hop limit=253 time=15 ms
From 2003:: 2: bytes=32 seq=5 hop limit=253 time=16 ms

--- 2003:: 2 ping statistics ---
  5 packet(s) transmitted
  5 packet(s) received
  0.00% packet loss
  round-trip min/avg/max = 15/15/16 ms
```

项目小结

本项目讲述了 IPv6 协议的基本概述、IPv6 数据包封装、IPv6 地址的表达方式等，并对网络设备配置 IPv6 地址进行了详细介绍。主要内容包括以下几个方面。

- 在 IPv4 中规定 IP 地址长度为 32 位二进制数，约等于 2^{32} 个网络地址。而 IPv6 具有更大的地址空间，长度为 128 位二进制数，约等于 2^{128} 个网络地址。
- IPv6 的地址长度为 128 位（比特），默认后 64 位（比特）为接口 ID，即主机标识。主机标识默认是由 48 位 MAC 地址加上 IEEE 分配的 ID，依照 EUI-64 转换算法，进行转换得来的。
- ICMPv6 是 IPv6 的基础协议之一，用于向源节点传递报文转发的信息或者错误。同时还具有如邻居发现、无状态地址配置、重复地址检测、PMTU 发现等功能。
- 邻居发现协议（NDP）是 IPv6 协议体系中一个重要的基础协议。邻居发现协议替代了 IPv4 的 ARP 和 ICMP 路由器发现，它定义了使用 ICMPv6 报文实现地址解析、跟踪邻居状态、重复地址检测、路由器发现及重定向等功能。

拓展阅读

IPv6与IPv6+

习 题

1. 单选题

（1）下列不是造成 IPv4 危机的原因的是（　　）。
  A. IPv4 地址长度太短　　　　　　B. IPv4 地址结构设计不合理
  C. IPv4 地址分配不合理　　　　　　D. 网络地址转换

（2）IPv6 地址的长度是（　　）。
  A. 32 bit　　　　B. 64 bit　　　　C. 96 bit　　　　D. 128 bit

（3）在 IPv6 中，有一种特殊的组播地址，叫被请求节点（Solicited-node）组播地址，它的作用范围是（　　）。
  A. 链路本地　　　　　　　　　　　B. 站点本地
  C. ISP 内部　　　　　　　　　　　D. 任何范围

（4）IPv6 链路本地地址的前缀是（　　）。
  A. 2001∷1　　　　　　　　　　　B. 2002∷2
  C. FE80∷/10　　　　　　　　　　　D. FEC0∷/10

（5）在 IPv6 中，回环地址是（　　）。
  A. ∷
  B. ∷127.0.0.1
  C. FFFF∶FFFF∶FFFF∶FFFF∶FFFF∶FFFF∶FFFF∶FFFF
  D. ∷1

（6）IPv6 地址结构是由网络前缀和结构标识两部分所组成的，其中接口标识生成的方式有多种，下列不属于该方式的是（　　）。
  A. 手工配置　　　　　　　　　　　B. 软件通过系统自动生成
  C. IEEE EUI-64 规范生成　　　　　　D. 通过协议主动获取

（7）下面 IPv6 地址获取过程正确的是（　　）。
  A. 无状态环境通过 RA 获取 Global 地址
  B. 无状态环境通过 DHCPv6 获取 Global 地址
  C. 有状态环境通过 DHCPv6 获取 NDS 地址
  D. 无状态环境通过 DHCPv6 获取 NDS 地址

（8）链路本地地址的固定前缀是（　　）。
  A. FE80∷/7　　　　　　　　　　　B. FE80∷/10
  C. FC00∷/7　　　　　　　　　　　D. FC00∷/10

（9）下列 IPv6 地址错误的是（　　）。
  A. ∷FFFF　　　　　　　　　　　　B. ∷1
  C. ∷1∶FFFF　　　　　　　　　　　D. ∷1∷FFFF

（10）关于IPv6报文分片处理，下列说法正确的是（　　）。
　　A. 报文分片仅由发出报文的源主机处理
　　B. 报文分片仅由发出报文的源路由器处理
　　C. IPv6中报文分片处理与IPv4处理过程是一样的
　　D. 报文分片并没有使用ICMPv6协议

2. 问答题

（1）IPv6地址共分几类？
（2）IPv6的优点是什么？
（3）简述IPv6主机无状态地址配置的过程。
（4）IPv6邻居发现协议有哪些功能？
（5）你认为IPv6对于中国未来的发展有哪些意义？

附录 A

本书使用的图标

本书中所使用的图标示例如下所示：

 通用交换机
 接入交换机
 汇聚交换机
 核心交换机

 路由器
 防火墙
 无线AP
 AC

 Wi-Fi信号
 基站
 IP
 因特网

 广域网
 局域网
 网络云
 IP电话

 PC
 笔记本电脑
 平板电脑
 智能手机

 服务器
 Radius服务器
 AD服务器
 DHCP服务器

附录 A　本书使用的图标

 邮件服务器
 Web服务器
 FTP服务器
 认证服务器

 管理员
 云平台管理员
 租户管理员
 个人网络用户

 企业网络用户
 商业中心
 企业
 酒店

 住宅
 小区
 IDS/IPS
 出差

 Queue+Packet
 报文
 队列
 隧道

附录 B 习题参考答案

项目 1 认识计算机网络

1. 单选题

（1）~（5）ADCBB

2. 问答题

（1）通常将分散在不同地点的多台计算机、终端和外部设备用通信线路互联起来，彼此间能够互相通信，并且实现资源共享（包括软件、硬件、数据等）的整个系统叫作计算机网络。

计算机网络的功能有如下几个方面：

① 资源共享：资源分为软件资源和硬件资源。软件资源包括形式多种多样的数据，如数字信息、消息、声音、图像等；硬件资源包括各种设备，如打印机、移动手机、智能家电等。网络的出现使资源共享变得简单，交流的双方可以跨越时空的障碍，随时随地传递信息、共享资源。

② 分布式处理（distributed processing）与负载均衡（load balancing）：通过计算机网络，海量的处理任务可以分配到分散在全球各地的计算机上。例如，一个大型因特网内容提供商 ICP（internet content provider）的网络访问量相当大，为了支持更多的用户访问其网站，在全世界多个地方部署了相同内容的万维网（world wide web，WWW）服务器；通过一定技术使不同地域的用户看到放置在离他最近的服务器上的相同页面，这样可以实现各服务器的负荷均衡，并使得通信距离缩短。

③ 综合信息服务：网络发展的趋势是应用日益多元化，即在一套系统上提供集成的信息服务，如图像、语音、数据等。在多元化发展的趋势下，新形式的网络应用不断涌现，如电子邮件（E-mail）、IP 电话、视频点播（video on demand，VOD）、网上交易（e-marketing）、视频会议（video conferencing）等。

（2）"分层"可将庞大而复杂的问题，转化为若干较小的局部问题，而这些较小的局部问题就比较易于研究和处理。这些较小的局部有机结合在一起共同工作，就形成了计算机网络体系结构。收发快递时包裹一级级打包，发到接收方时一级级拆包。

（3）接口层、网络层、传输层、应用层。

（4）OSI 参考模型有七层，TCP/IP 模型有四层；OSI 参考模型的物理层和数据链路层在 TCP/IP 模型中被合并为接口层；OSI 参考模型中的会话层和表示层在 TCP/IP 模型中被去掉了；OSI 参考模型是一个理论模型，而 TCP/IP 模型是事实上的工业标准。

（5）路由器在接收数据之后，会首先查看最外层封装的以太网头部信息。当发现这里的目的硬件地址是自己时，路由器就会将以太网头部解封装，查看数据的逻辑地址。在根据数据的逻辑地址做出转发决策后，路由器会使用下一跳设备的硬件地址作为以太网头部的目的硬件地址，重新封装以太网头部并将数据转发给交换机。

项目 2　常用网络设备与基本配置

单选题

（1）~（5）DBCDB　　　　（6）~（10）BDADC

项目 3　网络接入层与局域网搭建

1. 单选题

（1）~（5）DCADA　　　　（6）~（10）CDBBC　　　　（11）~（15）BBAAD

2. 问答题

（1）物理层的接口有四个方面的特性，这四个特性及其包含的内容如下：

可以将物理层的主要任务分析为确定与传输媒体的接口有关的一些特性，即：

机械特性：指明接口所用接线器的形状和尺寸、引脚数目和排列、固定和锁定装置等。平时常见的各种规格的接插件都有严格的标准化的规定。

电气特性：指明在接口电缆的各条线上出现的电压的范围。

功能特性：指明某条线上出现的某一电平的电压的意义。

过程特性：指明对于不同功能的各种可能事件的出现顺序。

（2）网络适配器工作在 OSI 参考模型的数据链路层。

适配器和局域网之间的通信是通过电缆或双绞线以串行传输方式进行的，而适配器和计算机之间的通信则是通过计算机主板上的 I/O 总线以并行传输方式进行的。因此，适配器的一个重要功能就是要进行数据串行传输和并行传输的转换。适配器还要能够实现以太网协议。

（3）PPP 具有如下特点：

PPP 是面向字符的，在点到点串行链路上使用字符填充技术，既支持同步链路又支持异步链路。

PPP 通过 LCP 部件能够有效控制数据链路的建立。

PPP 支持认证协议族 PAP 和 CHAP，更好地保证了网络的安全性。

PPP 支持各种 NCP，可以同时支持多种网络层协议。

（4）PAP 通过两次握手的方式来完成认证，而 CHAP 通过三次握手验证远端设备。

PAP 认证由被认证方首先发起验证请求，而 CHAP 认证由主认证方首先发起认证请求。

PAP 密码以明文方式在链路上发送，并且当 PPP 链路建立后，被认证方会不停地在链路上反复发送用户名和密码,直到身份验证过程结束,所以不能防止攻击。CHAP 只会在网络上传输主机名,并不传输用户密码,因此它的安全性要比 PAP 高。

PAP 和 CHAP 都支持双向身份验证,即参与验证的一方可以同时是主认证方和被认证方。

(5) 10BASE-T 中的"10"代表传输速率是 10 Mbit/s、"BASE"代表基带传输、"T"代表所采用的介质是双绞线。

(6) 冲突域是冲突在其中发生并传播的区域;共享介质上竞争同一带宽的所有节点属于同一个冲突域,冲突会在共享介质上发生。

当一个冲突域中的设备数量增加到一定程度时,将导致冲突不断,使网络的吞吐量受到严重影响,数据可能频繁地由于冲突而被拒绝发送,因此需要分隔冲突域。

(7) 广播域是指广播帧能够到达的范围。在一个广播域中,一台主机发送广播,其他所有的设备与终端主机都能够收到。

(8) 交换机在刚启动时,MAC 地址表项为空,这个时候,交换机的某个端口收到数据帧时,它会把数据帧从接收端口之外的所有端口发送出去(泛洪),确保网络中其他终端主机可以收到此数据帧。此时,交换机通过记录端口接收数据帧的源 MAC 地址和端口对应关系进行 MAC 地址表的学习,并把 MAC 地址表存放在 CAM 表中。

(9) display mac-address 0010-2030-4f5d

(10) 交换机收到单播数据帧后,会查找 MAC 地址表,如果目的 MAC 地址在交换机 MAC 地址表中有相应表项,则从帧目的 MAC 地址相对应的端口转发出去;如果在 MAC 地址表中查不到对应的表项,则从接收端口之外的所有端口泛洪。

项目 4 IP 地址规划与子网划分

1. 单选题

(1) ~ (5) DCBAC   (6) ~ (10) CBDCA   (11) ~ (15) DDDCD

2. 问答题

(1) IP 地址分为 A、B、C、D、E 五类。A 类地址的网络号占 1 字节,类别位规定为 0;B 类地址的网络号占 2 字节,类别位规定为 10;C 类地址的网络号占 3 字节,类别位规定为 110;D 类地址用于多播,类别位规定为 1110;E 类地址用于保留为未来使用,类别位规定为 11110。每一个 IP 地址都由网络号和主机号两部分组成。

(2) A 类、C 类、B 类、D 类

(3) D 类、C 类、A 类、E 类

(4) 24.177.78.33~24.177.78.62

135.159.192.1~135.159.223.254

207.87.193.1~207.87.193.2

(5) 从层次的角度看,物理地址是数据链路层和物理层使用的地址,而 IP 地址是网络层和以上各层使用的地址,是一种逻辑地址。IP 地址放在 IP 数据报的头部,而硬件地址则放在 MAC 帧的头部。在网络层和网络层以上使用的是 IP 地址,而数据链路层及以下使用的是硬件地址。

(6) 网络掩码:255.255.255.224   网络前缀长度:27   网络后缀长度:5

(7) 可用地址数为 30 首地址为 167.199.170.65 末地址为 167.199.170.94

（8）有重叠。因为 202.128.0.0/11 的前缀为 11001010 100，202.130.28.0/22 的前缀为 11001010 10000010 000111，对比发现前 11 位是一致的，所以 202.128.0.0/11 地址块包含 202.130.28.0/22 这一地址块。

（9）
网络号	子网掩码	主机数	广播地址
202.16.100.0	255.255.255.192	62	202.16.100.63
202.16.100.64	255.255.255.192	62	202.16.100.127
202.16.100.128	255.255.255.192	62	202.16.100.191
202.16.100.192	255.255.255.192	62	202.16.100.255

（10）
网络号	子网掩码	主机数	广播地址
202.16.100.0	255.255.255.128	126	202.16.100.127
202.16.100.128	255.255.255.192	62	202.16.100.191
202.16.100.192	255.255.255.224	30	202.16.100.223
202.16.100.224	255.255.255.224	30	202.16.100.255

项目 5　网络层协议与网络互联

1. 单选题
（1）～（5）BCCAB　　（6）～（10）ACADC

2. 问答题
（1）IP 数据包头部包括版本号、IP 包头长度、服务类型、IP 包总长度、标识、标志、段偏移、生存时间、协议、源目的 IP 地址等。
与分段重组有关的字段为：标识、标志、段偏移。
（2）5 次
（3）① 自动生成的直连路由；② 手动配置的静态路由；③ 通过动态路由协议学习到的路由。
（4）每条路由表项中均包含目标地址、出接口、下一跳地址、度量值等。
（5）实施静态路由选择的过程有如下三个步骤：
① 为网络中的每个数据链路确定子网或网络地址。
② 为每台路由器标识所有非直连的数据链路。
③ 每台路由器写出关于每个非直连数据链路的路由语句。

项目 6　传输层协议与应用

1. 单选题
（1）～（5）BCACB　　（6）～（10）BCCDA　　（11）～（15）BCADA

2. 问答题
（1）传输层处于面两通信部分的最高层，同时也是用户功能中的最底层，它的作用是向上面的应用层提供服务。
传输层为应用进程之间提供端到端的逻辑通信，而网络层为主机之间提供逻辑通信。
各种应用进程之间通信需要可靠或尽力而为两种服务质量，必定由传输层以复用和分用的形式加载到网络层。
（2）端口的作用是对 TCP/IP 体系的应用进程进行统一的标志，使运行不同操作系统的计算机的应用进程能够互相通信。

熟知端口指派给了 TCP/IP 最为重要的一些应用程序。

登记端口是为了没有熟知端口的应用程序使用的。

短暂端口是留给客户进程选择暂时使用的。

这样既保证了通信的准确、高效，又避免，冲突。

（3）TCP 头部包括源目的端口、序号、确认号、头部长度、标志位、窗口大小、校验和字段等，UDP 头部仅包括源目的端口、长度和校验和字段。

相对于 TCP，UDP 不提供可靠传输的服务，因此其头部只需要在网络层的基础上添加区分端口的字段，其头部比较简单。

（4）TCP 通过三次握手建立连接，三次握手过程如下：

第一次握手是指在建立 TCP 连接时，客户端向服务端发出连接的请求（SYN=1，Seq），并且确认自己的信息是否可以传达到服务端。在服务端收到来自客户端的连接请求后，开始第二次握手，即服务端向客户端回应客户端请求（SYN+ACK）。在客户端接收到服务器的回应包后，再给服务端进行回应，此时为第三次握手。

建立一个连接需要三次握手，而终止一个连接要经过四次握手，四次握手过程如下：

假设客户端的数据已经传递结束，会给服务端发送请求（FIN），告知服务端客户端的信息传递已经结束，这是第一次握手。在服务端接收到客户端的请求结束报文以后，开始第二次握手，继续对客户端的数据传递（ACK）。当服务端把所需要发送的数据全部传递完毕以后，服务端给客户端发出应答的结束报文（FIN），告知服务端断开连接的信息，这是第三次握手。第四次握手指客户端在收到服务端的报文以后，又向服务端发出报文（ACK）告知服务端。同时给自己设定一个定时器，因为不清楚该数据是否可以到达服务端，因此该定时器设定为两个通信所需要的最大时间，当超出该时间时，客户端默认服务端收到该消息并且关闭自身连接。而在服务端收到该报文时，便会立即关闭服务端的连接。

（5）TCP 是面向字节流的，序列号是要发送的 TCP 报文段中数据的第一个字节的序号。

确认号是期望收到的对方下一个报文段序号，即下一个报文段第一个数据字节的序号。

（6）拥塞窗口是由发送方所设置的变量，用来表示网络的处理能力。

发送窗口的大小由通告窗口和拥塞窗口共同控制，其值取两者中较小的一个。

（7）当主机 B 向主机 A 发送回信时，其 TCP 报文段头部中的源端口是 Y，目的端口是 X。

（8）流量控制解决的是发送方和接收方速率不匹配的问题；拥塞控制解决的是避免网络资源被耗尽的问题。流量控制是通过滑动窗口来实现的；拥塞控制是通过拥塞窗口来实现的。

发送窗口的大小取通告窗口和拥塞窗口中较小的一个。

（9）UDP 伪头部的信息来自 IP 数据包的头部，在计算检验和时临时添加在 UDP 用户数据报前得到一个临时的 UDP 用户数据报。

UDP 伪头部用于验证 UDP 数据报是否传到正确的目标主机。

（10）源端口为 1586，目的端口为 69，UDP 用户数据报总长度为 28 字节，数据部分长度为 20 字节。

此 UDP 用户数据报是从客户端发送给服务器的。

使用 UDP 的这个服务器程序是 TFTP。

项目 7　应用层协议与服务器搭建

1. 单选题
（1）~（5）ADBBB　　（6）~（10）BACDC

2. 问答题
（1）因为 UDP 不提供数据传送的保证机制，而 TCP 提供数据传送的保证机制。如果在从发送方到接收方的传递过程中出现数据包的丢失，UDP 不能作出任何检测或提示。而 TCP 是当数据接收方收到发送方传来的信息时会自动向发送方发出确认消息；发送方只有在接收到该确认消息之后才继续传送其他信息，否则将一直等待直到收到确认信息为止。

（2）UDP 本身提供的是不可靠传输，它只负责将应用程序传给网络层的数据发送出去，并不能保证数据到达目的地。应用程序要实现可靠传输，需要在应用程序中额外提供与 TCP 相同的功能。

（3）和 SSH 相比，Telnet 的主要缺点是安全性比 SSH 差，原因是 Telnet 是明文传输。

（4）FTP 的数据传输模式有主动模式和被动模式两种。

当 FTP 工作在主动模式下时，客户端首先发起连接请求，与服务器的 21 号端口建立控制连接，连接成功后，客户端方借此发送命令。若客户端需要传输数据，客户端会通过已建立的连接通道向服务器发送信息，告知服务器客户端中接收数据的端口，之后服务器则通过 20 号端口连接到客户端指定的端口并传送数据，在主动模式下，控制连接的发起方是 FTP 客户机，而数据连接的发起方为 FTP 服务器。

当 FTP 工作在被动模式下时，客户端首先发起连接请求，与服务器的 21 号端口建立控制连接。之后仍由客户端发送信息，请求与服务器建立数据连接，服务器接收此请求后，会随机打开一个高端端口（端口号一般大于 1 024），并将该端口号告知客户端，此时客户端与服务器的该端口再建立数据连接，通过该通道进行数据传递。在被动模式下，控制连接和数据连接的发起方都为客户机。

（5）HTTP 的通信过程：HTTP 客户首先发起建立与服务器 TCP 连接。一旦建立连接，浏览器进程和服务器进程就可以通过各自的套接字来访问 TCP。客户往自己的套接字发送 HTTP 请求消息，也从自己的套接字接收 HTTP 响应消息。类似地，服务器从自己的套接字接收 HTTP 请求消息，也往自己的套接字发送 HTTP 响应消息。客户或服务器一旦把某个消息送入各自的套接字，这个消息就完全落入 TCP 的控制之中。TCP 给 HTTP 提供一个可靠的数据传输服务，这意味着由客户发出的每个 HTTP 请求消息最终将无损地到达服务器，由服务器发出的每个 HTTP 响应消息最终也将无损地到达客户。

（6）POST 是给服务器添加信息；GET 是请求读取由 URL 所标志的信息。

（7）域名系统的组成部分：名字空间、资源记录、DNS 服务器、DNS 客户端。

（8）在递归查询方式中，DNS 服务器如果不能直接回应解析请求，它将以 DNS 客户端的方式继续请求其他 DNS 服务器，直到查询到该主机的域名解析结果；在迭代查询方式中，如果服务器查不到相应的记录，会向客户端返回一个可能知道结果的域名服务器地址，由客户端继续向新的服务器发送查询请求。

（9）POP 是一个非常简单、但功能有限的邮件读取协议。在接收邮件的用户计算机中的用户代理必须运行 POP3 客户程序，而在收件人所连接的 ISP 的邮件服务器中则运行 POP3 服务器程序。

POP3 协议的一个特点就是只要用户从 POP3 服务器读取了邮件，POP3 服务器就把该邮件删除。在使用 IMAP 时，在用户的计算机上运行 IMAP 客户程序，然后与接收方的邮件服务器上的 IMAP 服务器程序建立 TCP 连接。用户在自己的计算机上就可以操纵邮件服务器的邮箱，就像在本地操纵一样。当用户计算机上的 IMAP 客户程序打开 IMAP 服务器的邮箱时，用户只能看到邮件的头部。只有当用户需要打开某个邮件时，该邮件才传到用户的计算机上。IMAP 最大的好处就是用户可以在不同的地方使用不同的计算机随时上网阅读和处理自己在邮件服务器中的邮件。IMAP 还允许收件人只读取邮件中的某一个部分。IMAP 的缺点是如果用户没有将邮件复制到自己的计算机上，则邮件一直存放在 IMAP 服务器上。要想查阅自己的邮件，必须先上网。

（10）电子邮件的工作过程：用户在电子邮件客户端程序即用户代理上进行创建、编辑等工作，并将编辑好的电子邮件通过 SMTP 向本方邮件服务器发送。本方邮件服务器识别接收方的地址，并通过 SMTP 向接收方邮件服务器发送。接收方通过邮件客户端程序连接到邮件服务器后，使用 POP3 或 IMAP 来将邮件下载到本地或在线查看、编辑等。

项目 8　网络安全初探

1. 单选题

（1）~（5）BCADB

2. 问答题

（1）防火墙的主要功能：网络安全的屏障、强化网络安全策略、监控审计、防止内部信息的外泄、日志记录与事件通知。

（2）可以采用加密技术，对网上传输的信息进行加密。

（3）对称密码的加密和解密使用同一个密钥，而公钥密码的加密和解密使用的密钥不同。对称密码一般用于信息的保密传输，公钥密码一般用于身份认证或对称密钥的保密传输。

（4）按操作系统可分为 Windows、UNIX、Linux 等；按病毒的链接方式可分为源码型、嵌入型、外壳型等；按照寄生部位或传染对象可分为引导型、文件型、宏病毒；按照传播介质可分为单机病毒和网络病毒；按照病毒功能可分为病毒、蠕虫、木马（后门）。

（5）从技术层面讲，最直接的防御计算机病毒的方法就是安装防病毒软件（也可以是硬件），可以有效地查杀计算机病毒；从管理层面讲，应及时升级防病毒软件和病毒库，不随便打开不明来源的邮件附件，及时安装最新的安全补丁，对外部的软件和数据进行完整性检查，创建系统还原点，定期备份重要文件。

项目 9　无线局域网搭建

1. 单选题

（1）~（5）DBCCA　　（6）~（10）CBCDD

2. 问答题

（1）胖 AP 多用于家庭和小型网络，功能比较全，一般一台设备就能实现接入、认证、路由、VPN、地址翻译，甚至防火墙功能；瘦 AP 多用于要求较高的环境，需要专用无线控制器，通过无线控制器下发配置才能用，本身不能进行相关配置，适合大规模无线部署。

（2）BSS：(basic service set) 基本服务集，是 802.11 无线局域网的基本构成单元，其中可以包含多个站点。

BSA：（Basic Service Area）基本服务区，是 BSS 实际覆盖的区域。
SSID：（Service Set Identifier）服务集标识，是标识 802.11 无线网络的逻辑名，可供用户进行配置。SSID 由最多 32 个字符组成，且区分大小写，配置在所有 AP 与 STA 的无线射频卡中。
ESS:（Extended Service Set）扩展服务集，由多个 BSS 构成，BSS 之间通过分配系统连接在一起。一般而言，ESS 是若干接入点和与之建立关联的站点的集合。
（3）IETF 指国际互联网工程任务组，是全球互联网最具权威的技术标准化组织之一，现今的国际互联网技术标准很大一部分就是出自 IETF。
WAPIA 以 WLAN 安全技术优势为基础，实现其作为基础共性技术的推广和应用。
（4）无线网络按通信距离从近到远可分为 WPAN、WLAN、WMAN、WWAN。其中 WPAN 通信距离小于 10 米，WLAN 通信距离约在 100 米，WMAN 一般可以达到几千米范围，WWAN 通信距离可达几十千米以上。
（5）家庭 WLAN 需要部署的 AP 数量很少，服务的也是少量的移动接入用户。
企业 WLAN 需要部署数量繁多的 AP 设备，需要维护大量 AP 的地址和设备的映射关系，接入 AP 的边缘网络需要更改 VLAN（虚拟局域网）、ACL（访问控制列表）等配置以适应无线用户的接入，AP 软件的升级尽可能自动完成，AP 设备的更换与丢失需要重新对网络进行配置。

项目 10　IPv6 协议初探

1. 单选题
（1）~（5）DDACD　　（6）~（10）BCBDA
2. 问答题
（1）IPv6 地址分为单播地址、组播地址、任播地址三类。其中单播地址又分为链路本地地址、站点本地地址、可聚合全球单播地址、唯一本地地址、特殊地址、兼容地址等，组播地址又分为被请求节点组播地址、众所周知的组播地址。
（2）① 在节点的一个接口上可以配置多个 IPv6 地址，包括单播地址、多播地址等。
② 巨大的地址空间、数据报文处理效率高、良好的扩展性、路由选择效率高、支持自动配置与即插即用、更好地服务质量、内置的安全机制、全新的邻居发现协议、增强对移动 IP 的支持。
（3）当连接到 IPv6 网络上时，IPv6 主机可以使用邻居发现协议对自身进行自动配置。当第一次连接网络时，主机通过路由器请求消息向路由器发出请求，请求前缀和其他配置信息。路由器收到路由器请求消息后，会返回路由器通告消息，其中包括前缀和其他配置参数信息。主机利用路由器返回的路由器通告消息中的地址前缀及其他配置参数，自动配置接口的 IPv6 地址及其他信息，从而生成全球单播地址。
（4）邻居发现协议（NDP）是 IPv6 协议体系中一个重要的基础协议，它定义了使用 ICMPv6 报文实现地址解析、跟踪邻居状态、重复地址检测、路由器发现及重定向等功能。
（5）IPv6 相比 IPv4 具有明显优势，对于国家来说，IPv6 的规模部署和应用是互联网演进升级的必然趋势，是网络技术创新的重要方向，是网络强国建设的关键支撑，能有效促进提升我国在下一代互联网领域的国际竞争力，提升我国在互联网领域的技术话语权。对于个人来说，IPv6 能给我们带来更快的数据传输速度、更安全的数据传输方式和更好的隐私保护。

参 考 文 献

［1］田果，刘丹宁，余建威. 网络基础 [M]. 北京：人民邮电出版社，2020.

［2］卡鲁曼希，达莫达拉姆，拉奥. 计算机网络基础教程：基本概念及经典问题解析 [M]. 许星玮，译. 北京：机械工业出版社，2016.

［3］日本 Ank 软件技术公司. 图解 TCP/IP 网络知识轻松入门 [M]. 北京百驰数据服务有限公司组织，译. 北京：化学工业出版社，2020.

［4］宋一兵. 计算机网络基础与应用 [M]. 北京：人民邮电出版社，2019.

［5］库罗斯，罗斯. 计算机网络：自顶向下方法 [M]. 陈鸣，译. 北京：机械工业出版社，2018.

［6］谢希仁. 计算机网络 [M].8 版. 北京：电子工业出版社，2021.

［7］韩立刚. 计算机网络创新教程 [M]. 北京：中国水利水电出版社，2021.

［8］李志球. 计算机网络基础 [M].5 版. 北京：电子工业出版社，2020.

［9］李观金. 基于工作过程的计算机网络基础 [M]. 北京：机械工业出版社，2018.

［10］高峰，李盼星，杨文良. HCNA-WLAN 学习指南 [M]. 北京：人民邮电出版社，2016.

［11］尹淑玲，温静. 路由交换技术 [M]. 武汉：华中科技大学出版社，2020.